奇妙的 JavaScript

神奇代码漫游之旅

李宁 著

清华大学出版社
北京

内 容 简 介

本书以实战为导向,系统解析了 JavaScript 在操作系统、Electron、AIGC、WebAssembly、Node.js、PWA、多媒体、办公自动化、加密解密及文件压缩等领域的应用。

通过文件系统操作(包括文件、文件夹、回收站、注册表等)和 Electron 的 GUI 开发(异形、透明窗口、状态栏控制等),读者可快速掌握应用级开发技巧;AIGC 部分涵盖了 ChatGPT 与 OpenAI API,揭示 AI 内容生成的最新动向;多媒体部分介绍动画实现、音视频处理与图像编辑等;办公自动化则阐述 Excel、Word、PowerPoint、PDF 等常见文档的读写与处理。高级技术部分包含 WebAssembly、Node.js 与 PWA,助力读者实现高效、跨平台的应用;加密与解密章节为数据安全提供多种方案,包括 MD5、SHA、Base64、DES、AES、RSA 等;文件压缩与解压部分则讲解 zip 格式与 7z 格式的实用操作。

本书案例丰富、覆盖面广,适合具备 JavaScript 基础的开发者进一步提升实战能力,快速掌握多场景开发要领。

版权所有,侵权必究。举报: 010-62782989,beiqinquan@tup.tsinghua.edu.cn。

图书在版编目(CIP)数据

奇妙的 JavaScript : 神奇代码漫游之旅 / 李宁著. -- 北京:清华大学出版社, 2025.4. -- ISBN 978-7-302-68917-1

I. TP312.8

中国国家版本馆 CIP 数据核字第 2025UW8635 号

责任编辑:曾 珊 薛 阳
封面设计:傅瑞学
责任校对:韩天竹
责任印制:杨 艳

出版发行:清华大学出版社
  网 址:https://www.tup.com.cn,https://www.wqxuetang.com
  地 址:北京清华大学学研大厦 A 座 邮 编:100084
  社 总 机:010-83470000 邮 购:010-62786544
  投稿与读者服务:010-62776969,c-service@tup.tsinghua.edu.cn
  质量反馈:010-62772015,zhiliang@tup.tsinghua.edu.cn
  课件下载:https://www.tup.com.cn,010-83470236
印 装 者:三河市铭诚印务有限公司
经 销:全国新华书店
开 本:186mm×240mm 印 张:25.25 字 数:586 千字
版 次:2025 年 6 月第 1 版 印 次:2025 年 6 月第 1 次印刷
印 数:1~1500
定 价:98.00 元

产品编号:108780-01

前言
FOREWORD

欢迎来到《奇妙的JavaScript：神奇代码漫游之旅》，这本书将带领你踏上一段奇幻的JavaScript之旅，探索代码的神奇力量。JavaScript作为一门简洁而强大的编程语言，已经成为现代应用开发不可或缺的工具。无论你是初学者还是有一定经验的开发者，本书都将为你打开一扇通向JavaScript神奇世界的大门。

在本书中，我们将探索JavaScript在各个领域的应用。从控制操作系统，到图形用户界面的构建，再到AIGC，我们将一起探索JavaScript的无限潜力。无论你是想构建强大的聊天机器人，还是通过图像处理和视频编辑展现创造力，本书都会为你提供全面而实用的指导。

我们将学习如何利用JavaScript在操作系统中执行各种任务，从文件和目录的管理到获取系统信息和显示系统窗口。我们还将探索GUI工具包Electron的使用，以及如何创建窗口、设计布局、添加组件和实现交互功能。而对于那些对人工智能和聊天机器人感兴趣的读者，本书还将向你展示如何解锁AIGC的神奇力量，并让它成为你的编程助手。

除了探索以上领域之外，本书还会教你处理音频、图像和视频，从音乐播放器到视频编辑，从图像处理到动画制作，让你体验到代码创造的魅力。此外，你还将学习如何读写Excel、Word、PowerPoint和PDF文档，以及加密解密信息和文件压缩及解压。

在本书的每一章中，你都将遇到丰富的实例和项目，通过实际的代码演示和练习，提升你的编程技能和解决问题的能力。无论你是希望学习新的技术，还是希望加深对JavaScript的理解，本书都将成为你的指南和伙伴。

无论你是想成为一名职业开发者，还是对编程充满热情的爱好者，我相信《奇妙的JavaScript：神奇代码漫游之旅》将成为你宝贵的学习资料。让我们一起踏上这段奇幻之旅，发现JavaScript世界的无限可能！

作 者

2025年2月

目录
CONTENTS

第 1 章 文件系统 ·· 1

1.1 Node.js 入门 ·· 1
    1.1.1 Node.js 简介 ·· 1
    1.1.2 Node.js 安装 ·· 2
    1.1.3 使用 Node.js 编程 ·· 3
    1.1.4 使用 Node.js 开发工具 ·· 5
1.2 打开文件夹 ·· 6
1.3 获取文件和目录的属性 ··· 8
1.4 获取目录的总尺寸 ··· 11
1.5 获取系统用户列表 ··· 13
1.6 改变文件和目录的属性 ··· 15
1.7 创建文件和目录 ·· 18
1.8 删除文件和目录 ·· 19
1.9 复制文件和目录 ·· 20
1.10 重命名文件和目录 ··· 21
1.11 搜索文件和目录 ·· 21
1.12 创建快捷方式 ·· 23
1.13 回收站 ·· 25
    1.13.1 将删除的文件和目录放入回收站 ···································· 25
    1.13.2 清空回收站中的文件 ·· 26
    1.13.3 恢复回收站中的文件 ·· 28
1.14 小结 ··· 32

第 2 章 驾驭 OS ··· 33

2.1 Windows 注册表 ··· 33
    2.1.1 读取值的数据 ··· 33
    2.1.2 读取所有的键 ··· 35

2.1.3	读取所有的键和值	37
2.1.4	添加键和值	39
2.1.5	删除值	41
2.1.6	删除键	41

2.2 让程序随 OS 一起启动 ... 42
    2.2.1 将应用程序添加进 macOS 登录项 ... 42
    2.2.2 将应用程序添加进 Windows 启动项 ... 44
    2.2.3 将应用程序添加进 Linux 启动项 ... 45

2.3 获取系统信息 ... 46

2.4 显示系统窗口 ... 47
    2.4.1 显示 macOS 中的系统窗口 ... 47
    2.4.2 显示 Windows 中的系统窗口 ... 51
    2.4.3 显示 Linux 中的系统窗口 ... 54

2.5 打开文件夹 ... 57
    2.5.1 打开 macOS 文件夹与废纸篓 ... 57
    2.5.2 打开 Windows 文件夹与回收站 ... 57
    2.5.3 打开 Linux 文件夹与回收站 ... 58

2.6 跨平台终端 ... 59

2.7 小结 ... 61

第 3 章 JavaScript 二进制扩展：WebAssembly ... 62

3.1 WebAssembly 简介 ... 62
    3.1.1 WebAssembly 的历史 ... 62
    3.1.2 WebAssembly 与 JavaScript 的关系 ... 63
    3.1.3 WebAssembly 为什么能提高 Web 页面的性能 ... 63
    3.1.4 WebAssembly 的应用领域 ... 63

3.2 如何开发 WebAssembly ... 63

3.3 AssemblyScript 简介 ... 64

3.4 使用 AssemblyScript 开发 WebAssembly ... 65

3.5 有趣的 WebAssembly 案例 ... 69
    3.5.1 数据加密和安全 ... 69
    3.5.2 粒子系统 ... 73
    3.5.3 猜数字游戏 ... 76
    3.5.4 科学计算 ... 78

3.6 小结 ... 81

第 4 章　JavaScript(Node.js)服务器端 …… 82

- 4.1　简单的 Web 服务器 …… 82
- 4.2　文件服务器 …… 83
  - 4.2.1　文件下载服务器 …… 84
  - 4.2.2　文件上传服务器 …… 86
  - 4.2.3　让 Web 服务器支持 HTTPS …… 89
- 4.3　基于 Express 框架的 Web 应用 …… 93
- 4.4　基于 RESTful API 的科学计算服务器 …… 98
- 4.5　基于 WebSocket 的 Web 版多人聊天室 …… 101
- 4.6　基于 TCP 的点对点聊天室 …… 109
- 4.7　用 WebAssembly 扩展 Node.js …… 111
- 4.8　小结 …… 113

第 5 章　JavaScript GUI 解决方案：Electron …… 114

- 5.1　Electron 基础 …… 114
  - 5.1.1　Electron 简介 …… 114
  - 5.1.2　搭建 Electron 开发环境 …… 115
  - 5.1.3　第一个 Electron 应用 …… 115
  - 5.1.4　解析 package.json 文件 …… 118
  - 5.1.5　调试 Electron 应用 …… 120
- 5.2　Electron 基础功能 …… 121
  - 5.2.1　Electron 组件 …… 121
  - 5.2.2　菜单 …… 124
  - 5.2.3　对话框 …… 128
  - 5.2.4　全局快捷键 …… 130
  - 5.2.5　通知 …… 132
- 5.3　多窗口与通信机制 …… 133
  - 5.3.1　多窗口管理 …… 133
  - 5.3.2　主进程与渲染进程之间的通信 …… 136
- 5.4　Electron 应用与 WebAssembly 集成 …… 139
- 5.5　小结 …… 140

第 6 章　离线 Web 技术：PWA …… 141

- 6.1　PWA 基础 …… 141
  - 6.1.1　PWA 简介 …… 141

	6.1.2	离线 Web 技术的重要性 ……………………………………………	142
6.2	Service Worker ……………………………………………………………		143
	6.2.1	Service Worker 的基本概念和作用 …………………………………	144
	6.2.2	Service Worker 的生命周期 ……………………………………………	144
	6.2.3	注册与安装 Service Worker ………………………………………	145
	6.2.4	如何激活与更新 Service Worker …………………………………	146
6.3	缓存机制 ……………………………………………………………………		147
6.4	IndexedDB 基础 ………………………………………………………………		148
6.5	案例：离线 Web 应用 ………………………………………………………		150
6.6	高级案例：离线提交表单 …………………………………………………		152
	6.6.1	服务器程序 …………………………………………………………	152
	6.6.2	页面表单 ……………………………………………………………	153
	6.6.3	提交数据到服务器或本地 …………………………………………	155
	6.6.4	本地数据库（IndexedDB）管理 ……………………………………	157
	6.6.5	管理 Service Worker ………………………………………………	158
6.7	小结 …………………………………………………………………………		159

第 7 章 有趣的 GUI 技术 ……………………………………………………………… 161

7.1	特殊窗口 …………………………………………………………………		161
	7.1.1	使用 Electron 实现五角星窗口 ……………………………………	161
	7.1.2	使用透明 png 图像实现美女机器人窗口 …………………………	165
	7.1.3	半透明窗口 …………………………………………………………	167
7.2	在屏幕上绘制曲线 …………………………………………………………		169
7.3	控制状态栏 …………………………………………………………………		171
	7.3.1	在状态栏上添加图标 ………………………………………………	171
	7.3.2	显示消息框 …………………………………………………………	174
7.4	小结 …………………………………………………………………………		176

第 8 章 动画 …………………………………………………………………………… 177

8.1	属性动画 …………………………………………………………………		177
8.2	缓动动画 …………………………………………………………………		179
8.3	制作 GIF 动画 ……………………………………………………………		182
	8.3.1	正弦波动画 …………………………………………………………	182
	8.3.2	使用静态图像生成动画 GIF 文件 …………………………………	185
	8.3.3	自由落体和粒子爆炸动画 …………………………………………	189
8.4	小结 …………………………………………………………………………		194

第 9 章 音频 195

- 9.1 音乐播放器 195
- 9.2 录音机 199
- 9.3 音频分析 203
  - 9.3.1 获取基本的音频信息 203
  - 9.3.2 音频波形图 204
- 9.4 音频格式转换 210
- 9.5 音频编辑 210
  - 9.5.1 音频裁剪 211
  - 9.5.2 音频合并 212
  - 9.5.3 音频混合 212
- 9.6 小结 215

第 10 章 图像与视频 216

- 10.1 获取视频信息 216
- 10.2 播放视频 218
- 10.3 截屏 221
  - 10.3.1 截取屏幕 221
  - 10.3.2 截取 Web 页面 224
- 10.4 拍照 226
- 10.5 录制带声音的视频 229
- 10.6 图像和视频的格式转换 231
- 10.7 视频编辑 232
  - 10.7.1 视频裁剪 232
  - 10.7.2 视频合并 233
  - 10.7.3 提取视频中的音频 236
  - 10.7.4 混合音频和视频 237
  - 10.7.5 制作画中画视频 238
- 10.8 小结 241

第 11 章 图像特效 242

- 11.1 常用的图像滤镜 242
- 11.2 缩放图像与缩略图 246
- 11.3 生成圆形头像 248
- 11.4 静态图像变旋转 GIF 动画 250

11.5 图像翻转 ··· 254
11.6 调整图像的亮度、对比度和饱和度 ··································· 255
11.7 图像色彩通道 ·· 258
11.8 在图像上添加和旋转文字 ·· 259
11.9 混合图像 ··· 261
11.10 油画 ··· 264
11.11 波浪扭曲 ·· 267
11.12 挤压扭曲 ·· 269
11.13 小结 ··· 271

第 12 章 视频特效 ··· 272

12.1 旋转视频 ··· 272
12.2 镜像视频 ··· 273
12.3 变速视频 ··· 275
12.4 为视频添加水印 ··· 276
12.5 缩放和拉伸视频 ··· 278
12.6 高斯模糊视频 ·· 280
12.7 视频转码与压缩 ··· 281
12.8 设置视频的亮度和对比度 ·· 283
12.9 视频的淡入淡出效果 ··· 284
12.10 向视频中添加动态图像 ··· 286
12.11 将视频转换为 GIF 动画 ·· 289
12.12 为视频添加字幕 ··· 290
12.13 将彩色视频变为灰度视频 ·· 292
12.14 小结 ··· 293

第 13 章 代码魔法：释放 AIGC 的神力 ·· 294

13.1 走进 ChatGPT ··· 294
  13.1.1 AIGC 概述 ··· 294
  13.1.2 AIGC 的落地案例 ··· 296
  13.1.3 ChatGPT 概述 ··· 296
  13.1.4 ChatGPT，史上最强 AI ······································ 297
13.2 注册和登录 ChatGPT ··· 298
13.3 让 ChatGPT 帮你写程序 ··· 300
13.4 聊天机器人 ·· 301
13.5 理解图像 ··· 306

13.6 小结 ……………………………………………………………………………… 307

第 14 章　VSCode 插件开发 …………………………………………………………… 308

14.1 VSCode 插件基础 …………………………………………………………… 308
  14.1.1 VSCode 插件简介 ……………………………………………………… 308
  14.1.2 VSCode 插件的功能 …………………………………………………… 308
  14.1.3 VSCode 插件的优势 …………………………………………………… 309

14.2 命令插件 ………………………………………………………………………… 309
  14.2.1 HelloWorld 命令插件 …………………………………………………… 309
  14.2.2 统计 JavaScript 代码行数的命令插件 ………………………………… 313
  14.2.3 重新加载组件 …………………………………………………………… 316
  14.2.4 发布插件 ………………………………………………………………… 317

14.3 自定义编辑器插件（处理特殊文件类型）……………………………………… 317

14.4 语法色彩插件 …………………………………………………………………… 326
  14.4.1 创建语法色彩插件工程 ………………………………………………… 326
  14.4.2 配置 package.json 文件 ………………………………………………… 327
  14.4.3 配置语言的基本行为 …………………………………………………… 329
  14.4.4 配置语法高亮规则 ……………………………………………………… 330
  14.4.5 配置语法高亮主题 ……………………………………………………… 331
  14.4.6 简单语法色彩插件 ……………………………………………………… 333
  14.4.7 支持动态高亮规则的插件 ……………………………………………… 333

14.5 小结 ……………………………………………………………………………… 337

第 15 章　读写 Excel 文档 ……………………………………………………………… 338

15.1 exceljs 模块简介 ………………………………………………………………… 338
15.2 对 Excel 文档的基本操作 ……………………………………………………… 339
15.3 生成 Excel 表格 ………………………………………………………………… 341
15.4 Excel 表转换为 SQLite 表 ……………………………………………………… 343
15.5 绘制跨单元格斜线 ……………………………………………………………… 345
15.6 使用 Excel 函数 ………………………………………………………………… 346
15.7 插入图像 ………………………………………………………………………… 347
15.8 小结 ……………………………………………………………………………… 349

第 16 章　读写 Word 文档 ……………………………………………………………… 350

16.1 docx 模块简介 …………………………………………………………………… 350
16.2 对 Word 文档的基本操作 ……………………………………………………… 351

16.3 设置样式 ··· 352
16.4 批量插入图片 ··· 356
16.5 插入表格 ··· 357
16.6 将 Word 表格转换为 SQLite 数据表 ································· 359
16.7 插入页眉和页脚 ·· 362
16.8 统计 Word 文档生成云图 ··· 363
16.9 小结 ··· 368

第 17 章 读写 PowerPoint 文档 ··· 369

17.1 PptxGenJS 模块简介 ··· 369
17.2 PowerPoint 文档的基本操作 ·· 370
17.3 批量插入图片 ··· 372
17.4 小结 ··· 374

第 18 章 读写 PDF 文档 ·· 375

18.1 pdf-lib 模块简介 ··· 375
18.2 生成简单的 PDF 文档 ·· 376
18.3 在 PDF 文档中插入图像和表格 ·· 378
18.4 小结 ··· 380

第 19 章 加密与解密 ·· 381

19.1 MD5 摘要 ··· 381
19.2 SHA 摘要 ··· 382
19.3 DES 加密和解密 ··· 383
19.4 AES 加密和解密 ··· 384
19.5 RSA 加密和解密 ··· 385
19.6 小结 ··· 387

第 20 章 文件压缩与解压 ··· 388

20.1 zip 格式 ··· 388
  20.1.1 压缩成 zip 文件 ··· 388
  20.1.2 解压 zip 文件 ··· 389
20.2 7z 格式 ·· 390
  20.2.1 压缩成 7z 格式 ··· 390
  20.2.2 解压 7z 文件 ·· 390
20.3 小结 ··· 391

第 1 章 文 件 系 统

文件系统是现代操作系统最重要的组成部分之一。然而,操作文件系统通常是使用操作系统自带的管理工具,例如,Windows 中使用资源管理器操作文件和目录,macOS 中对应的工具是 Finder(中文名叫"访达")。但在很多场景中,需要使用程序来完成同样的工作,所以本章主要介绍如何通过 JavaScript(Node.js)来管理文件和目录。

1.1 Node.js 入门

JavaScript 既可以用于 Web 页面,也可以用于桌面[1]、服务器端等直接与操作系统交互的场景。对于 Web 中的 JavaScript,功能有限,只是一种处理逻辑的简单脚本。但当 JavaScript 用于桌面和服务器端时,功能将非常强大,足可以与 Java、Python,甚至是 C++、Go 语言媲美。本书的大多数案例都是基于桌面和服务器端的,而这两类应用,都会涉及 Node.js,所以本章首先会介绍一下 Node.js 的基础知识,如果在后面的章节涉及更高级的 Node.js 知识,会深入介绍。

1.1.1 Node.js 简介

Node.js 是一个基于 Chrome V8 引擎的 JavaScript 运行环境。它允许开发者使用 JavaScript 来编写服务器端的代码,这意味着开发者可以使用同一种语言来编写前端和后端代码,极大地提高了开发效率。Node.js 在 2009 年由 Ryan Dahl 创立,其设计目的是实现高性能的网络应用。Node.js 不是一个 JavaScript 框架,而是一个可以让 JavaScript 运行在服务器端的环境。

1. 核心特性

(1) 异步和事件驱动:Node.js 的 API 都是异步的,这意味着服务器在处理请求时,不会等待 API 返回数据,而是一旦有数据就通过回调函数来处理,这有助于处理大量的并发

---

[1] 桌面程序通常指具有图形用户界面(GUI)或命令行界面(CLI),用户可以直接与之交互。Node.js 本身并不能开发 GUI 应用,但依赖 Electron,可以使用 HTML、CSS 和 JavaScript 开发 GUI 应用。Electron 是基于 Node.js 的,用于开发跨平台 GUI 应用的开源库。在本书 GUI 部分会详细讲解。

连接。

(2) 单线程：尽管 JavaScript 的执行是单线程的，Node.js 可以使用事件循环和回调函数来处理多个请求，这样做避免了多线程的复杂性和开销。

(3) 非阻塞 I/O：Node.js 使用非阻塞 I/O 模型，这意味着当 Node.js 执行 I/O 操作（如读写文件、网络通信等）时，它会继续执行后续的 JavaScript 代码，而不是等待 I/O 操作完成。

(4) 跨平台：Node.js 可以在多种操作系统上运行，包括 Windows、Linux 和 macOS，这使得开发者可以在不同环境中使用 Node.js。

2. 使用场景

(1) Web 服务器后端：Node.js 非常适合处理高并发的网络应用，如在线聊天、实时通信、流媒体服务等。

(2) API 服务：可以快速构建 RESTful API，供前端或移动端调用。

(3) 实时应用：如在线游戏、协作工具，因为 Node.js 支持 WebSocket，可以实现客户端和服务器之间的实时通信。

(4) 工具和脚本：可以使用 Node.js 来构建开发工具，如构建系统、测试框架等。

3. 生态系统

Node.js 有一个庞大的生态系统，npm（Node Package Manager）是世界上最大的软件注册中心。开发者可以从 npm 中获取数以万计的包（libraries and applications），这些包可以帮助开发者快速实现各种功能。

Node.js 因其高性能、易于学习和强大的社区支持而受到广泛欢迎，并且被许多知名公司用于生产环境，如 Netflix、Uber 和 Walmart 等。

1.1.2 Node.js 安装

Node.js 是免费开源的，读者可以进入 https://node.js.org 页面，单击如图 1-1 所示页面左侧的按钮，会下载 Node.js 的长期维护版本（LTS），单击右侧按钮，会下载 Node.js 的最小版本（有可能是测试版，但可以使用 Node.js 最新的特性），在生成环境中，建议使用 Node.js LTS 版本，如果只想尝鲜，使用 LTS 版本，或使用最新版本都可以。

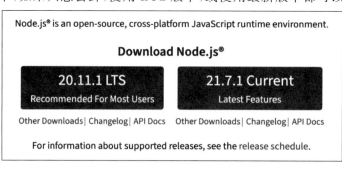

图 1-1 下载 Node.js

Node.js 的下载页面会根据用户当前的操作系统，下载对应的文件。如 Windows 下载的是.msi 文件，macOS 下载的是.pkg 文件。

如果读者需要下载其他操作系统版本或其他形式的安装文件，可以单击图 1-1 所示页面下方的 Other Downloads 链接，会进入更详细的下载页面，如图 1-2 所示。

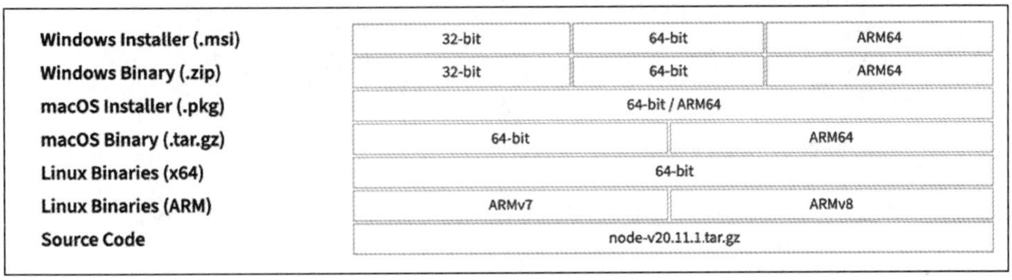

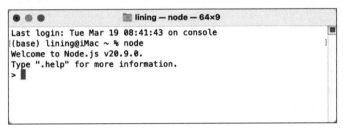

图 1-2　详细下载页面

在图 1-2 这个页面，可以下载 Node.js 的各种版本，以及 Node.js 源代码。Windows、macOS 和 Linux 都有两种安装文件，即 Windows 安装文件(.msi 和.zip)、macOS 安装文件(.pkg 和.tar.gz)、Linux 安装文件(x64 和 ARM)。其中.zip 和.tar.gz 都是压缩文件，解压后，并将 PATH 环境变量设置为 Node.js 的 node 命令所在的目录，就可以直接使用。而.msi 和.pkg，需要双击进行安装。不管用哪一种方式，在终端输入 node 命令，只要进入类似图 1-3 所示的 Node.js 命令行环境(简称 Node CLI)，就说明 Node.js 已经安装成功了。

图 1-3　Node CLI

注意：读者并不需要太在意 Node.js 的版本。本书的所有代码，都可以在版本较高的 Node.js 中运行，所以读者只需要安装 Node.js 20 或以上版本即可。例如，本书使用的是 Node.js 20.9.0，而目前最新的 Node.js LTS 版本是 20.11.1，其实这两个版本的差异微乎其微，使用哪一个都可以。

1.1.3　使用 Node.js 编程

安装完 Node.js，就可以直接写 JavaScript 程序了。本节会用 JavaScript 实现一个简单的 HTTP 服务器，启动服务器后，输入 http://127.0.0.1:3000①，会在浏览器中输出 Hello World。

首先创建一个 helloWorldServer.js 文件，然后输入如下代码：

---

① 输入 HTTP 服务器所在 PC 的 IP 也可以。如 http://192.168.31.123:3000。

代码位置：src/file_system/helloWorldServer.js

```javascript
const http = require('http');                          // 引入 Node.js 内置的 http 模块
const hostname = '0.0.0.0';                            // 服务器的主机名
const port = 3000;                                     // 服务器监听的端口号
// 创建 HTTP 服务器
const server = http.createServer((req, res) => {
  res.statusCode = 200;                                // 设置响应状态码为 200，表示成功
  res.setHeader('Content-Type', 'text/plain');         // 设置响应头，内容类型为普通文本
  res.end('Hello World');                              // 结束响应并发送"Hello World"消息
});
// 服务器开始监听指定的端口和主机名
server.listen(port, hostname, () => {
  console.log('Server running at http://${hostname}:${port}/');
});
```

在终端输入如下的命令运行 helloWorldServer.js。

node helloWorldServer.js

然后在浏览器中输入 http://127.0.0.1:3000，就会在浏览器中显示 Hello World，如图 1-4 所示。

图 1-4 在浏览器中显示 Hello World

对这段代码的解释如下。

（1）引入 HTTP 模块[①]：

const http = require('http');

这行代码使用 require( )函数[②]引入了 Node.js 内置的 HTTP 模块，并将其赋值给 HTTP 变量。HTTP 模块提供了创建 HTTP 服务器和客户端的功能。Node.js 的关键就是 require( )函数。Node.js 有着丰富的原生模块和第三方模块，这些模块都需要使用 require( )函数引入。

（2）设置主机名和端口号：

const hostname = '0.0.0.0';

[①] 如果在当前目录包含 package.json，并使用了 ES 模块，需要使用 import http from 'http'形式引用 HTTP 模块。关于 ES 模块的细节会在本章后面的内容中详细介绍。

[②] require( )函数用于引入 Node.js 的模块（CommonJS），但在 Node.js 中，还有一些模块使用了 ES 模块，ES 模块是 JavaScript 的官方模块系统，得到 ECMAScript 标准的支持，是未来的趋势。所以在本书的代码中，很多代码使用了 ES 模块。

```
const port = 3000;
```

这里定义了两个常量：hostname 和 port。hostname 指定了服务器监听的地址。如果监听地址是 0.0.0.0，表示服务器能够接收从任何 IP 地址发起的连接。如果将监听地址指定为 127.0.0.1，这是一个回环地址[①]，表示服务器仅接收来自 127.0.0.1 的连接，即使使用本机 IP（如 192.168.31.225），也不能访问 HTTP 服务器，port 指定了服务器监听的端口号，3000 是此服务器监听的端口号。

（3）创建 HTTP 服务器：

```
const server = http.createServer((req, res) => {
    res.statusCode = 200;
    res.setHeader('Content-Type', 'text/plain');
    res.end('Hello World');
});
```

这段代码使用 HTTP 模块的 createServer() 方法创建了一个 HTTP 服务器。createServer() 方法接收一个回调函数[②]作为参数，该回调函数在服务器收到请求时被调用，并接收两个参数：req（请求对象）和 res（响应对象）。

在回调函数内部，我们首先设置响应的状态码为 200，表示请求成功。接着，使用 setHeader() 方法设置响应头，这里设置 Content-Type 为 text/plain，告诉客户端响应的内容类型是普通文本。最后，使用 end() 方法发送响应体，这里是字符串 Hello World，同时标记响应消息的结束。

（4）启动服务器并监听端口：

```
server.listen(port, hostname, () => {
    console.log('Server running at http://${hostname}:${port}/');
});
```

使用服务器对象的 listen() 方法使服务器开始监听指定的端口号和主机名。listen() 方法还接收一个回调函数，当服务器开始监听时，这个回调函数被调用。在这个示例中，回调函数中的代码会在控制台上打印一条消息，表明服务器已经启动并在监听指定的地址和端口。

1.1.4 使用 Node.js 开发工具

尽管使用任何文本编辑工具都可以开发 Node.js 应用，但推荐使用 VSCode 来开发 Node.js 应用。主要是因为 VSCode 是免费开源的，而且比较轻量，并且默认就支持 JavaScript。因此，只需要安装 Node.js，启动 VSCode 后，就可以直接使用 Node.js 了。

为了在 VSCode 中更方便地运行 Node.js 程序，可以安装 Code Runner 插件，安装完该

[①] 回环地址（Loopback Address）是一个特殊的 IP 地址，通常指向 127.0.0.1。它用于网络软件上的测试和开发，允许计算机与自己通信。使用回环地址发送的数据包不会被发送到局域网或广域网上，而是直接在本地网络栈内部循环，因此被称为"回环"。这样做的好处包括网络配置测试、性能评估以及不依赖外部网络环境的应用开发和测试。

[②] 由于 JavaScript 是单线程语言，所以 Node.js 中很多方法都是异步执行的，隐藏需要传入回调函数。不过有少数方法提供了同步版本，但并不建议使用。因为使用同步版本的方法可能会造成程序假死的现象。

插件后，会在VSCode右上角显示一个"右箭头"按钮，单击该按钮，就可以运行当前打开的Node.js程序了（JavaScript代码）。VSCode还支持代码高亮、智能提示等功能，图1-5是用VSCode打开helloWorldServer.js文件，并启动HTTP服务的效果。

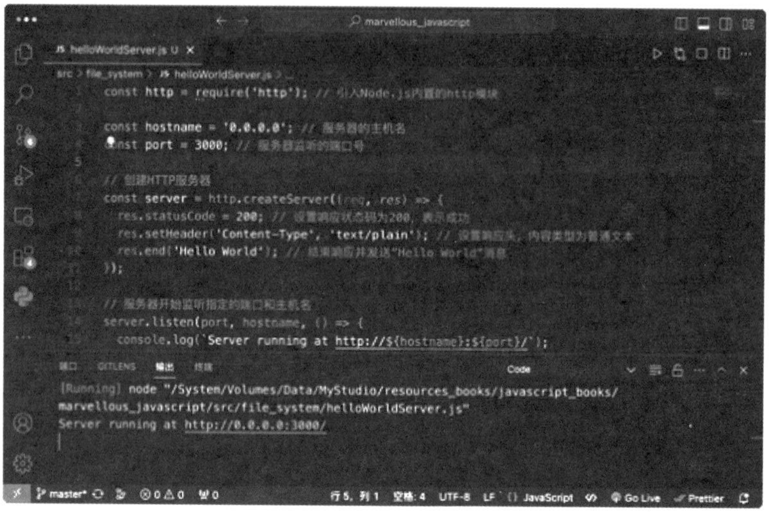

图1-5 使用VSCode运行HTTP服务

本书所有的案例都使用VSCode编写并运行，如果读者还没有安装VSCode，可以从下面的页面下载相应的VSCode版本。

https://code.visualstudio.com/download

1.2 打开文件夹

用JavaScript打开文件夹就像双击文件夹一样，会弹出一个窗口，在窗口中显示文件夹的内容。要实现这个功能，需要使用open模块。该模块屏蔽了不同OS的差异，所以使用open模块打开文件夹，并不需要考虑Windows、macOS和Linux的差异。为了方便，本书直接在src目录安装模块。如果js文件在src的子目录中，会自动向上搜索node_modules[①]目录。

安装open模块的步骤如下：

（1）创建package.json文件。

使用npm命令安装模块必须要有一个package.json文件[②]，可以自己创建，不过更方便的做法是使用npm init命令自动创建。在终端进入src目录，然后执行npm init命令，连

[①] node_modules是一个存放项目中已经安装的Node.js包（依赖）的目录，允许每个项目拥有独立的依赖环境，避免版本冲突，并简化了包的管理和使用。如果当前项目（目录）没有node_modules目录，会自动在上一层目录搜索node_modules目录。

[②] package.json是一个JSON格式的文件，在Node.js项目中用于定义项目信息和管理项目依赖。它包括项目名称、版本、作者、脚本命令、项目依赖等关键信息，使得项目配置明确且易于与他人共享和管理。

续按 Enter 键即可创建 package.json 文件。

(2) 安装 open 模块。

在 src 目录,执行如下的命令安装 open 模块：

npm install open

由于 open 模块是一个 ES 模块[①],所以不能直接使用 require 函数引用 open 模块,需要使用 import 语句导入,下面是使用 open 模块中的 open 函数打开文件夹的代码。

代码位置：src/file_system/open_folder.js

```
import open from 'open';
// 使用 open 打开文件夹
open('/System/Volumes/Data/server').then(() => {
  console.log('文件夹已打开');
}).catch(err => {
  console.error('打开文件夹时出错:', err);
});
```

运行这段代码之前,需要在 file_system 目录创建一个 package.json 文件(没有这个文件,无法使用 import 导入 ES 模块),用于指定工程名、版本号和类型,内容如下：

```
{
    "name": "file_system",
    "version": "1.0.0",
    "type": "module"
}
```

执行这段代码,会弹出要打开的文件夹,图 1-6 是在 macOS 上打开的文件夹。在 Windows 和 Linux 上打开文件夹的效果类似。

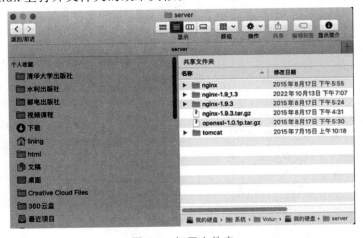

图 1-6　打开文件夹

---

① 符合 JavaScript 标准的模块,可以同时在浏览器和 Node.js 中使用。不过 open 模块并不能在浏览器中使用,因为浏览器没有访问本地目录的权限。所以 open 模块之所以采用了 ES 模块,主要是为了与现代 JavaScript 模块标准保持一致,从而在 Node.js 环境中提高模块的可用性和未来兼容性。

注意：读者在运行这段程序之前，应该先将要打开的目录替换成读者自己机器上已经存在的目录。

1.3 获取文件和目录的属性

对于操作系统来说，文件和目录本质上是一样的，目录实际上是一类特殊的文件。所以文件和目录的属性基本上是一样的。

在 Node.js 中，用于文件和目录的创建、属性获取、符号链接的操作以及清理工作的关键技术和函数主要集中在 fs 模块。下面是对这些关键函数和参数的描述。

(1) fs.existsSync(path)：用同步的方式检查指定路径的文件或目录是否存在。

path 参数表示要检查的文件或目录的路径。该函数返回一个布尔值，如果路径存在则为 true，否则为 false。

(2) fs.mkdirSync(path[,options])：用同步的方式创建目录。

参数含义如下。

① path：要创建的目录的路径。

② options：可选的配置参数，如模式（权限和黏滞位）或是否递归创建目录。

该函数没有返回值。

(3) fs.writeFileSync(file,data[,options])：用同步的方式将数据写入文件，如果文件已存在，则覆盖文件。

参数含义如下。

① file：文件名或文件描述符。

② data：要写入文件的数据。

③ options：可选的配置参数，如编码、模式（权限和黏滞位）。

该函数没有返回值。

(4) fs.symlinkSync(target,path[,type])：用同步的方式创建符号链接。

参数含义如下。

① target：符号链接指向的目标路径。

② path：创建的符号链接的路径。

③ type：可选的参数，指定链接类型，通常是 file 或 dir。在 Windows 上尤为重要。

该函数没有返回值。

(5) fs.statSync(path[,options])：用同步的方式获取文件或目录的属性信息。

参数含义如下。

① path：文件或目录的路径。

② options：可选的配置对象，主要是 bigint（是否以 bigint 形式返回文件系统状态信息中的数值）和 throwIfNoEntry（如果路径不存在，是否抛出异常）。

该函数返回一个 fs.Stats 对象，包含文件或目录的详细信息，如大小（size）、创建时间

(birthtime)等。

（6）fs.lstatSync(path[,options])：用同步的方式获取符号链接的属性信息，而不是链接指向的文件或目录的属性信息。

参数含义如下。

① path：符号链接的路径。

② options：同 fs.statSync 函数的 options 参数。

该函数返回一个 fs.Stats 对象，包含符号链接本身的属性信息。

（7）fs.unlinkSync(path)：用同步的方式删除文件或符号链接。

path 参数表示要删除的文件或符号链接的路径。该函数没有返回值。

（8）fs.rmdirSync(path[,options])：用同步的方式删除目录。

参数含义如下。

① path：要删除的目录的路径。

② options：可选的配置参数，如是否递归删除目录。

该函数没有返回值。

本节涉及的函数都以 Sync 作为后缀，这是 Node.js 函数的同步形式。在 Node.js 中，很多函数或方法都提供了对应的同步形式。如果使用 Node.js 编写服务器端应用，并不建议使用同步形式的函数或方法，因为这会导致程序由于大量并发而阻塞（假死）。但对于只运行在客户端的终端程序，使用同步调用更方便，因为大多数终端程序，都是按顺序执行的，而且很少使用并发，所以同步执行每一行代码更合适。如果在这种场景下使用异步形式的函数或方法，那么就会让程序变得更难阅读，如果采用了大量的回调函数，也会导致回调地狱（Callback Hell）现象。

如果读者一定要使用异步形式，可以将 Sync 去掉，就是对应的异步函数，如 fs.rmdirSync 的异步形式是 fs.rmdir。从 Node.js v10.0.0 开始，大多数 fs 模块的异步 API 都支持返回 Promise，因此，可以不使用回调函数，而使用 async/await 语法来处理异步操作，使代码更易读和更易维护。要使用基于 Promise 的 API，需要从 fs/promises 导入模块。

```
import fs from 'fs/promises';
import path from 'path';
async function main() {
  const tempDir = 'temp';
  // 创建目录
  await fs.mkdir(tempDir).catch(console.error);
}
main().catch(console.error);
```

下面的代码演示了如何利用前面介绍的函数获取文件和目录的属性，以及进行创建文件、符号链接等操作。

代码位置：src/file_system/stat_demo.js

```
import fs from 'fs';
import path from 'path';
```

```javascript
// 确保临时目录存在
const tempDir = 'temp';
if (!fs.existsSync(tempDir)) {
    fs.mkdirSync(tempDir);
}
// 在临时目录中创建文件并写入内容
const tempFile = path.join(tempDir, 'test.txt');
fs.writeFileSync(tempFile, 'test');
// 创建一个符号链接
const linkName = 'test_link.txt';
if (!fs.existsSync(linkName)) {
    fs.symlinkSync(tempFile, linkName);
}
// 尝试获取符号链接指向的文件的属性信息
try {
    const fileInfo = fs.statSync(linkName);
    console.log(`File size: ${fileInfo.size}`);
} catch (error) {
    console.error('Error accessing the link target:', error);
}

// 尝试获取符号链接本身的属性信息
try {
    const linkInfo = fs.lstatSync(linkName);
    console.log(`Link size: ${linkInfo.size}`);
} catch (error) {
    console.error('Error accessing the link itself:', error);
}
// 清理:删除文件、符号链接和目录
try {
    fs.unlinkSync(linkName);
    fs.unlinkSync(tempFile);
    fs.rmdirSync(tempDir);
} catch (error) {
    console.error('Error during cleanup:', error);
}
```

运行程序,会输出如下内容:

File size: 4
Link size: 13

下面的代码获取了文件和目录的更多属性。

代码位置:src/file_system/file_properties.js

```javascript
import fs from 'fs/promises';
async function getFileAttributes(filePath) {
    try {
        const fileStats = await fs.stat(filePath);
        // 获取最后访问时间和最后修改时间的 UNIX 时间戳(秒),保留一位小数
        const lastAccessTime = (fileStats.atimeMs / 1000).toFixed(1);
        const lastModificationTime = (fileStats.mtimeMs / 1000).toFixed(1);
        console.log(`File size: ${fileStats.size}`);
```

```
        console.log('Last access time: ${lastAccessTime}');
        console.log('Last modification time: ${lastModificationTime}');
        // 获取文件权限信息
        console.log('File mode: ${fileStats.mode}');
    } catch (error) {
        console.error('Error getting file attributes:', error);
    }
}
// 调用函数，获取文件属性信息
getFileAttributes('./src/file_system/file_properties.js').catch(console.error);
```

执行这段代码，会输出如下内容：

```
File size: 838
Last access time: 1710913482.1
Last modification time: 1710913482.0
File mode: 33188
```

下面是对这段代码的详细解释。

对于最新的 Node.js 代码示例，进行了以下操作和使用了特定的技术。

（1）使用了 fs/promises 模块的 stat() 方法来异步获取文件的状态信息。这个方法返回一个 Promise，它解析为一个包含文件属性的对象，如文件大小（size）、最后访问时间（atimeMs）、最后修改时间（mtimeMs）以及文件权限（mode）。这些属性提供了关于文件的详细信息。

（2）通过 toFixed(1) 方法格式化时间戳，该方法被用于格式化最后访问时间和最后修改时间的表示。toFixed(1) 将时间戳转换为字符串，保留小数点后一位，以符合特定格式的要求。

（3）采用 async/await 语法处理异步操作，使得异步代码的书写和理解更接近同步代码的风格。async 关键字用于声明异步函数，await 关键字用于等待 Promise 的解析，使代码执行过程更加直观。

（4）在执行异步操作时，使用了 try/catch 结构来捕获并处理可能出现的错误。这种错误处理机制允许代码优雅地处理异常情况，如文件不存在或权限不足等问题，避免程序因未处理的异常而意外终止。

1.4 获取目录的总尺寸

Node.js 中没有直接获得目录总尺寸的函数，所以只能用递归的方式，获取目录中所有文件（包括子目录中的文件）的尺寸，然后累加这些尺寸，最终获得目录的总尺寸，实现代码如下：

代码位置：src/file_system/get_folder_size.js

```
import fs from 'fs/promises';
import path from 'path';
async function getFolderSize(folderPath) {
```

```javascript
let folderSize = 0;
async function readDir(dirPath) {
    try {
        const entries = await fs.readdir(dirPath, { withFileTypes: true });
        for (const entry of entries) {
            const entryPath = path.join(dirPath, entry.name);
            if (entry.isDirectory()) {
                await readDir(entryPath);
            } else if (entry.isFile()) {
                try {
                    const stats = await fs.stat(entryPath);
                    folderSize += stats.size;
                } catch (error) {
                    console.error('Error getting stats of file: ${entryPath}', error);
                }
            }
        }
    } catch (error) {
        console.error('Error reading directory: ${dirPath}', error);
        // 可以在这里决定是否要抛出异常,或者如何处理这个异常。
        // 抛出异常会导致外层的调用者知道这里发生了错误。
        // throw error;
    }
}
await readDir(folderPath);
return folderSize;
}
(async () => {
    try {
        const folderPath = './src';
        const size = await getFolderSize(folderPath);
        console.log('Folder size: ${size}');
    } catch (error) {
        console.error('Error getting folder size:', error);
    }
})();
```

运行程序,会输出如下内容:

Folder size: 112582

对这段代码的详细解释如下。

(1) 引入必要的模块:使用 fs/promises 模块处理文件系统操作,path 模块处理路径操作。

(2) 定义 getFolderSize 函数:这是一个异步函数,接收一个文件夹路径作为参数,并返回该文件夹的总大小。

(3) 定义 readDir 函数:这个内部异步函数用于递归遍历给定目录下的所有文件和子目录。它使用 fs.readdir 读取目录内容,其中{ withFileTypes: true }选项使得返回的结果包含 fs.Dirent 对象,通过这些对象可以直接判断是文件还是目录。

（4）递归遍历目录：对于每个子目录，readDir 函数递归调用自身；对于每个文件，使用 fs.stat 获取文件大小，并将其累加到 folderSize 变量。

（5）使用自调用的异步函数：为了能够使用 await，在外层使用一个自调用的异步函数，这允许在顶层代码中等待文件夹大小的计算结果。

（6）打印结果：计算完成后，输出文件夹的总大小。

注意，由于这段代码使用了异步函数和递归，它能够非阻塞地遍历大型文件夹结构，但也应当注意错误处理（在生产代码中应包括对 try…catch 的使用以捕获可能的异常）。

1.5 获取系统用户列表

为了实现跨平台获取系统用户列表的功能，需要使用 Node.js 的 os.platform() 方法确定当前运行脚本的 OS 类型，然后分别调用不同 OS 中的命令行工具获取用户列表。

1. 获取 Windows 用户列表

使用 PowerShell 的 Get-LocalUser 命令来获取本地用户的账户信息，然后通过管道（|）将输出传递给 Select-Object Name,SID，这样做是为了选择并显示用户的名称（Name）和安全标识符（SID）。

2. 获取 macOS 用户列表

需要调用 dscl 命令（Directory Service Command Line Utility）获取 macOS 用户列表，dscl 是一个访问和修改目录服务（例如用户和组信息）的工具。调用 dscl 命令时，需要使用". -list /Users UniqueID"参数来列出/Users 路径下的所有用户和它们的唯一标识符（UniqueID），即用户 ID（UID）。其中参数中的"."表示要对本地目录服务进行操作。

3. 获取 Linux 用户列表

需要运行 getent passwd 命令来获取"密码"数据库中所有条目的列表，这个数据库包含了系统用户的信息。

在 Node.js 中需要使用 exec() 函数异步地运行相应的命令行工具，并处理它们的输出。exec() 函数调用完成后，根据标准输出（stdout）和标准错误（stderr）进行解析或错误处理。

如果在执行过程中没有发生错误，标准输出会包含用户信息。对于 Windows，输出被解析以提取用户名和 SID；对于 macOS 和 Linux，输出被解析以提取用户名和 UID。最后，这些信息会被打印到控制台。

这种方法利用了操作系统内置的工具，使得无须额外安装软件或执行复杂的操作即可获取用户信息，但它要求脚本运行在有权限执行这些命令的用户账户下。

下面的代码完整地演示了如何获取 Windows、macOS 和 Linux 的用户列表。

代码位置：src/file_system/get_all_users.js

```
import { exec } from 'child_process';
import os from 'os';
```

```javascript
    let command;
    if (os.platform() === 'win32') {
        command = 'powershell -command "Get-LocalUser | Select-Object Name, SID"';
    } else if (os.platform() === 'darwin') {
        command = 'dscl . -list /Users UniqueID';   // 在 macOS 中同时列出用户名和用户 ID
    } else {
        command = 'getent passwd';
    }
    exec(command, (error, stdout, stderr) => {
        if (error) {
            console.error(`执行的错误: ${error}`);
            return;
        }
        if (stderr) {
            console.error(`标准错误输出: ${stderr}`);
            return;
        }
        if (os.platform() === 'win32') {
            const lines = stdout.split('\n').filter(line => line && !line.startsWith('----'));
            lines.forEach((line, index) => {
                if (index > 0) {
                    const parts = line.trim().split(/\s+/);
                    const username = parts[0];
                    const sid = parts[parts.length - 1];
                    console.log(`${username}: ${sid}`);
                }
            });
        } else if (os.platform() === 'darwin') {
            // macOS 解析逻辑
            stdout.split('\n').forEach((line) => {
                if (line) {
                    const parts = line.trim().split(/\s+/);
                    const username = parts[0];
                    const uid = parts[1];              // 用户 ID 现在是可用的
                    console.log(`${username}: ${uid}`);
                }
            });
        } else {
            // Linux 解析逻辑
            stdout.split('\n').forEach((line) => {
                if (line) {
                    const parts = line.split(':');
                    const username = parts[0];
                    const uid = parts[2];
                    console.log(`${username}: ${uid}`);
                }
            });
        }
    });
```

在 macOS 中运行程序，会输出类似下面的用户列表：

_amavisd: 83

```
_analyticsd: 263
_appinstalld: 273
_appleevents: 55
_applepay: 260
_appowner: 87
_appserver: 79
……
```

1.6 改变文件和目录的属性

大多数文件的属性(修改目录的属性与修改文件的属性相同,所以本节主要修改文件的属性)都可以修改。但 Windows 和 Linux/macOS 中文件部分属性的修改方式是不同的。下面会详细介绍在不同 OS 中修改文件时间、文件权限和所有者的方式。

1. 修改文件时间

使用 fs.promises.utimes() 函数可以更新文件的访问(atime)和修改(mtime)时间戳。这个函数的原型如下。

fs.utimes(path, atime, mtime)

参数含义如下。

(1) path:要修改时间戳的文件路径。

(2) atime:文件访问时间。

(3) mtime:文件修改时间。

2. 修改文件权限和所有者

如果是 Windows,可以使用 icacls 命令来修改文件权限;如果是 POSIX 系统(Linux 或 macOS),可以使用 Node.js 的 fs 模块中的函数修改文件权限。

icacls 是一个命令行工具,用于显示或修改文件或目录的访问控制列表(ACL)。icacls 命令的语法如下。

icacls "文件路径" /grant 用户:权限

其中,"文件路径"是文件的路径,"/grant"是一个参数,用于授予权限,"用户"是指定的用户或用户组,"权限"是要授予的权限类型。例如,Everyone 是指所有用户,(R,W)指的是读取和写入权限。

在 POSIX 系统(Linux/macOS)中,使用 fs.promises.chmod() 函数来改变文件的模式。这个函数的原型如下。

fs.chmod(path, mode)

参数含义如下。

(1) path:文件的路径。

(2) mode:一个八进制数字,表示文件的权限。例如,0o777 表示设置文件为所有用户可读写执行。

使用 fs.promises.chown()函数可以更改文件的所有者。这个函数的原型如下。

fs.chown(path, uid, gid)

参数含义如下。

(1) path：文件的路径。

(2) uid：用户的标识符。可以使用 1.5 节的例子查找特定用户的 uid。

(3) gid：组的标识符。在本节的例子中，uid 设置为 503，gid 设置为 -1，后者表示不改变文件的当前组。

下面的代码演示了如何在 Node.js 中跨平台修改文件属性。

代码位置：src/file_system/modify_file_properties.js

```javascript
import fs from "fs/promises";
import {chown} from 'fs/promises';
import os from "os";
import exec from "child_process";
const uid = 503;          // 通常为登录用户的 UID
const gid = -1;           // -1 表示不改变当前的组 ID
// 获取当前时间
const now = new Date();
// 定义文件路径
const filePath = "./demo.png";
// 设置文件的访问和修改时间为当前时间
await fs.utimes(filePath, now, now);
// 检查操作系统类型
if (os.platform() === "win32") {
  // Windows 系统
  // 使用 icacls 命令设置文件权限,使所有用户都可以读取和写入该文件
  const command = `icacls "${filePath}" /grant Everyone:(R,W)`;
  exec(command, (error, stdout, stderr) => {
    if (error) {
      console.error(`执行命令时出错: ${error}`);
      return;
    }
    if (stderr) {
      console.error(`标准错误输出: ${stderr}`);
      return;
    }
    console.log("文件权限修改成功");
  });
} else {
  // POSIX 系统(Linux/macOS)
  try {
    // 设置文件权限,使所有用户都可以读取和写入该文件
    await fs.chmod(filePath, 0o777);
    console.log(filePath)
    await chown(filePath, uid, gid);
    console.log("文件所有权修改成功");
  } catch (error) {
```

```
        console.error('修改文件所有权时出错：${error}');
    }
}
```

在 macOS 下运行程序，会看到 demo.png 文件的所有者和时间已经修改了，如图 1-7 所示。

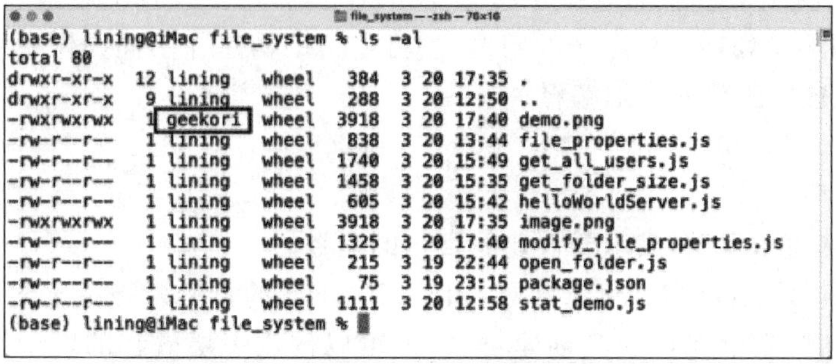

图 1-7　修改文件属性

如果在 Windows 下运行这段代码，会发现 demo.png 文件在设置前的"安全"页面信息如图 1-8 所示。

设置后的"安全"页面如图 1-9 所示。

图 1-8　demo.png 设置前的"安全"页面

图 1-9　demo.png 设置后的"安全"页面

很明显，设置后的"安全"页面多了 Everyone 用户，而且是读写权限。

1.7 创建文件和目录

在 Node.js 中，处理文件系统操作的主要模块是 fs，用于文件的创建、读取、写入、删除等。path 模块则用于处理文件路径的问题，它可以帮助构建在不同操作系统间都有效的文件路径。以下是这些函数的详细解释。

1. 创建目录：fs.mkdir(path[,options],callback)

参数含义如下。

（1）path：字符串类型，表示要创建的目录的路径。

（2）options：对象或整数，可选参数，用于指定不同的行为。当指定 recursive 属性（布尔类型）为 true 时，表示允许递归创建目录，即可以创建多层嵌套的目录结构。默认值为 false。当 options 作为一个整数提供时，它被解释为 mode（权限模式）。这是一个来自较早版本的 Node.js 的特性，用于设置目录的文件系统权限，如 0o777。

（3）callback：回调函数，当目录创建完成或出现错误时被调用。函数的形式为"(err)=>{}"，其中 err 表示错误对象。

2. 创建文件：fs.writeFile(file,data[,options],callback)

参数含义如下。

（1）file：字符串或文件描述符，表示要写入的文件的路径或一个已打开文件的文件描述符。

（2）data：字符串、Buffer 或 Uint8Array，表示要写入文件的内容。

（3）options：一个对象或字符串，可选参数，用于指定编码或其他选项。encoding 属性表示文件内容的编码，默认为 utf8。mode 属性表示设置文件的权限，整数类型，默认值是 0o666。flag 属性表示写入文件的行为，如创建新文件、覆盖已有文件等。默认为 w。

（4）callback：一个回调函数，当文件写入完成或出现错误时被调用。函数的形式为"(err) => {}"，其中 err 是一个错误对象。

3. 连接路径：path.join([…paths])

paths 参数表示一个或多个路径字符串，这些路径将被连接在一起，形成一个单一的路径。join 函数返回一个字符串，表示连接后的路径。

下面的代码完整地演示了如何创建目录以及多层目录，并且创建新文件，同时写入一个字符串。

代码位置：src/file_system/create_file_dir.js

```javascript
import fs from 'fs';
import path from 'path';
// 创建目录，如果目录已存在，则不会抛出错误
const directory = 'my_directory';
fs.mkdir(directory, { recursive: true }, (err) => {
```

```
    if (err) throw err;
    // 创建文件并写入内容
    const filePath = path.join(directory, 'my_file.txt');
    fs.writeFile(filePath, 'Hello World!', (err) => {
      if (err) throw err;
      console.log('文件已被保存。');
    });
  });
  // 创建多层目录
  const multiLevelDirectory = 'my_directory/subdirectory/subsubdirectory';
  fs.mkdir(multiLevelDirectory, { recursive: true }, (err) => {
    if (err) throw err;
    // 创建文件并写入内容
    const filePath = path.join(multiLevelDirectory, 'my_file.txt');
    fs.writeFile(filePath, '世界你好!', (err) => {
      if (err) throw err;
      console.log('多层目录中的文件已被保存。');
    });
  });
});
```

执行这段代码,会在当前目录创建如图 1-10 所示的目录结构和文件,两个 my_file.txt 文件中都会有相应的文本内容。

图 1-10 创建目录和文件

1.8 删除文件和目录

在 Node.js 中,使用 fs.unlink() 函数删除文件,使用 fs.rmdir() 函数删除空目录,以及使用 fs.rm() 函数或 fs.rmdir() 函数(Node.js v14.14.0 及以上版本,fs.rmdir 支持 {recursive: true} 选项)来删除非空目录。

下面的代码完整地演示了如何永久删除文件和目录(空目录和非空目录)。

代码位置:src/file_system/remove_file_dir.js

```
import fs from 'fs';
// 检查文件是否存在,然后删除文件
const filePath = 'file.txt';
fs.access(filePath, fs.constants.F_OK, (err) => {
  if (!err) {
    // 文件存在,删除文件
    fs.unlink(filePath, (err) => {
      if (err) throw err;
      console.log('文件已被删除。');
    });
  }
});
// 检查目录是否存在,然后删除空目录
const emptyDirPath = 'empty_directory';
fs.access(emptyDirPath, fs.constants.F_OK, (err) => {
  if (!err) {
    // 目录存在,删除目录
    fs.rmdir(emptyDirPath, (err) => {
```

```
        if (err) throw err;
        console.log('空目录已被删除。');
      });
    }
  });
// 检查目录是否存在,然后删除非空目录
const nonEmptyDirPath = 'my_directory';
fs.access(nonEmptyDirPath, fs.constants.F_OK, (err) => {
  if (!err) {
    // 目录存在,递归删除目录及其内容
    fs.rm(nonEmptyDirPath, { recursive: true, force: true }, (err) => {
      if (err) throw err;
      console.log('非空目录已被删除。');
    });
  }
});
```

1.9 复制文件和目录

复制文件和目录,可以使用fs-extra模块,这是一个第三方模块,是fs模块的扩展,通过该模块的copySync()函数,可以复制文件和目录,包括递归复制目录中的子目录和文件。读者可以使用下面的命令安装fs-extra模块。

npm install fs-extra

下面的代码首先创建了目录和文件,然后使用copySync()函数复制这些文件和目录。

代码位置:src/file_system/copy_file_dir.js

```
import fs from 'fs';
import path from 'path';
import fse from 'fs-extra';
// 创建目录,如果目录已存在则不会抛出错误
const directoryPath = 'my_directory';
fse.ensureDirSync(directoryPath);
// 创建文件并写入内容
fs.writeFileSync('my_file.txt', 'Hello World!');
// 创建多层目录
const subdirectoryPath = 'my_directory/subdirectory/subsubdirectory';
fse.ensureDirSync(subdirectoryPath);
// 在多层目录中创建文件并写入内容
fs.writeFileSync(path.join(subdirectoryPath, 'my_file.txt'), '世界你好!');
// 复制文件从'my_file.txt'到'destination.txt'
fse.copySync('my_file.txt', 'destination.txt');
// 复制目录从'my_directory'到'destination_directory'
fse.copySync('my_directory', 'destination_directory');
console.log('文件和目录复制完成。');
```

如果要实现剪切文件和目录的效果,只需要在复制文件后,将源文件删除即可。

1.10 重命名文件和目录

可以使用 fs.rename 函数重命名文件或目录。该函数的原型如下：

function rename(oldPath: PathLike, newPath: PathLike)

参数含义如下。
（1）oldPath：表示要重命名的文件的原始路径。
（2）newPath：表示文件的新路径。

在执行 rename() 函数之前，应确保 oldPath 参数指定的文件或目录是存在的，还要确定 newPath 参数指定的文件或目录不存在，否则会抛出异常。

例子代码如下。

代码位置：src/file_system/rename.js

```javascript
// 引入 fs 的 promises API
import { promises as fs } from 'fs';
// 将 my_file.txt 文件重命名为 new_file.txt
async function renameFile() {
  try {
    await fs.rename('my_file.txt', 'new_file.txt');
    console.log('文件重命名成功。');
  } catch (error) {
    console.error('文件重命名失败：', error);
  }
}
// 将 my_directory 目录重命名为 new_directory
async function renameDirectory() {
  try {
    await fs.rename('my_directory', 'new_directory');
    console.log('目录重命名成功。');
  } catch (error) {
    console.error('目录重命名失败：', error);
  }
}
// 执行重命名操作
renameFile();
renameDirectory();
```

1.11 搜索文件和目录

在 Node.js 中搜索文件和目录可以使用 fs.readdir() 函数。为了递归搜索文件和目录，本节的例子还增加了自定义的 find() 函数和 recursiveSearch() 函数。下面是对这些函数的详细解释。

1. 主函数：find(pattern, startPath)

功能：异步搜索指定路径（startPath）及其子目录下所有匹配正则表达式 pattern 的文件。

参数含义如下。

（1）pattern：正则表达式，用于匹配文件名。

（2）startPath：要搜索的起始目录路径。

find 函数返回一个 Promise 对象，可以解析为匹配的所有文件路径的数组。

2. 辅助递归函数：recursiveSearch(currentPath)

功能：在 find() 函数内部定义，用于递归遍历目录树，搜索匹配 pattern 的文件。currentPath 参数表示当前递归遍历到的目录路径。recursiveSearch() 函数没有返回值，但会更新 find() 函数中定义的 results 数组，添加匹配的文件路径。

3. 搜索目录：fs.readdir(path, options)

功能：读取目录的内容。当使用"{ withFileTypes：true }"选项时，返回的数组包含 fs.Dirent 对象，每个对象代表一个目录项（文件或子目录）。

参数含义如下。

（1）path：要读取的目录的路径。

（2）options：可选参数对象。使用{ withFileTypes：true }时，方法返回一个 fs.Dirent 对象数组，而不是文件名的字符串数组。

readdir() 函数返回一个 Promise 对象，解析为目录内容。在本例中，使用{withFileTypes：true}选项，让每个目录项作为一个 fs.Dirent 对象返回，该对象提供了 isDirectory() 方法和 isFile() 方法来判断目录项的类型。

下面的代码演示了如何通过前面介绍的函数搜索指定路径中扩展名为 png 的文件，并输出搜索结果。

代码位置：src/file_system/search_file_dir.js

```javascript
import { promises as fs } from 'fs';
import path from 'path';
// 异步函数来遍历目录和搜索匹配的文件
async function find(pattern, startPath) {
  let results = [];
  async function recursiveSearch(currentPath) {
    const entries = await fs.readdir(currentPath, { withFileTypes: true });
    for (const entry of entries) {
      const entryPath = path.join(currentPath, entry.name);
      if (entry.isDirectory()) {
        // 如果是目录，则递归搜索
        await recursiveSearch(entryPath);
      } else {
        // 如果是文件，则检查是否匹配模式
        if (entry.name.match(pattern)) {
          results.push(entryPath);
        }
```

```
      }
    }
  }
  await recursiveSearch(startPath);
  return results;
}
// 正则表达式来匹配.png文件
const pattern = /\.png$/;
const searchPath = './src/file_system';
// 执行搜索并打印结果
find(pattern, searchPath).then((files) => {
  files.forEach((file) => console.log(file));
}).catch((error) => {
  console.error('搜索过程中出现错误:', error);
});
```

运行程序，会在终端输出类似下面的内容：

```
src/file_system/demo.png
src/file_system/image.png
```

1.12 创建快捷方式

在 Windows、macOS 和 Linux 中创建快捷方式需要使用不同的方法。下面是在不同平台创建快捷方式的详细描述。

1. 创建 Windows 快捷方式

在 Windows 上，可以利用 windows-shortcuts 模块来创建快捷方式，使用下面的命令安装 windows-shortcuts 模块。

```
npm install windows-shortcuts
```

由于 windows-shortcuts 是一个 CommonJS 模块，所以需要使用 import()语法来动态导入 windows-shortcuts[①]，以适应 ES 模块的上下文：

```
ws = (await import('windows-shortcuts')).default;
```

（1）await import('windows-shortcuts')：动态导入 windows-shortcuts 模块。import()可以在需要时动态加载模块，而不是在文件开始时静态导入。这种方式对于条件性地导入模块特别有用，例如基于不同操作系统导入不同模块。

（2）default：由于 windows-shortcuts 是 CommonJS 模块，import()会将模块的导出包装在一个带有 default 属性的对象中。访问 default 属性是获取模块默认导出的方法。

接下来，会使用 promisify 函数调用 ws.create()方法：

---

① 由于程序主体使用了 ES 模块，为了 CommonJS 模块与 ES 模块混用，只能使用 import()动态导入 windows-shortcuts 模块。

```
await promisify(ws.create)(shortcutLocation, { target, runStyle: ws.NORMAL });
```

promisify 函数是 Node.js 的一个实用工具，其作用是将遵循常见的错误优先回调风格的函数（即接收一个（err, value） => ··· 回调作为最后一个参数的函数）转换为返回 promise 对象的函数。这样做使得我们可以使用现代的异步编程风格，如 async/await，来处理异步操作，从而替代回调函数。

2. 创建 macOS 快捷方式

在 macOS 上，快捷方式以可执行脚本的形式创建。脚本包含 open 命令，用于打开目标路径：

```
const scriptContent = '#!/bin/sh\nopen "${target}"\n';
fs.writeFileSync(shortcutLocation, scriptContent);
await execAsync('chmod 755 "${shortcutLocation}"');
```

这段代码首先创建一个 shell 脚本，脚本的内容是用 open 命令打开指定的目标。然后使用 fs.writeFileSync() 函数写入脚本内容。最后执行 chmod 755 命令修改脚本的权限，使其可执行。这里使用了 execAsync 来异步执行 chmod 命令。

3. 创建 Linux 快捷方式

在 Linux 上，快捷方式通过创建一个 ".desktop" 文件实现。下面的代码创建了 .desktop 文件。

```
const desktopEntry = '[Desktop Entry]\nType=Link\nURL=file://${target}\nName=${fileName}\n';
fs.writeFileSync(shortcutLocation, desktopEntry);
```

（1）.desktop 文件包含了快捷方式的元数据，如类型（Type=Link 表示这是一个链接）、URL（指向目标文件或目录的路径）、名称等。

（2）可以使用 fs.writeFileSync() 函数直接写入 .desktop 文件内容。

下面的代码完整地演示了如何在 Windows、macOS 和 Linux 中创建快捷方式。

代码位置：src/file_system/create_shortcut.js

```
import fs from 'fs';
import os from 'os';
import path from 'path';
import { promisify } from 'util';
import { exec } from 'child_process';
let ws;
const system = os.platform();
if (system === 'win32') {
  ws = (await import('windows-shortcuts')).default;
}
const execAsync = promisify(exec);
async function createShortcut(target, shortcutLocation) {
    if (system === 'win32') {
        // Windows 平台使用 windows-shortcuts 模块创建快捷方式
        await promisify(ws.create)(shortcutLocation, { target, runStyle: ws.NORMAL });
        console.log('Windows 快捷方式创建成功。');
```

```
  } else if (system === 'darwin') {
    // macOS平台创建快捷方式脚本
    const scriptContent = '#!/bin/sh\nopen "${target}"\n';
    fs.writeFileSync(shortcutLocation, scriptContent);
    await execAsync(`chmod 755 "${shortcutLocation}"`);
    console.log('macOS 快捷方式创建成功。');
  } else {
    // Linux平台创建.desktop文件
    const fileName = path.basename(target);
    const desktopEntry = '[Desktop Entry]\nType=Link\nURL=file://${target}\nName=${fileName}\n';
    fs.writeFileSync(shortcutLocation, desktopEntry);
    console.log('Linux 快捷方式创建成功。');
  }
}
// 示例用法（macOS下的快捷方式）
createShortcut('./demo.png', './src/file_system/demo.sh')
  .catch(console.error);
```

如果在 Windows 中创建文件的快捷方式，需要使用文件的绝对路径，否则会抛出 87 号错误：System error 87 has occurred。

Windows 快捷方式文件扩展名是 lnk，所以如果在 Windows 下创建快捷方式文件，需要使用下面的代码调用 createShortcut() 函数。读者需要将对应的文件路径换成自己机器上已经存在的文件路径。

```
createShortcut('C:\\working\\nodejs\\demo.png', './demo.lnk')
  .catch(console.error);
```

执行代码，会在当前目录创建一个 demo.sh 文件，该文件的内容如下。

```
#!/bin/sh
open "./demo.png"
```

在 demo.sh 文件中调用了 open 命令打开源文件。所以直接执行 demo.sh 文件，就可以直接打开 demo.png 文件。在 Linux 下，也有类似的效果。

1.13 回收站

本节介绍如何用 Python 控制回收站（macOS 称为废纸篓），主要内容包括删除回收站中的文件、清空回收站中的文件和恢复回收站中的文件。由于 Windows、macOS 和 Linux 操作回收站的 API 和方式不同，所以本节会分别介绍这 3 种操作系统操作回收站的 API 和背后的原理，并通过相应的 API 将这 3 个操作系统平台用于操作回收站的 API 放到一个 Python 脚本文件中，所以本节提供的 Python 代码都是跨平台的。

1.13.1 将删除的文件和目录放入回收站

在 Node.js 中如果想将文件和目录放入回收站（macOS 叫废纸篓），可以使用第三方模块 trash。使用下面的命令安装这个模块。

```
npm install trash
```

下面的代码首先创建了若干目录和文件，然后使用 trash() 函数将这些目录和文件放入回收站，原来的文件和目录就会被删除。trash 模块是跨平台的，在 Windows、macOS 和 Linux 下都可以使用。

代码位置：src/file_system/send_to_trash.js

```javascript
import fs from 'fs';
import trash from 'trash';
// 创建目录，如果目录已存在则不会抛出错误
const directoryPath = 'my_directory';
fs.mkdirSync(directoryPath, { recursive: true });
// 创建文件并写入内容
fs.writeFileSync('my_file.txt', 'Hello World!');
// 创建多层目录
const subdirectoryPath = 'my_directory/subdirectory/subsubdirectory';
fs.mkdirSync(subdirectoryPath, { recursive: true });
// 在多层目录中创建文件并写入内容
fs.writeFileSync(`${subdirectoryPath}/my_file.txt`, '世界你好!');
// 将文件放入回收站
await trash('my_file.txt'); // 将名为'my_file.txt'的文件放入回收站
// 将名为'my_directory'的目录放入回收站，包括其内部的所有文件和子目录
await trash('my_directory');
console.log('文件和目录已经被移动到回收站。');
```

1.13.2 清空回收站中的文件

清空回收站的操作，Windows、macOS 和 Linux 各不相同。下面分别讲解如何清空这 3 个操作系统中的回收站。

1. 清空 Windows 回收站

在 Windows 中，需要使用 PowerShell 命令 Clear-RecycleBin -Force 来清空回收站。其中 Clear-RecycleBin 是一个 PowerShell 命令，用于清空回收站。-Force 参数用于确保即使在某些情况下默认需要用户交互或确认的情况下也能执行清空操作。

2. 清空 macOS 废纸篓

在 macOS 中，程序直接操作文件系统来清空废纸篓。macOS 的废纸篓位于用户目录下的 .Trash 目录。程序通过读取这个目录中的所有文件和文件夹，然后使用 fs.rm() 函数递归地删除它们来清空废纸篓。

3. 清空 Linux 回收站

Linux 的处理方式与 macOS 相似，不过 Linux 系统上的回收站路径位于"~/.local/share/Trash/files"。程序同样读取该目录下的所有内容，并使用 fs.rm() 函数递归地删除它们来清空废纸篓。

下面的代码根据不同的操作系统采用不同的方式清空回收站。

代码位置：src/file_system/empty_recycle.js

```js
import fs from 'fs/promises';
import path from 'path';
import os from 'os';
import { exec } from 'child_process';
// 清空 Windows 回收站
function emptyRecycleBinWindows() {
  return new Promise((resolve, reject) => {
    const command = 'powershell -Command "Clear-RecycleBin -Confirm:$false -Force"';
    exec(command, (error, stdout, stderr) => {
      resolve('回收站已清空');
    });
  });
}
// 清空回收站 - 跨平台实现
async function emptyRecycleBin() {
  const osName = os.platform();
  try {
    if (osName === "win32") {
      // 清空 Windows 回收站
      console.log(await emptyRecycleBinWindows());
    } else if (osName === "darwin") {
      // 清空 macOS 废纸篓
      const trashDir = path.join(os.homedir(), '.Trash');
      const files = await fs.readdir(trashDir);
      for (const file of files) {
        const filePath = path.join(trashDir, file);
        console.log(filePath);
        await fs.rm(filePath, { recursive: true, force: true });
      }
      console.log("macOS 废纸篓已清空");
    } else if (osName === "linux") {
      // 清空 Linux 回收站
      const trashFilesDir = path.join(os.homedir(), '.local/share/Trash/files');
      const files = await fs.readdir(trashFilesDir);
      for (const file of files) {
        const filePath = path.join(trashFilesDir, file);
        console.log(filePath);
        await fs.rm(filePath, { recursive: true, force: true });
      }
      console.log("Linux 回收站已清空");
    }
  } catch (e) {
    console.error(e);
  }
}
// 执行清空回收站操作
emptyRecycleBin().then(() => console.log("回收站清空完成")).catch(console.error);
```

运行程序，会发现回收站中的所有文件和目录都消失了。

1.13.3 恢复回收站中的文件

恢复回收站中的文件的方式可分为如下 3 步。
(1) 获取回收站中文件的原始路径。
(2) 将回收站中的文件复制到原始路径。
(3) 删除回收站中的文件。

其实这个过程与剪切文件的方式类似,只是源目录是回收站目录。由于恢复目录与恢复文件的方式类似,所以本节就只提及恢复文件。

macOS 和 Linux 在恢复回收站中文件的方式上略有不同,但大同小异,而 Node.js 目前并没有直接提供恢复回收站中文件和命令的第三方模块,Windows 也没有提供相关命令实现这个功能,所以本节只处理 macOS 和 Linux 系统中恢复回收站文件和目录的情况。

1. 恢复 macOS 废纸篓中的文件

macOS 废纸篓的绝对路径是"/Users/用户名/.Trash",其中"用户名"是当前登录的用户名,加上用户名 great,macOS 废纸篓的绝对路径是"/Users/great/.Trash"。在路径下有一个 .DS_Store 文件,该文件存储了当前目录的元数据,对于废纸篓来说,就存储了废纸篓中所有文件和目录的相关信息,如原始路径、被删除时间等,但由于 .DS_Store 文件的格式苹果公司并未公开,也没有提供任何可以读取 .DS_Store 文件的 API,而且 .DS_Store 文件用的是二进制格式存储。所以通过正常的手段是无法读取 .DS_Store 文件内容的,自然也就无法获取废纸篓中文件的原始目录了。因此,在 macOS 下恢复废纸篓中的文件,只能通过 osascript 命令了。osascript 是 macOS 上执行 AppleScript 的命令行工具。AppleScript 是一种脚本语言,用于自动化 macOS 应用程序的操作。使用 osascript 命令可以在终端中运行 AppleScript 脚本,也可以在脚本中使用 AppleScript 来发送系统通知。以下是一个发送系统通知的例子:

```
osascript -e 'display notification "Hello World!" with title "Greetings"'
```

在终端执行这行命令,将在屏幕右上角显示一个如图 1-11 所示的通知。

图 1-11 使用 osascript 命令弹出的通知

AppleScript 几乎能操作 macOS 中的一切,控制废纸篓更不在话下。AppleScript 会用接近自然语言(英语)的方式描述如何操作废纸篓(trash)。本例通过 AppleScript 打开废纸篓,并模拟键盘按下 Command+Delete 键来恢复废纸篓中被选中的文件或目录,当然,在做这个操作之前,先要通过 AppleScript 获取废纸篓顶层的所有文件和目录。下面是完整的 AppleScript 代码。

代码位置:src/file_system/recover.script

```
-- 打开 Finder 应用程序
tell application "Finder"
-- 激活 Finder 窗口
activate
-- 获取废纸篓中已删除文件的数量
set file_count to count of (trash's items)
-- 重复以下步骤,直到所有文件都被恢复
repeat file_count times
    -- 调用 recoverMyFile()函数来恢复文件
    recoverMyFile() of me
end repeat
end tell

-- 定义 recoverMyFile()函数来恢复单个文件
on recoverMyFile()
-- 打开 System Events 应用程序
tell application "System Events"
    -- 将 Finder 窗口置于最前面
    set frontmost of process "Finder" to true
    -- 打开废纸篓窗口并选择第一个文件
    tell application "Finder"
        open trash
        select the first item of front window
    end tell
    -- 使用键盘快捷键"Command + Delete"来恢复文件
    tell process "Finder"
        key code 51 using command down
        delay 2 -- 延迟 2 秒
    end tell
end tell
end recoverMyFile
```

将这段代码保存在 recover.script 文件中,然后执行 osascript recover.script 即可将废纸篓中的所有文件和目录放回原处。

在执行 recover.script 文件时,有可能出现下面的错误:

execution error:"System Events"遇到一个错误:"osascript"不允许发送按键。(1002)

这个错误通常出现在使用 macOS 自带的 Script Editor(脚本编辑器)应用程序时,它试图向某些应用程序发送按键信号但被系统阻止。

请使用下面的步骤解决这个问题。

(1)在 System Preferences 中找到"安全性与隐私",然后切换到"隐私"选项卡。

(2)在左侧菜单中选择"辅助功能",然后单击右侧的锁形图标以进行更改。

(3)输入管理员密码以解锁更改,并将 Script Editor 从列表中添加到允许应用程序列表中,如图 1-12 所示。

(4)如果问题仍然存在,请尝试退出并重新启动 Script Editor 应用程序。

如果想要用 JavaScript 完成这一切,只需要用 JavaScript 执行 recover.script 文件即可。

图 1-12　设置脚本编辑器权限

2．恢复 Linux 回收站中的文件

Linux 回收站的路径是"~/.local/share/Trash"，而回收站中每一个文件和目录都在"~/.local/share/Trash/info"目录中有一个元数据文件，文件名是 filename.trashinfo，其中 filename 表示回收站中的文件或目录名。例如，如果回收站中有一个 abc.txt 文件，那么对应的元数据文件是 abc.txt.trashinfo。

元数据文件是纯文本格式，里面保存了回收站文件中的原始路径，以及被移入回收站的时间，下面就是标准元数据文件的内容：

```
[Trash Info]
Path=/root/software/nginx.zip
DeletionDate=2023-03-30T21:49:37
```

根据元数据文件的内容，可以很容易获取回收站中文件和目录的原始路径，可以用相应的 API 将这些回收站中的文件和目录复制回原始目录，然后再删除回收站中对应的文件和目录。

不过要注意，元数据中的路径有可能包含中文或其他多字节文字，而且这些文字是用 Unicode 编码的，所以获取原始路径后，需要使用 urllib.parse.unquote 函数将其转换为正常的文字。

前面分别介绍了如何恢复 macOS 和 Linux 两个系统中回收站（废纸篓）的文件和目录，下面给出完整的代码来演示完整的实现过程。

代码位置：src/file_system/restore_trash.js

```javascript
import fs from 'fs-extra';
import path from 'path';
import os from 'os';
import { exec } from 'child_process';
// Linux 环境下恢复文件
async function restoreLinuxAllFiles() {
    const recycleBinPath = path.join(os.homedir(), '.local/share/Trash/files');
    const filenames = await fs.readdir(recycleBinPath);
    for (const filename of filenames) {
        const originalPath = await getLinuxOriginalPath(filename);
        if (!originalPath) {
            console.error('Error: Could not find original path for ${filename}');
            continue;
        }
        if (await fs.pathExists(originalPath)) {
            console.error('Error: File ${originalPath} already exists');
            continue;
        }
        const trashFilePath = path.join(recycleBinPath, filename);
        await fs.move(trashFilePath, originalPath);
        console.log('Successfully restored ${filename}');
    }
}
// macOS 环境下恢复文件
function recoverMacOSAllFiles() {
    const scriptPath = './src/file_system/recover.script'; // 这里替换成你的 recover.script 文件
                                                          // 的实际路径
    exec('osascript ${scriptPath}', (error, stdout, stderr) => {
        if (error) {
            console.error('exec error: ${error}');
            return;
        }
        console.log('Trash items restored successfully');
    });
}
// 根据操作系统类型选择相应的恢复函数
async function putBackTrash() {
    const osType = os.platform();
    switch (osType) {
        case 'darwin':
            recoverMacOSAllFiles();
            break;
        case 'win32':
            console.log("Recovering files from the Recycle Bin on Windows is not supported.");
            break;
        case 'linux':
            await restoreLinuxAllFiles();
            break;
        default:
            console.log("Unsupported operating system.");
    }
}
putBackTrash();
```

1.14 小结

使用 JavaScript 管理文件和目录有着不小的挑战，因为并不是对文件和目录的每一种操作，JavaScript 都提供了标准的 API，有一些功能需要借助第三方模块，而且不同操作系统有着不一样的操作方式，甚至部分功能（如恢复回收站中的文件）在某些操作系统（如 Linux）上都没有第三方模块可用，这就要求我们自己分析背后的原理，自己从底层实现所有的功能。尽管挑战一直存在，但同时也充满乐趣。

第 2 章 驾 驭 OS

使用 JavaScript（Node.js）可以借助很多第三方模块和系统命令控制操作系统（operating system，OS），例如，向 Windows 注册表中写入信息，将应用程序添加进启动项，获取系统硬件信息、显示设置窗口、打开文件夹等。本章将介绍一些常用的用于控制系统的第三方模块和系统命令。

2.1　Windows 注册表

Windows 注册表是 Windows 操作系统中的一个重要组成部分，它是一个分层数据库，包含了对 Windows 操作至关重要的数据以及运行在 Windows 上的应用程序和服务。注册表记录了用户安装在计算机上的软件和每个程序的相互关联信息，它包括了计算机的硬件配置，包括自动配置的即插即用的设备和已有的各种设备说明、状态属性以及各种状态信息和数据。

我们可以使用注册表编辑器（regedit.exe 或 regedit32.exe）、组策略、系统策略、注册表（.reg）文件或运行 Visual Basic 脚本文件等来修改注册表。不过本节要使用 Python 来读写注册表中的数据。

在 Node.js 中，可以使用 winreg 模块来操作注册表。winreg 模块是一个第三方模块，不是 Node.js 标准库的一部分（该模块只能在 Windows 中使用，专为 Windows 平台设计），因此需要通过 npm 进行安装。winreg 模块提供了访问 Windows 注册表的功能，类似于 Python 中的 winreg 模块，但在使用上和 API 设计上有所不同。winreg 模块提供了一系列的方法，例如，list()、get()、set()、createKey()、deleteKey() 等，用于操作注册表。其中，createKey() 方法用于创建新的注册表键（如果键已存在，则不做任何操作并显示该键），get() 方法用于读取指定键的值，set() 方法用于设置指定键的值。

要在 Node.js 项目中使用 winreg 模块，首先需要使用下面的命令安装该模块：

npm install winreg

2.1.1　读取值的数据

本节的例子演示了如何在使用 ES 模块语法的 Node.js 环境中动态地导入并使用

winreg 模块来访问 Windows 注册表,并获取名为 ProductName 的值的数据。下面是对本例的核心技术的详细解释。

1. 动态导入 winreg 模块

```
import('winreg').then(Winreg => {
    ...
}).catch(error => {
    console.error('导入 winreg 模块失败:', error);
});
```

在 ES 模块环境中,使用 import() 函数进行动态导入可以在运行时根据条件导入模块。这种方式特别适用于需要条件加载或按需加载模块的情况。在这个例子中,winreg 是一个仅在 Windows 系统上可用的模块,动态导入允许开发者编写更加灵活的跨平台代码。使用动态导入还意味着模块的导入是异步进行的,因此需要使用 then 方法来处理导入成功的情况。

2. 创建注册表对象

```
const regKey = new Winreg.default({
    hive: Winreg.HKLM,
    key: '\\SOFTWARE\\Microsoft\\Windows NT\\CurrentVersion'
});
```

通过创建 Winreg 实例来打开注册表的 key。构造函数接收一个配置对象,其中 hive 指定了注册表的根键(如 HKEY_LOCAL_MACHINE),key 则指定了要打开的注册表项的路径。在这个例子中,打开的是 Windows 操作系统信息所在的注册表项。

3. regKey.get 方法

get 方法原型如下:

```
get(name, callback)
```

参数含义如下。

(1) name:要查询的值的名称(本例是 ProductName)。

(2) callback:回调函数,当读取操作完成时被调用。

通过这种方式,可以异步地查询 Windows 注册表中的值,并在查询完成后通过回调函数处理结果或错误。这样的设计允许 Node.js 应用在不阻塞主线程的情况下执行注册表操作,适合于需要高性能和强响应能力的应用程序。

下面的代码显示 HKEY_LOCAL_MACHINE\SOFTWARE\Microsoft\Windows NT\CurrentVersion 键并读取 ProductName 值的数据。

代码位置:src/harness_OS/read_winreg_key.js

```javascript
// 动态导入 winreg 模块
import('winreg').then(Winreg => {
    // 创建注册表对象
    const regKey = new Winreg.default({
        hive: Winreg.HKLM,                    // 指定根键为 HKEY_LOCAL_MACHINE
```

```
    key: '\\SOFTWARE\\Microsoft\\Windows NT\\CurrentVersion'  //指定要访问的键的
                                                              //路径
  });

  // 查询注册表以获取 ProductName 的值
  regKey.get('ProductName', (err, result) => {
    if (err) {
      console.error('读取注册表时发生错误:', err);
    } else {
      console.log('ProductName:', result.value);
    }
  });
}).catch(error => {
  console.error('导入 winreg 模块失败:', error);
});
```

执行这段代码，会输出如下内容：

ProductName: Windows 10 Home China

2.1.2 读取所有的键

这里要讲解一下注册表中的键和值。注册表由键和值组成，其中键是一个包含值的容器。键可以包含子键，而子键可以包含更多的子键和值。值是与键关联的数据。每个值包含名称、类型和数据。图 2-1 是 Themes 键、Themes 键的子键以及 Themes 键中包含的值。在 2.1.1 节中获得的 ProductName 就是一个值，该值属于 CurrentVersion 键。而本节将获取 Themes 键的所有子键，并输出这些子键。

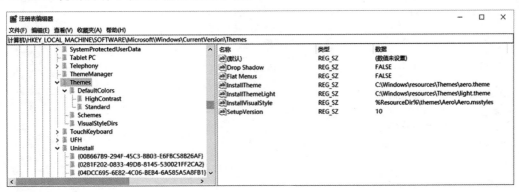

图 2-1　Windows 注册表

使用 ES 模块和 winreg 在 Node.js 中枚举注册表键的过程，可以通过创建注册表对象并调用其 keys 方法实现。这个方法异步地返回所有子键，允许我们遍历这些子键并对每个子键进行进一步的操作。

首先，需要通过动态导入（import()）来加载 winreg 模块，因为 winreg 是一个 CommonJS 模块，而我们正在使用 ES 模块语法。一旦模块被成功导入，就可以创建指向特定注册表路径的注册表对象。

下面是详细的实现步骤。

（1）动态导入 winreg 模块：由于使用 ES 模块，我们利用 import( ) 函数动态导入 winreg。这允许我们在使用 ES 模块的同时兼容 CommonJS 模块。

（2）创建注册表对象：使用 winreg 创建一个注册表对象，指定要访问的注册表的根键和路径。

（3）枚举子键：通过调用注册表对象的 keys 方法来异步获取所有子键。该方法返回一个子键数组，每个子键都是一个对象，包含子键的名称和路径等信息。

（4）处理子键：使用 Promise 和 async/await 语法来处理异步操作。遍历子键数组，对每个子键进行处理，如打印其名称或对其进行进一步的枚举。

这个过程是异步执行的，需要在异步函数中使用 await 或者使用 .then( ) 方法来处理 keys 方法返回的 'Promise'。

下面的例子是枚举 SOFTWARE\Microsoft\Windows\CurrentVersion\Themes 键以及所有子键的完整代码。

代码位置：src/harness_os/read_winreg_all_keys.js

```javascript
// 动态导入 winreg 模块
import('winreg').then(({ default: Winreg }) => {
    // 定义一个异步函数，用于递归枚举注册表键及其所有子键
    async function readKey(hive, keyPath) {
        // 创建一个指向指定路径的注册表键对象
        const regKey = new Winreg({
            hive: Winreg[hive],        // 指定根键
            key: keyPath,              // 指定注册表键的路径
        });
        // 使用 Promise 化的方法来处理异步操作
        const keys = await new Promise((resolve, reject) => {
            regKey.keys((err, keys) => {
                if (err) {
                    reject(err);
                } else {
                    resolve(keys);
                }
            });
        });
        // 遍历所有子键
        for (const subkey of keys) {
            // 构建子键的完整路径
            const subkeyPath = `${keyPath}\\${subkey.key}`;
            console.log(subkeyPath);

            // 递归枚举当前子键下的所有子键
            await readKey(hive, subkeyPath);
        }
    }
    // 指定要枚举的注册表根键和键路径
```

```
      const hive = 'HKLM'; // HKEY_LOCAL_MACHINE 的缩写
      const keyPath = '\\SOFTWARE\\Microsoft\\Windows\\CurrentVersion\\Themes';
      // 调用函数开始枚举注册表键
      readKey(hive, keyPath).catch((error) => {
        console.error('枚举过程中发生错误:', error);
      });
    }).catch(error => console.error('导入 winreg 模块失败:', error));
```

执行这段代码,会输出如下内容:

SOFTWARE\Microsoft\Windows\CurrentVersion\Themes\DefaultColors
SOFTWARE\Microsoft\Windows\CurrentVersion\Themes\DefaultColors\HighContrast
SOFTWARE\Microsoft\Windows\CurrentVersion\Themes\DefaultColors\Standard
SOFTWARE\Microsoft\Windows\CurrentVersion\Themes\Schemes
SOFTWARE\Microsoft\Windows\CurrentVersion\Themes\VisualStyleDirs

对比图 2-1 可以看出,Themes 有 5 个子键,已经将这 5 个子键的完整路径全部输出。

2.1.3 读取所有的键和值

这一节除了读取某一个键的所有子键外,还读取子键中的所有值。regKey.values()方法的作用是异步获取指定注册表键下的所有值。这个方法返回一个包含当前注册表键下所有值的数组,每个数组元素代表一个注册表值,其中包含值的名称(name)、数据(value)以及数据类型(type)。

这个方法被用于遍历和打印一个注册表键下的所有值,便于查看和分析这些值的内容。在实际应用中,这可以帮助我们理解和管理注册表键的配置,例如获取系统设置或应用程序配置信息。

使用 regKey.values()方法时,我们通常将其放在一个异步函数中,并使用 await 关键字等待其完成,因为这是一个异步操作。通过这种方式,代码会等待 regKey.values()方法获取所有值后再继续执行,确保我们可以正确地处理这些值。

在处理获取到的值时,可以遍历返回的数组,使用每个元素的 name 和 value 属性来访问注册表值的详细信息,并根据需要进行操作,例如打印这些信息到控制台。

下面的代码用递归的方式读取了 SOFTWARE\Microsoft\Windows\CurrentVersion\Themes 键及所有子键和对应的所有值。

代码位置:src/harness_os/read_winreg_all_keys_values.js

```
// 引入 winreg 包
import Winreg from 'winreg';
// 定义一个异步函数,用于打印指定注册表键下的所有子键和值
async function printAllSubkeys(regKey) {
    try {
        // 获取并遍历所有子键
        const subkeys = await new Promise((resolve, reject) => {
            regKey.keys((err, keys) => {
                if (err) reject(err);
```

```javascript
                    else resolve(keys);
            });
        });
        for (const subkey of subkeys) {
            console.log(subkey.key);                    // 打印子键名
            await printAllValues(subkey);               // 打印子键中的所有值
            await printAllSubkeys(subkey);              // 递归打印子键中的所有子键
        }
    } catch (error) {
        // 处理错误,例如当子键不存在时
        if (error.code !== 'ENOENT') {
            console.error(error);
        }
    }
}
// 定义一个异步函数,用于打印指定注册表键下的所有值
async function printAllValues(regKey) {
    try {
        // 获取并遍历所有值
        const values = await new Promise((resolve, reject) => {
            regKey.values((err, values) => {
                if (err) reject(err);
                else resolve(values);
            });
        });

        for (const value of values) {
            console.log('${value.name} = ${value.value}');  // 打印值的名称和数据
        }
    } catch (error) {
        // 处理错误
        console.error(error);
    }
}
// 主函数
async function main() {
    // 指定要读取的注册表路径
    const path = '\\SOFTWARE\\Microsoft\\Windows\\CurrentVersion\\Themes';
    // 创建注册表对象
    const key = new Winreg({
        hive: Winreg.HKLM,                              // 根键
        key: path,                                      // 路径
    });
    // 打印所有子键和键值
    await printAllSubkeys(key);
}
// 运行主函数
main().catch(console.error);
```

执行这段代码,会输出如下内容(不同的环境,可能输出的内容略有差异):

DefaultColors
HighContrast

```
ActiveTitle = 7209015
ButtonFace = 0
ButtonText = 16777215
GrayText = 4190783
Hilight = 16771866
……
```

2.1.4 添加键和值

在上述 Node.js 代码示例中，regKey.set() 方法用于在 Windows 注册表中设置键值，如果键值存在，则修改，不存在，则添加。该方法的原型如下：

set(name, type, value, callback)

参数含义如下。

(1) name：要设置的值的名称。如果想设置键的默认值，可以传递一个空字符串作为名称。

(2) type：值的类型，这决定了数据如何被存储和解释。在 Windows 注册表中，常见的类型包括 REG_SZ（表示一个字符串）、REG_DWORD（32 位数值）、REG_BINARY（二进制数据）等。Winreg.REG_SZ 是一个常量，表示数据类型为字符串。

(3) value：要设置的数据。根据 type 的不同，这里可以是字符串、数字或者二进制数据。

(4) callback：当设置操作完成时被调用的回调函数。

下面的代码为 Software 键添加了一个 MyApp 子键，并设置了该子键的默认值，以及为该子键添加了一个名为 myValueData 的值。

代码位置：src/harness_os/add_key_value.js

```js
// 使用 ES 模块导入语法导入 Winreg
import Winreg from 'winreg';
// 定义一个异步函数来执行注册表操作
async function setupRegistry() {
    // 创建指向 HKEY_CURRENT_USER\Software\MyApp 的注册表键对象
    const regKey = new Winreg({
        hive: Winreg.HKCU,              // 指定根键为 HKEY_CURRENT_USER
        key: '\\Software\\MyApp'        // 指定子键路径
    });
    // 设置键值
    try {
        // 为 MyApp 子键添加一个名为 myValueName 的值
        await new Promise((resolve, reject) => {
            regKey.set('myValueName', Winreg.REG_SZ, 'myValueData', (err) => {
                if (err) reject(err);
                else resolve();
            });
        });
        console.log('成功设置 myValueName 值');
        // 设置 MyApp 子键的默认值
        await new Promise((resolve, reject) => {
            regKey.set('', Winreg.REG_SZ, 'myDefaultValue', (err) => {
```

```
                    if (err) reject(err);
                    else resolve();
                });
            });
            console.log('成功设置默认值');
        } catch (error) {
            console.error('注册表操作出错：', error);
        }
    }
    // 执行 setupRegistry 函数
    setupRegistry().catch(console.error);
```

执行这段代码，会看到 Software 键多了一个 MyApp 子键，以及一个 myValueData 值，如图 2-2 所示。

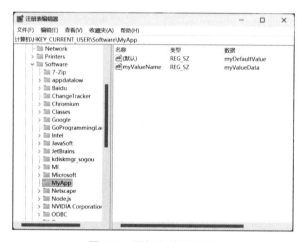

图 2-2　添加新的键和值

注意：如果键和值已经存在，程序并不会抛出异常，只是不会再添加新的键和值。

在 winreg 模块中，提供了一系列的常量用于表示注册表值的数据类型，以下是 winreg 模块中常用的一些常量及其含义。

（1）REG_SZ：表示一个字符串值。

（2）REG_EXPAND_SZ：表示一个可扩展的字符串值，其中包含的环境变量如'%PATH%'可以被展开。

（3）REG_BINARY：表示一个二进制值。

（4）REG_DWORD：表示一个 32 位数值。

（5）REG_QWORD：表示一个 64 位数值。

（6）REG_MULTI_SZ：表示多字符串值，通常是以 null 分隔的字符串序列。

（7）REG_LINK：符号链接值，用于存储链接信息。

（8）REG_RESOURCE_LIST、REG_FULL_RESOURCE_DESCRIPTOR、REG_RESOURCE_REQUIREMENTS_LIST：用于存储硬件配置信息和资源列表，通常只在系统组件和驱动程序中使用。

2.1.5 删除值

使用 regKey.remove( ) 方法可以删除指定的值，下面的代码演示了如何删除名为 value1 的值。

代码位置：src/harness_os/delete_value.js

```
// 引入 winreg 库
import Winreg from 'winreg';

// 设置要操作的注册表项的路径
const regKey = new Winreg({
  hive: Winreg.HKLM,              // 指定操作的是 HKEY_LOCAL_MACHINE
  key: '\\Software\\myapp'        // 注册表项的路径
});
// 删除 value1
function deleteValue() {
  return new Promise((resolve, reject) => {
    regKey.remove('value1', function (err) {
      if (err) {
        reject(err);
      } else {
        console.log('value1 删除成功');
        resolve();
      }
    });
  });
}
// 执行删除操作
deleteValue()
  .catch((err) => console.error('发生错误:', err));
```

运行这段程序，应该注意如下两点。

（1）value1 在 HKEY_LOCAL_MACHINE\Software\myapp 中，所以在运行程序之前，应该确保 Windows 注册表中存在 value1，否则会抛出异常。

（2）删除 Windows 注册表中的值，需要管理员权限。所以如果在 Windows 命令提示符中通过 node 命令运行程序，应该用管理员权限运行 Windows 命令提示符。如果在 VSCode 中运行程序，VSCode 也应该用管理员权限运行。

2.1.6 删除键

winreg 模块并没有直接提供删除键的方法，但可以使用命令行工具 reg 删除键。注意，使用 reg 命令删除 Windows 注册表中的键和值，也需要管理员权限，所以需要用管理员权限运行 Windows 命令提示符或 VSCode。

使用 reg 删除键的命令如下（其中 HKLM 表示 HKEY_LOCAL_MACHINE）：

```
reg delete HKLM\Software\myapp /f
```

用程序调用，代码如下：

代码位置：src/harness_os/delete_key.js

```javascript
import { exec } from 'child_process';
import util from 'util';

const execAsync = util.promisify(exec);
// 删除注册表项
async function deleteKey() {
  try {
    // 在代码中,"\"需要转义,所以要使用"\\"
    const { stdout, stderr } = await execAsync('reg delete HKLM\\Software\\myapp /f');
    if (stderr) {
      console.error('stderr:', stderr);
    }
    console.log('myapp 键删除成功');
  } catch (error) {
    console.error('删除 myapp 键失败:', error);
  }
}
// 顺序执行删除操作
async function run() {
  await deleteKey(); // 再删除键
}
run();
```

2.2 让程序随 OS 一起启动

本节主要介绍如何分别在 Windows、macOS 和 Linux 下将应用程序添加进各自的启动项。启动项在不同的操作系统中的叫法有所不同,但作用是一样的,就是在操作系统登录时自动运行启动项中的应用程序。

2.2.1 将应用程序添加进 macOS 登录项

所有被添加进 macOS 登录项的程序,会在 macOS 启动的过程中依次运行。将应用程序添加进登录项有多种方式,其中常规的操作步骤如下。

（1）显示"系统偏好设置"。
（2）单击"用户与群组"。
（3）单击当前用户的名称。
（4）单击左下角的"小锁",并输入"用户名"和"密码"。
（5）单击"登录项"选项卡。
（6）单击左下角的"＋"按钮。
（7）在弹出的窗口中,选择要添加的应用程序。
（8）单击"添加"按钮将选中的应用程序添加进登录项。

按照以上 8 步操作，就会将 macOS 应用程序添加进登录项，效果如图 2-3 所示。

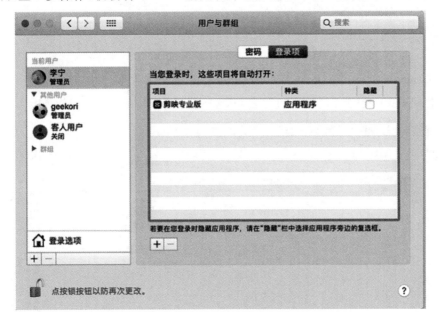

图 2-3　添加 macOS 登录项

用 AppleScript 也可以实现同样的功能。首先创建一个 starter.script 文件，并输入如下内容：

```
tell application "System Events"
    make login item at end with properties {path:"/Applications/WeChat.app", hidden:false}
end tell
```

这段代码的含义是将 WeChat.app（微信）添加到 macOS 登录项列表的最后一个位置。其中 hidden 属性为 true，在登录时启动该应用程序，将无法看到应用程序的窗口。该输出就是设置图 2-3 所示窗口的"隐藏"列的值。

如果想在 Node.js 中将应用程序添加进 macOS 登录项，可以使用 child_process 模块的 exec 函数执行前面的 AppleScript，代码如下：

代码位置：src/harness_os/macos_startup.js

```
import { exec } from 'child_process';
function addToLoginItems(appPath) {
    // 构造 AppleScript 脚本命令，用于将应用程序添加到登录项
    const script = `tell application "System Events" to make login item at end with properties {path:"${appPath}", hidden:false}`;
    // 使用 child_process 模块的 exec 函数执行 AppleScript 命令
    exec(`osascript -e '${script}'`, (error, stdout, stderr) => {
        // 如果执行过程中发生错误，将错误打印到控制台
        if (error) {
            console.error(`exec error: ${error}`);
            return;
```

```
            } else {
                console.log('添加成功');
            }
        });
    }
// 示例:将微信应用添加进 macOS 登录项
addToLoginItems('/Applications/WeChat.app');
```

执行代码,会看到"微信"被添加到了 macOS 登录项列表最后的位置,如图 2-4 所示。

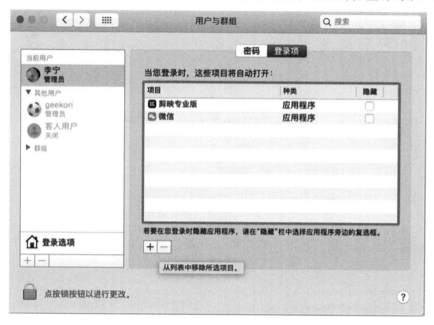

图 2-4 将"微信"添加进 macOS 登录项

2.2.2 将应用程序添加进 Windows 启动项

添加 Windows 启动项需要使用 winreg 模块向注册表中如下的键中添加新的值。

HKEY_CURRENT_USER\Software\Microsoft\Windows\CurrentVersion\Run

下面的例子向该键添加了 MyApp 值,数据是 d:\\software\\myapp.exe,如果添加成功,那么在 Windows 登录时,将会自动运行 myapp.exe。

代码位置:src/harness_os/windows_startup.js

```
// 引入 winreg 模块,用于访问 Windows 注册表
import Winreg from 'winreg';
// 添加到启动项的函数
async function addToStartup(filePath) {
    // 创建一个 Registry 实例,指向当前用户的启动项键
    const regKey = new Winreg({
        hive: Winreg.HKCU, // 指定注册表的根键为 HKEY_CURRENT_USER
        key:  '\\Software\\Microsoft\\Windows\\CurrentVersion\\Run' // 启动项的路径
```

```
  });
  try {
    // 设置注册表项的值,以便在启动时运行应用
    // "MyApp"是应用在注册表中的名称,filePath 是应用的路径
    await new Promise((resolve, reject) => {
      regKey.set('MyApp', Winreg.REG_SZ, filePath, (err) => {
        if (err) {
          reject(err);
        } else {
          resolve();
        }
      });
    });
    console.log('应用已添加到启动项.');
  } catch (error) {
    console.error('添加到启动项时出错:', error);
  }
}
// 调用函数,添加指定应用到启动项
addToStartup('d:\\software\\myapp.exe');
```

执行程序,会在 Run 键中添加如图 2-5 所示的 MyApp 值。

图 2-5 向 Run 键添加 MyApp 值

注意:读者在运行本节程序时,需要将 d:\\software\\myapp.exe 改成自己机器上存在的可执行文件。

2.2.3 将应用程序添加进 Linux 启动项

添加 Linux 启动项的方式非常多,其中比较常用的就是在~/.bashrc 文件最后添加一行命令,Linux 在登录时就会按顺序执行~/.bashrc 文件中的每一条命令。

下面的例子通过 add_to_startup 函数将 node ~/myapp.js 命令追加到 ~/.bashrc 文件的结尾，当 Linux 登录时，就是执行 myapp.js 脚本文件。

代码位置：src/harness_os/linux_startup.js

```javascript
// 引入 fs 模块，用于文件操作
import fs from 'fs';
// 引入 os 模块，用于获取操作系统相关信息
import os from 'os';
// 定义添加到启动项的函数
async function addToStartup(filePath) {
  // 获取当前用户的 home 目录
  const homeDir = os.homedir();
  // 构建 .bashrc 文件的完整路径
  const bashrcPath = `${homeDir}/.bashrc`;
  // 构建要追加的命令行字符串
  const command = `node ${filePath}\n`;
  try {
    // 以追加模式打开文件，并写入命令
    await fs.promises.appendFile(bashrcPath, command);
    console.log('命令已追加到 .bashrc 文件。');
  } catch (error) {
    // 处理可能出现的错误
    console.error('追加命令到 .bashrc 文件时出错:', error);
  }
}
// 调用函数，添加指定脚本到 Linux 启动项
// 注意：在实际使用中，请确保路径是正确的，这里的"~/myapp.py"需要根据实际情况进行替换
addToStartup('~/myapp.js');
```

2.3 获取系统信息

Node.js 可以使用 os 模块的相关函数获取常用的系统信息，实现代码如下：

代码位置：src/harness_os/system_info.js

```javascript
import os from 'os';
// 将字节转换为兆字节(MB)并保留两位小数
function bytesToMB(bytes) {
  return (bytes / 1024 / 1024).toFixed(2) + 'MB';
}

// 获取并打印系统信息
function getSystemInfo() {
  console.log(`操作系统平台: ${os.platform()}`);
  console.log(`操作系统版本: ${os.release()}`);
  console.log(`CPU 架构: ${os.arch()}`);
  console.log(`系统内存总量: ${bytesToMB(os.totalmen())}`);
  console.log(`空闲内存: ${bytesToMB(os.freemen())}`);
  console.log(`主机名: ${os.hostname()}`);
  console.log(`系统运行时间: ${(os.uptime() / 3600).toFixed(2)} 小时`);
```

}
getSystemInfo();

在 macOS 上运行程序,会输出下面的信息(在读者的机器上,输出结果可能会有差异)。

```
操作系统平台:darwin
操作系统版本:20.6.0
CPU 架构:x64
系统内存总量:32768.00 MB
空闲内存:6631.63 MB
主机名:iMac
系统运行时间:1.98 小时
```

2.4 显示系统窗口

本节会介绍如何在 macOS、Windows 和 Linux 中使用 JavaScript(Node.js)显示系统窗口,例如,设置窗口、终端等。其实这 3 个操作系统显示系统窗口的方式尽管有一定的差异,但本质都是一样的。通过系统命令可以显示这些窗口,而要想用 JavaScript 显示系统窗口,就需要用 JavaScript 调用这些命令。

2.4.1 显示 macOS 中的系统窗口

在 macOS 中可以使用 open 命令显示系统窗口,也可以启动任何应用程序。例如,使用下面的命令可以显示"系统偏好设置"窗口。

```
open -a "System Preferences"
```

执行这行命令,会弹出如图 2-6 所示的"系统偏好设置"窗口。

open 命令中的-a 参数是指显示指定应用程序并将文件传递给它。例如想使用 TextEdit 显示文件,则可以使用如下命令。

```
open -a TextEdit file.txt
```

如果只想显示 TextEdit,可以不传入任何文件,命令如下:

```
open -a TextEdit
```

这里的 TextEdit 是已经安装的 macOS 应用,在"应用程序"列表中可以查看。但要注意,在"应用程序"列表中显示的都是中文名称,而不是 macOS 应用程序实际的名称,读者可以在/applications 目录(老版本 macOS 是/System/Applications 目录)中查看对应的应用程序名称,所有的 macOS 应用程序都是扩展名为 app 的目录,不过可以直接使用 open 命令运行这些应用程序,例如,使用下面的命令可以运行"有道云笔记"。

```
open -a YoudaoNote
```

如果想显示"系统偏好设置"中某个子窗口,如"辅助功能"窗口,可以使用下面的命令(这里不需要加参数-a)。

图 2-6 "系统偏好设置"窗口

open /System/Library/PreferencePanes/UniversalAccessPref.prefPane

其中,UniversalAccessPref.prefPane 是"辅助功能"对应的应用程序目录,可以用 open 命令直接显示,效果如图 2-7 所示。

图 2-7 "辅助功能"窗口

在/System/Library/PreferencePanes 目录包含了"系统偏好设置"中所有子窗口的应用程序目录,读者可以进入该目录,使用 ls 命令查看目录中的内容,如图 2-8 所示。读者可以使用 open 命令运行其中的任何一个 prefPane 文件。

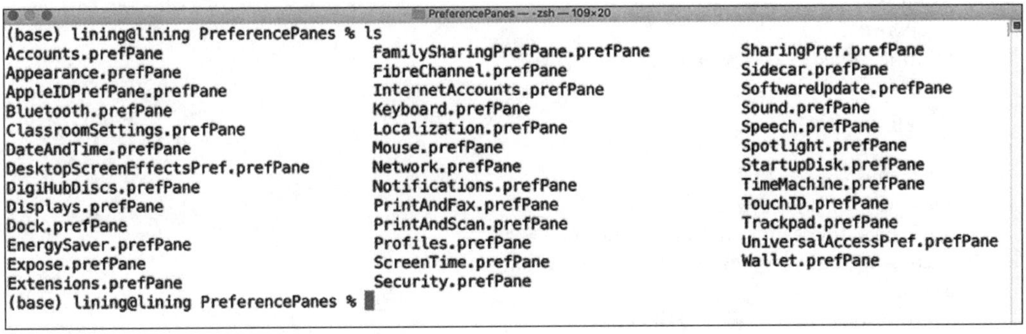

```
(base) lining@lining PreferencePanes % ls
Accounts.prefPane               FamilySharingPrefPane.prefPane    SharingPref.prefPane
Appearance.prefPane             FibreChannel.prefPane             Sidecar.prefPane
AppleIDPrefPane.prefPane        InternetAccounts.prefPane         SoftwareUpdate.prefPane
Bluetooth.prefPane              Keyboard.prefPane                 Sound.prefPane
ClassroomSettings.prefPane      Localization.prefPane             Speech.prefPane
DateAndTime.prefPane            Mouse.prefPane                    Spotlight.prefPane
DesktopScreenEffectsPref.prefPane  Network.prefPane               StartupDisk.prefPane
DigiHubDiscs.prefPane           Notifications.prefPane            TimeMachine.prefPane
Displays.prefPane               PrintAndFax.prefPane              TouchID.prefPane
Dock.prefPane                   PrintAndScan.prefPane             Trackpad.prefPane
EnergySaver.prefPane            Profiles.prefPane                 UniversalAccessPref.prefPane
Expose.prefPane                 ScreenTime.prefPane               Wallet.prefPane
Extensions.prefPane             Security.prefPane
(base) lining@lining PreferencePanes %
```

图 2-8 "系统偏好设置"中所有子窗口的应用程序目录

在 JavaScript 中可以通过执行 open 命令显示 macOS 下的任何应用程序。下面的例子在终端建立了一个菜单,读者输入菜单序号,并按 Enter 键,系统会根据用户的选择显示"系统偏好设置"中对应的子窗口。

代码位置:src/harness_os/show_preferences_windows.js

```javascript
// 引入 Node.js 的 readline 模块,用于从命令行读取输入
import readline from 'readline';
// 引入 child_process 模块的 exec 函数,用于执行 shell 命令
import { exec } from 'child_process';
// 创建 readline 接口实例
const rl = readline.createInterface({
  input: process.stdin,
  output: process.stdout
});
// 定义打开系统偏好窗口的函数
function openPrefPane(prefPane) {
  exec(`open /System/Library/PreferencePanes/${prefPane}.prefPane`, (error, stdout, stderr) => {
    if (error) {
      console.error(`执行出错: ${error}`);
      return;
    }
    if (stderr) {
      console.error(`错误: ${stderr}`);
      return;
    }
    console.log(stdout);
  });
}
// 主函数
function main() {
  // 定义系统偏好窗口对应的应用程序目录名
  const prefPanes = [
```

```javascript
    'DateAndTime',
    'Displays',
    'iCloud',
    'Keyboard',
    'Mouse',
    'Network',
    'Notifications',
    'PrintersScanners',
    'Profiles'
  ];
  const menuLoop = () => {
    console.log("请选择一个设置窗口:");
    prefPanes.forEach((prefPane, index) => {
      console.log(`${index + 1}. ${prefPane}`);
    });
    console.log("输入 q 退出程序");

    rl.question("请输入选项:", (choice) => {
      if (choice === "q") {
        rl.close();
        return;
      }
      const index = parseInt(choice, 10);
      if (isNaN(index) || index < 1 || index > prefPanes.length) {
        console.log("无效的选项,请重新输入");
        menuLoop();           // 重新显示菜单
        return;
      }
      const prefPane = prefPanes[index - 1];
      openPrefPane(prefPane);
      menuLoop();             // 继续显示菜单,允许多次选择
    });
  };
  menuLoop();
}
main();
```

执行代码,会输出如图 2-9 所示的选择菜单。

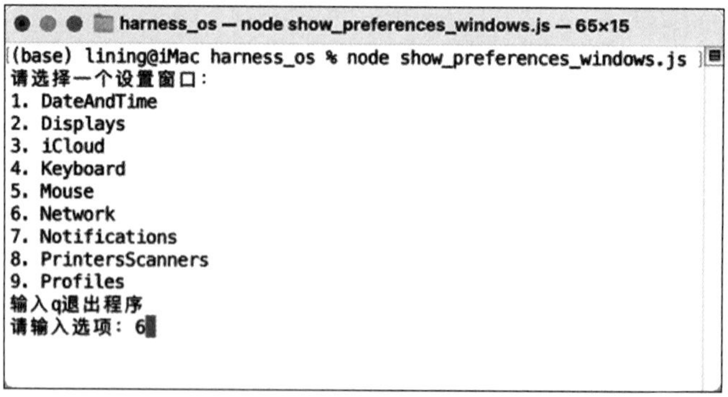

图 2-9 选择菜单

读者可以输入1~9的数字，例如，输入6，按Enter键，就会弹出如图2-10所示的"网络"窗口。

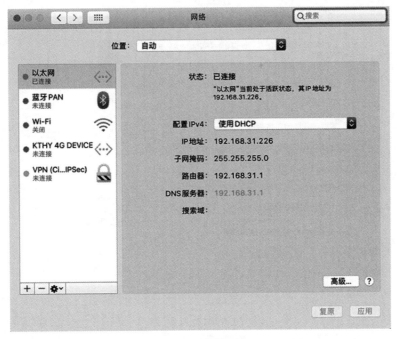

图2-10 "网络"窗口

2.4.2 显示Windows中的系统窗口

在Windows中通过control命令可以显示控制面板的相关窗口，例如"个性化设置"窗口、"鼠标设置"窗口等。下面的命令显示一些常用的设置窗口。

（1）control：显示控制面板。
（2）control admintools：显示管理工具。
（3）control desktop：显示个性化设置。
（4）control keyboard：显示键盘设置。
（5）control mouse：显示鼠标设置。
（6）control printers：显示打印机设置。
（7）control userpasswords2：显示用户账户设置。

在Windows终端中输入上面的命令，就会立刻显示对应的窗口，例如，执行control mouse命令，会弹出如图2-11所示的"鼠标属性"窗口。

control命令还可以显示更多的设置窗口，例如，下面的命令显示Windows设置窗口。

control /name Microsoft.System

执行这行代码，会显示如图2-12所示的窗口。

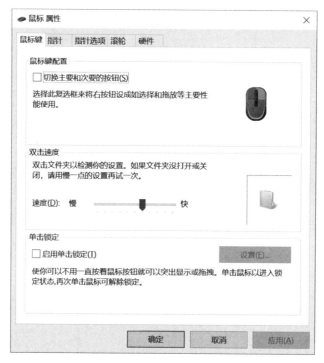

图 2-11 "鼠标属性"窗口

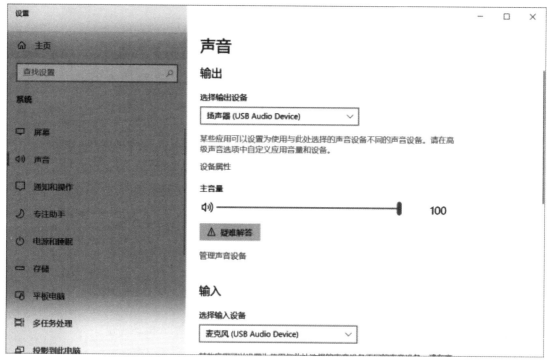

图 2-12 Windows 设置窗口

比 control 命令更强大的是 start 命令，该命令用于启动一个新的进程并显示指定的文件或应用程序。例如，下面的命令同样可以显示 Windows 设置窗口。

start ms-settings:

下面的命令用于显示"背景设置"窗口。

start ms-settings:personalization-background

下面的例子在终端建立一个菜单，读者输入菜单序号，并按 Enter 键，系统会根据用户的选择显示"Windows 设置"窗口中对应的子窗口。

代码位置：src/harness_os/show_windows_system_settings.js

```js
// 使用 Node.js 的 child_process 模块执行系统命令
import { exec } from 'child_process';
// 根据用户的选择显示对应的 Windows 设置窗口
const openWindow = (windowName) => {
  switch (windowName) {
    case '个性化':
      exec('start ms-settings:personalization');
      break;
    case '背景':
      exec('start ms-settings:personalization-background');
      break;
    case '锁屏':
      exec('start ms-settings:lockscreen');
      break;
    case '任务栏':
      exec('start ms-settings:taskbar');
      break;
    case '通知和动作':
      exec('start ms-settings:notifications');
      break;
    case '电源和睡眠':
      exec('start ms-settings:powersleep');
      break;
    case '存储':
      exec('start ms-settings:storagesense');
      break;
    default:
      console.log('无效的选择。');
      break;
  }
};
// 使用 Node.js 的 readline 模块从终端获取输入
import readline from 'readline';
const rl = readline.createInterface({
  input: process.stdin,
  output: process.stdout
});
// 循环显示菜单并处理用户输入
const showMenuAndHandleInput = () => {
  console.log('请选择一个子窗口:\n1. 个性化\n2. 背景\n3. 锁屏\n4. 任务栏\n5. 通知和动作\n6. 电源和睡眠\n7. 存储\n 输入 q 退出。');
  rl.question('', (answer) => {
```

```javascript
        if (answer === 'q') {
            // 用户选择退出
            rl.close();
        } else if (!isNaN(answer) && parseInt(answer) >= 1 && parseInt(answer) <= 7) {
            // 根据用户选择打开对应的窗口
            const windows = ['个性化', '背景', '锁屏', '任务栏', '通知和动作', '电源和睡眠', '存储'];
            openWindow(windows[parseInt(answer) - 1]);
            showMenuAndHandleInput();                // 再次显示菜单
        } else {
            console.log('输入无效。');
            showMenuAndHandleInput();                // 输入无效时,再次显示菜单
        }
    });
};
// 开始执行程序
showMenuAndHandleInput();
```

运行程序,会看到如图 2-13 所示的菜单。

图 2-13 选择菜单

输入一个菜单项序号,如 6,按 Enter 键,会显示如图 2-14 所示的"电源和睡眠"设置窗口。

图 2-14 "电源和睡眠"设置窗口

2.4.3 显示 Linux 中的系统窗口

显示 Linux 下的系统窗口需要执行 gnome-control-center 命令。下面的例子实现了一

个终端程序键时,显示一个菜单,每一个菜单项对应"设置"窗口的一项,当用户输入菜单项序号,并按 Enter 键时,就会显示"设置"窗口,并切换到对应的设置页面。

代码位置:src/harness_os/show_linux_system_settings.js

```js
// 使用 Node.js 的 child_process 模块来执行系统命令
import { exec } from 'child_process';
// 使用 Node.js 的 readline 模块从终端获取输入
import readline from 'readline';
// 创建 readline 接口实例
const rl = readline.createInterface({
  input: process.stdin,
  output: process.stdout
});
// 定义一个函数,用于打开对应的设置页面
const openSettingsPage = (page) => {
  const command = 'gnome-control-center ${page}';
  exec(command, (error) => {
    if (error) {
      console.error('执行命令时出错: ${error.message}');
      return;
    }
    console.log('成功打开 ${page} 设置页面');
  });
};
// 定义一个函数,显示菜单并处理用户输入
const showMenuAndGetChoice = () => {
  console.log("1. 背景");
  console.log("2. 蓝牙");
  console.log("3. 网络");
  console.log("4. 电源");
  console.log("5. 声音");
  console.log("6. 显示");
  console.log("7. 日期和时间");
  console.log("q. 退出");
  rl.question("请输入菜单项序号:", (choice) => {
    switch (choice) {
      case "1":
        openSettingsPage("background");
        break;
      case "2":
        openSettingsPage("bluetooth");
        break;
      case "3":
        openSettingsPage("network");
        break;
      case "4":
        openSettingsPage("power");
        break;
      case "5":
        openSettingsPage("sound");
        break;
      case "6":
        openSettingsPage("display");
        break;
      case "7":
```

```
        openSettingsPage("datetime");
        break;
      case "q":
        console.log("退出程序.");
        rl.close();
        return;
      default:
        console.log("无效的输入,请重新输入。");
    }
    // 重新显示菜单,直到用户选择退出
    showMenuAndGetChoice();
  });
};
// 开始执行程序
showMenuAndGetChoice();
```

运行程序,会显示一个菜单,如图 2-15 所示。

图 2-15 菜单项列表

输入一个菜单项的序号,如 5,按 Enter 键后,就会显示与之对应的设置页面,如图 2-16 所示。

图 2-16 "声音"设置页面

2.5 打开文件夹

在很多场景,需要用程序控制打开操作系统的文件夹。例如,在某个软件系统中,有一个缓存目录,可以提供一个按钮直接打开缓存目录,这样用户就可以直接定位到这个目录了。回收站是一类特殊的目录,所以也可以使用打开普通目录的方式打开回收站目录。

2.5.1 打开 macOS 文件夹与废纸篓

使用 open 命令可以打开文件夹,例如,使用下面的命令可以打开 ~/Documents 文件夹。

open ~/Documents

使用下面的命令可以打开废纸篓文件夹。

open ~/.Trash

用 JavaScript 完成同样的操作,可以使用下面的代码。

代码位置:src/harness_os/open_macos_folder.js

```
import { exec } from 'child_process';
// 定义一个函数,用于打开特定的文件夹
const openFolder = (folderPath) => {
  // 构造系统命令字符串
  const command = 'open ${folderPath}';
  // 执行系统命令
  exec(command, (error) => {
    if (error) {
      // 如果执行过程中发生错误,打印错误信息
      console.error('执行命令时出错: ${error.message}');
      return;
    }
    // 打印成功消息,表明文件夹已被成功打开
    console.log('成功打开文件夹: ${folderPath}');
  });
};
// 打开 ~/Documents 文件夹
openFolder('~/Documents');
// 打开废纸篓文件夹
openFolder('~/.Trash');
```

2.5.2 打开 Windows 文件夹与回收站

使用 start 命令可以打开文件夹,例如,使用下面的命令可以打开 c:\working 目录。

start c:\working

使用下面的命令可以打开回收站文件夹。

```
start shell:RecycleBinFolder
```

用 JavaScript 完成同样的操作,可以使用下面的代码。

代码位置:src/harness_os/open_windows_folder.js

```javascript
import { exec } from 'child_process';
// 定义一个函数,用于打开指定的目录或者系统特定的文件夹
const openDirectory = (path) => {
  // 构造系统命令字符串。对于 Windows 系统,使用'start'命令加路径或特定的标识符
  const command = `start ${path}`;
  // 执行系统命令
  exec(command, (error) => {
    if (error) {
      // 如果执行过程中发生错误,打印错误信息
      console.error(`执行命令时出错: ${error.message}`);
      return;
    }
    // 打印成功消息,表明目录或文件夹已被成功打开
    console.log(`成功打开: ${path}`);
  });
};
// 打开 D:\test 目录
openDirectory('c:\\working');
// 打开回收站目录
openDirectory('shell:RecycleBinFolder');
```

2.5.3 打开 Linux 文件夹与回收站

使用 xdg-open 命令可以打开文件夹,例如,使用下面的命令可以打开"~/文档"目录。

```
start ~/文档
```

使用下面的命令可以打开回收站文件夹。

```
gio open trash://
```

用 JavaScript 完成同样的操作,可以使用下面的代码。

代码位置:src/harness_os/open_linux_folder.js

```javascript
import { exec } from 'child_process';
// 定义一个函数,用于打开特定的目录或系统特定的位置
const openLocation = (location) => {
  // 构造系统命令字符串。对于 Linux 系统,使用'xdg-open'或特定的命令(如'gio open')加上目标
  // 位置
  const command = `${location.startsWith('trash://') ? 'gio open' : 'xdg-open'} ${location}`;
  // 执行系统命令
  exec(command, (error) => {
    if (error) {
      // 如果执行过程中发生错误,打印错误信息
      console.error(`执行命令时出错: ${error.message}`);
      return;
    }
    // 打印成功消息,表明位置已被成功打开
```

```
    console.log('成功打开：${location}');
  });
};
// 打开"~/文档"目录
openLocation('~/文档');
// 打开回收站目录
openLocation('trash://');
```

2.6 跨平台终端

本节会实现一个可以跨平台的 JavaScript 终端程序，运行程序，会显示一个提示符，可以输入任意命令（必须是当前 OS 支持的命令），按 Enter 键，会显示命令执行结果。输入 exit，按 Enter 键后，退出终端。

下面的例子完整地演示了如何实现这个终端程序。

代码位置：src/harness_os/terminal.js

```
// 使用 Node.js 的 readline 模块从终端获取输入
import readline from 'readline';
// 使用 child_process 模块的 execSync 方法同步执行操作系统命令
import { execSync } from 'child_process';
// 创建 readline 接口实例
const rl = readline.createInterface({
  input: process.stdin,
  output: process.stdout
});
// 定义一个函数，用于显示提示符并获取用户输入
const getInput = () => {
  // 显示一个提示符，显示操作系统类型
  rl.question('${process.platform}> ', (command) => {
    // 如果用户输入的是 exit，关闭 readline 接口并退出程序
    if (command === 'exit') {
      rl.close();
      return;
    }
    // 如果用户输入的不是空字符串，执行命令
    if (command !== '') {
      try {
        // 使用 execSync 方法同步执行用户输入的命令，并打印命令的输出
        const result = execSync(command, { stdio: 'inherit' });
      } catch (error) {
        // 如果执行命令过程中发生错误，打印错误信息
        console.error('执行命令时出错：${error.message}');
      }
    }
    // 递归调用，继续获取用户输入
    getInput();
  });
};
```

```
// 开始执行程序, 获取用户输入
getInput();
```

在 Windows、macOS 或 Linux 终端中执行 node terminal.js, 运行本节实现的终端。然后执行命令, 如果命令是正确的, 会看到在终端中输出了执行结果。图 2-17 是在 Windows 下的终端效果。在 Windows 中, 命令行提示符是 win32>。

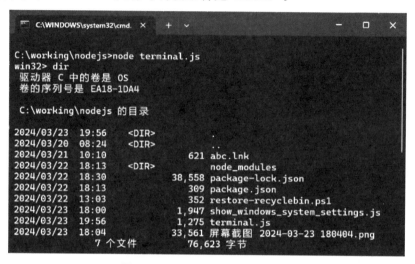

图 2-17　Windows 下的终端效果

图 2-18 是在 macOS 下的终端效果。macOS 的命令行提示符是 darwin>。

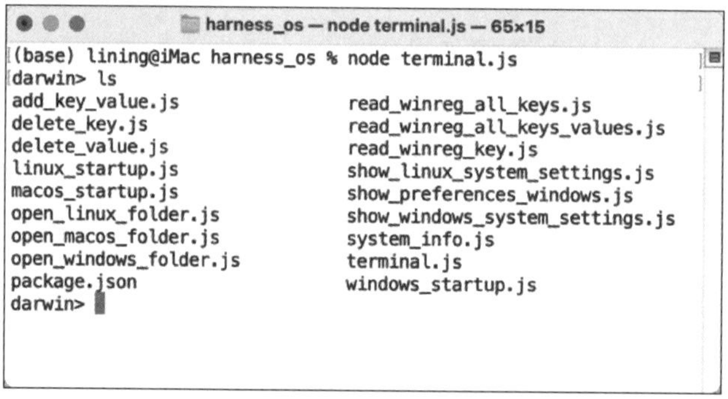

图 2-18　macOS 下的终端效果

图 2-19 是在 Linux 下的终端效果。Linux 的命令行提示符是 linux>。

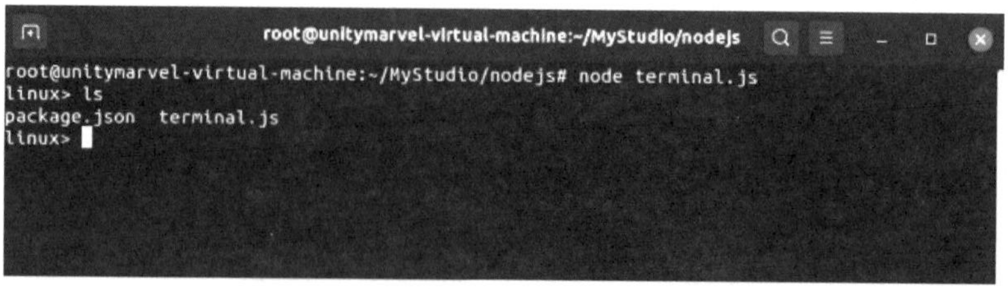

图 2-19　Linux 下的终端效果

2.7 小结

经过对本章的学习,相信读者又解锁了很多新技能。原来 JavaScript 还可以这样玩。本章使用 JavaScript 操控 OS 主要用了三招:第三方模块(winreg)、读写系统文件和执行系统命令(AppleScript、open 等)。通过这三板斧,使用 JavaScript 几乎可以控制 OS 的一切。本章的内容只是抛砖引玉,读者可以利用这三招发掘出更多操控 OS 的方法。

第 3 章 JavaScript 二进制扩展：WebAssembly

在现代 Web 开发中，追求更高的性能和更丰富的功能已成为开发者不懈的追求。传统上，Web 应用依赖于 JavaScript，一种解释型的脚本语言，它因灵活性和易用性而广受欢迎。然而，随着 Web 应用变得越来越复杂，JavaScript 在性能上的限制开始成为瓶颈。为了解决这一挑战，WebAssembly 应运而生。

AssemblyScript 的设计初衷是让开发者能够以熟悉的 TypeScript 语法编写代码，同时享受到接近原生性能的执行效率。通过将高级语言的易用性与低级语言的性能优势相结合，AssemblyScript 为 Web 开发带来了革命性的变革。它不仅能够提升应用的运行速度，还能在不牺牲安全性和可维护性的前提下，扩展 Web 应用的功能边界。

在本章中，我们将深入探讨 AssemblyScript 的基础知识，包括其语言特性、开发工具链，与 WebAssembly 的紧密关系以及在实际开发中的应用场景。通过一系列精心设计的案例，我们将展示 AssemblyScript 如何在游戏开发、音视频处理、加密货币、科学计算等多个领域发挥其独特的价值。通过本章的学习，读者将能够理解 AssemblyScript 的优势所在，并掌握使用这一语言进行高效 Web 开发的必备技能。

3.1 WebAssembly 简介

WebAssembly（简称 WASM）是一种为 Web 开发的二进制指令格式，WebAssembly 提供了一种方法，使得开发者可以用高性能的编译语言（如 C/C++、Rust 等）编写代码，然后将其编译为可以在 Web 浏览器中运行的低层次的、高效的二进制格式。WebAssembly 的设计目标之一是为 Web 应用提供接近原生应用的性能，同时保持 Web 平台的安全性和可移植性。

3.1.1 WebAssembly 的历史

WebAssembly 的发展始于 2015 年，当时主要的浏览器开发商（Google、Microsoft、Mozilla 和 Apple）共同支持这一项目的发展。这一合作旨在解决 Web 开发中一个长期存在的问题：如何在 Web 浏览器中运行高性能应用。在 WebAssembly 之前，JavaScript 是唯一在浏览器中执行代码的方式,而 JavaScript 的动态类型和解释执行的特性使得它难以达到与原生应用相似的性能水平。

3.1.2　WebAssembly 与 JavaScript 的关系

WebAssembly 并不是要取代 JavaScript,而是与之互补。JavaScript 由于其动态性和灵活性,在 Web 开发中仍然扮演着不可或缺的角色。WebAssembly 的引入,让开发者可以选择适合于计算密集型任务的语言编写代码,然后编译成 WebAssembly 运行在浏览器中。这意味着现在可以将前端和后端共享的业务逻辑用 C/C++、Rust 等语言编写,以提高执行效率,而将 UI 交互和应用逻辑保留给 JavaScript。

3.1.3　WebAssembly 为什么能提高 Web 页面的性能

WebAssembly 能够提高 Web 页面的性能,主要基于以下几方面。

(1)二进制格式:WebAssembly 模块是预编译的二进制代码,浏览器可以直接执行,无须像 JavaScript 那样进行解析和编译,这大大减少了启动时间。

(2)接近原生的性能:WebAssembly 代码在执行时可以达到接近原生代码的速度,因为它被设计为可以高效映射到现代硬件的指令集。

(3)沙箱执行环境:尽管执行效率高,但 WebAssembly 代码仍然在浏览器的安全沙箱环境中运行,这意味着它不会牺牲安全性来换取性能。

3.1.4　WebAssembly 的应用领域

WebAssembly 的应用领域广泛,包括但不限于以下几方面。

(1)游戏开发:将高性能的游戏引擎和图形渲染库移植到 Web 平台。

(2)音视频处理:在浏览器中进行视频编解码、图像处理等操作,这些操作通常需要高性能支持。

(3)密集计算应用:如机器学习、科学计算等,这些场景中经常需要处理大量的数据和复杂的算法。

(4)加密货币和区块链:执行密集型的加密算法,支持在浏览器中运行加密货币钱包或进行区块链交互。

WebAssembly 为 Web 平台带来了前所未有的性能提升和新的应用可能性,它不仅为现有的 Web 应用打开了高性能计算的大门,也为 Web 技术进入全新领域提供了机会,包括那些以往被认为只能在原生应用中实现的功能。随着技术的发展和生态的成熟,WebAssembly 将继续推动 Web 技术的边界扩展,使得 Web 应用的体验更加丰富和强大。

3.2　如何开发 WebAssembly

要开发 WebAssembly 模块,开发者可以选择多种编程语言,并使用特定的工具来编译生成.wasm 文件（WebAssembly 模块的二进制文件，类似 exe、dll 等文件）。下面是一些主流编程语言的使用方法和相应的编译工具。

（1）C/C++：C 和 C++是开发 WebAssembly 最常用的语言，主要得益于它们的高性能和底层控制能力。Emscripten 是用于将 C/C++代码编译成 WebAssembly 的最主流工具。它不仅提供编译功能，还支持生成可以直接在 Web 环境中调用的 JavaScript 绑定。

（2）Rust：一种注重安全和性能的现代编程语言，它的内存安全特性特别适合编写 WebAssembly 模块。Rust 官方提供了 wasm-pack 工具，配合 Rust 的包管理器 Cargo，可以轻松地将 Rust 项目编译成 WebAssembly 模块，并处理依赖和发布。

（3）AssemblyScript：允许开发者使用与 TypeScript 非常相似的语法来编写 WebAssembly 代码，它为那些熟悉 JavaScript 生态的开发者提供了一条便捷的路径。AssemblyScript 有自己的编译器 asc，可以直接将 AssemblyScript 代码编译成 WebAssembly 模块。

（4）Go：由 Google 开发的一种静态类型编译语言，它简洁、高效且具有良好的并发支持。Go 支持编译成 WebAssembly，适合开发网络应用和服务器端程序。Go 语言的工具链支持将 Go 代码编译成 WebAssembly 模块。使用 Go 的编译命令，并设置适当的环境变量，即可生成.wasm 文件。

（5）Kotlin：一种运行在 JVM 上的静态类型编程语言，它兼容 Java 并提供了更现代的语法和特性。Kotlin/Native 项目支持将 Kotlin 代码编译成 WebAssembly。

由于本书涉及的主要编程语言是 JavaScript，因此，本书会使用 AssemblyScript 开发 WebAssembly。由于 WebAssembly 与 TypeScript 非常类似，而且 TypeScript 是 JavaScript 的超集，读者可以很容易从 JavaScript 语言直接切换到 WebAssembly，也更容易理解 WebAssembly 的代码。

3.3 AssemblyScript 简介

AssemblyScript 是一种特殊的编程语言，它使得开发者能够使用与 TypeScript 非常相似的语法来编写 WebAssembly 程序。由于它允许直接编译到 WebAssembly，AssemblyScript 成为那些希望提高 Web 应用性能但又不想离开 JavaScript 生态的开发者的理想选择。

1. AssemblyScript 的语言特性

（1）TypeScript 风格的语法：AssemblyScript 的语法高度类似于 TypeScript，这意味着对于熟悉 TypeScript 或 JavaScript 的开发者来说，学习和使用 AssemblyScript 会感觉非常自然和简单。

（2）静态类型：AssemblyScript 强调静态类型，这不仅有助于提高代码的质量和可维护性，而且对于编译到 WebAssembly 这样的低级格式尤为重要，因为这有助于编译器优化生成的代码。

（3）为 WebAssembly 优化：虽然它借鉴了 TypeScript 的语法，AssemblyScript 专门为编译到 WebAssembly 而设计，包括支持 WebAssembly 的类型和操作。

2．开发工具链

AssemblyScript 的开发依赖于自己的编译器 asc，该编译器可以将 AssemblyScript 代码直接编译成 WebAssembly 的二进制格式。asc 编译器的使用非常简单，通常只需要一条命令就可以将 AssemblyScript 代码编译成 .wasm 文件。

3．AssemblyScript 与 WebAssembly 的关系

AssemblyScript 通过提供一种更加亲近 JavaScript 开发者的语言来编写 WebAssembly 代码，降低了学习和使用 WebAssembly 的门槛。由于 WebAssembly 的目标是提供一种高效执行在 Web 浏览器中的编程功能，AssemblyScript 成为连接现代 Web 开发和高性能计算的桥梁。

4．AssemblyScript 的性能

虽然 AssemblyScript 编译出的 WebAssembly 模块通常性能优异，但性能仍然依赖于具体的应用场景和代码编写方式。AssemblyScript 使得以较少的努力就能获得相对较好的性能，但是对于追求极致性能的应用，开发者可能还需要深入了解 WebAssembly 的底层特性，并进行相应的优化。

5．社区和生态

AssemblyScript 的社区活跃且不断发展，提供了大量的资源和库，帮助开发者快速上手和实现复杂的功能。随着 WebAssembly 技术的成熟和 AssemblyScript 生态的扩展，使用 AssemblyScript 开发 WebAssembly 应用的门槛正在不断降低。

综上所述，AssemblyScript 提供了一种高效且易于学习的方式来开发 WebAssembly 应用，尤其适合那些熟悉 TypeScript 或 JavaScript 的开发者。

3.4 使用 AssemblyScript 开发 WebAssembly

本节会使用 AssemblyScript 编写一段简单的 WebAssembly 程序，该程序包含一个 add 函数，用于计算两个整数的加法，并返回计算结果。最后，在 Web 程序中，会通过 JavaScript 调用这个函数，并输出最终的计算结果。下面是从环境搭建、编写代码、编译代码到调用 add 函数的完整过程。

1．安装 Node.js 和 npm

确保系统中已经安装了 Node.js 和 npm。可以在终端运行 node-v 和 npm-v 来检查它们是否已安装。如果读者还没有安装 Node.js，可以按 1.1.2 节的方式安装 Node.js。npm 会随着 Node.js 一同安装。

2．初始化新的项目

首先执行下面的命令创建项目目录：

```
mkdir firstwasm
```

```
cd firstwasm
```

使用下面的命令初始化一个 npm 项目：

```
npm init -y
```

其中，-y 表示不会出现任何问答会话，直接使用默认值创建 npm 项目。

3. 安装 AssemblyScript

通过下面的命令安装 AssemblyScript 编译器：

```
npm install assemblyscript
```

4. 初始化 AssemblyScript

使用下面的命令初始化 AssemblyScript 项目配置：

```
npx asinit .
```

执行这条命令会创建一些基本的配置文件和目录结构，例如 assembly 目录，需要在该目录中创建脚本文件，并编写 AssemblyScript 代码。

5. 编写 AssemblyScript 代码

在 assembly 目录创建 index.ts 文件，并添加以下内容：

```
export function add(a: i32, b: i32): i32 {
  return a + b;
}
```

add 函数接收 2 个整数作为参数，返回它们的和。

注意，这里创建了 index.ts 文件，并不等于编写的是 TypeScript 代码。AssemblyScript 只是借鉴了 TypeScript 的语法，实际上，AssemblyScript 是一种全新的语言，这种语言对类型的处理更接近传统的编译型语言，它提供了一套更严格的类型系统，这使得它能够直接编译到 WebAssembly 的类型系统。AssemblyScript 编译后的代码运行在 WebAssembly 的虚拟机中，不依赖于 JavaScript 的运行时。

6. 编译 AssemblyScript 代码

回到终端，运行以下命令将 AssemblyScript 代码编译为 .wasm 文件。

```
npx asc assembly/index.ts -b build/release.wasm -t build/release.wat --optimize
```

下面是对这行命令的详细解释。

（1）npx：是一个包执行器，npx 随 npm 5.2.0 一起被包含在 npm 包管理器中。npx 的主要用途是允许用户方便地执行在项目的 node_modules 目录中安装的命令行工具，或者直接从 npm 仓库运行任何可用的包，而不需要全局安装这些包。

（2）asc：这是 AssemblyScript 编译器的命令行接口。它用于将 AssemblyScript 代码编译成 WebAssembly。

（3）assembly/index.ts：这是编译器的输入文件，指定了你的 AssemblyScript 源代码的位置。

（4）-b build/release.wasm：这个选项告诉编译器输出的 WebAssembly 二进制文件的路径和名称。在这里，编译后的文件将被保存为 build/release.wasm。

（5）-t build/release.wat：这个选项指定了 WebAssembly 文本格式（WAT）的输出路径和名称。它是 .wasm 二进制文件的可读版本，提供了代码的文本表示，帮助开发者理解和调试 WebAssembly 代码。在这里，文本格式的文件将被保存为 build/release.wat。

（6）--optimize：这个选项启用编译器的优化过程，以生成更小、更快的 WebAssembly 代码。这可能包括删除未使用的代码、简化表达式和其他编译时优化。

执行这行命令后，会在当前目录创建一个 build 子目录，并生成了 3 个主要文件：release.wasm、release.wat 和 release.js。下面是对 3 个文件的详细说明。

（1）release.wasm：编译后的 WebAssembly 二进制模块。该文件包含了可在 WebAssembly 支持的环境（如现代 Web 浏览器或 Node.js）中直接执行的编译代码。release.wasm 是执行 AssemblyScript 代码的核心文件。在 Web 页面或 Node.js 环境中加载 release.wasm 文件，可以运行高性能的应用逻辑，这些逻辑比纯 JavaScript 执行得更快。

（2）release.wat：WebAssembly 文本格式文件，提供了一种阅读和理解 .wasm 二进制内容的方式。与 .wasm 二进制文件相对应，.wat 文件展示了 WebAssembly 模块的结构和指令，包括函数声明、内存分配、导入和导出等"接口逻辑"。更重要的是，它同样包含了这些函数的具体执行逻辑，比如操作码（opcodes）和控制流指令，这些都是构成函数内部行为的详细指令。虽然 .wat 文件在运行 WebAssembly 代码时不是必需的，它对于开发者理解和调试 WebAssembly 代码非常有用。通过查看 .wat 文件，开发者可以直观地看到编译过程的结果，以及如何从高级 AssemblyScript 代码转换到低级 WebAssembly 指令。

（3）release.js：该文件是装载 release.wasm 文件的 JavaScript 封装。并不是必需的，完全可以自己编写。但使用该文件，可以用更少的代码调用 release.wasm 中的 API。也就是说，release.js 只是一个桥梁，可以让你轻松地在 JavaScript 应用程序中集成和使用 WebAssembly 代码。它可能包含了实例化 WebAssembly 模块、处理模块初始化，以及创建 JavaScript 可调用的函数接口的逻辑。

如果要发布 WebAssembly 程序，只需要发布 release.wasm 文件即可，如果在程序中使用 release.js 访问 WebAssembly 模块中的 API，那么还需要发布 release.js 文件。

7．在网页中使用 WebAssembly 模块

这一步需要在 HTML 页面中使用 JavaScript 来加载和实例化 WebAssembly 模块。首先需要在 firstwasm 目录创建一个 index.html 文件，然后输入下面的内容：

代码位置：src/webassembly/firstwasm/index.html

```html
<!DOCTYPE html>
<html lang="en">
<head>
<script type="module">
    import { add } from "./build/release.js";
    document.body.innerText = add(1, 2);
</script>
```

```
</head>
<body></body>
</html>
```

这段代码导入了 release.js 文件,并直接调用了 add 函数。如果读者打开 release.js 文件,会看到如下代码。在 release.js 文件中,使用 export 导出了 add 函数,并使用 await 以同步的方式导出了 add 函数。

代码位置: src/webassembly/firstwasm/build/release.js

```
async function instantiate(module, imports = {}) {
  const { exports } = await WebAssembly.instantiate(module, imports);
  return exports;
}
export const {
  memory,
  add,
} = await (async url => instantiate(
  await (async () => {
    try { return await globalThis.WebAssembly.compileStreaming(globalThis.fetch(url)); }
    catch { return globalThis.WebAssembly.compile(await (await import("node:fs/promises")).readFile(url)); }
  })(), {
  }
))(new URL("release.wasm", import.meta.url));
```

8. 在本地服务器上查看效果

由于一些安全策略,不能直接在本地访问 index.html。所以需要使用下面的命令安装一个 HTTP 服务器,然后通过 HTTP 服务的方式访问 index.html。

```
npm install -g http-server
```

安装完 http-server 后,在终端进入 firstwasm 目录,然后执行下面的命令启动 HTTP 服务:

```
http-server .
```

如果在终端输出如下信息,说明 HTTP 服务器已经启动成功。

```
Starting up http-server, serving .

http-server version: 14.1.1

http-server settings:
CORS: disabled
Cache: 3600 seconds
Connection Timeout: 120 seconds
Directory Listings: visible
AutoIndex: visible
Serve GZIP Files: false
Serve Brotli Files: false
Default File Extension: none

Available on:
```

```
http://127.0.0.1:8080
http://192.168.31.225:8080
Hit CTRL-C to stop the server
```

最后，在浏览器中访问 http://127.0.0.1:8080，如果浏览器输出 3，表明成功调用了 release.wasm 中的 add 函数。

注意，由于 http-server 是全局安装（使用了-g 选项），所以本章后面的例子可以直接使用 http-server 启动 HTTP 服务器。

3.5 有趣的 WebAssembly 案例

3.5.1 数据加密和安全

本节会使用 AssemblyScript 编写用于加密和解密的函数（encrypt 和 decrypt），然后在 Web 页面中调用这两个函数，用于字符串的加密和解密。本例创建和初始化 AssemblyScript 工程的方式与 3.4 节类似，还不了解这些知识的读者可以参考这一节的内容。

1. 加密和解密过程解释

在本例中，加密和解密都是通过 XOR（异或）操作实现的。XOR 是一种基本的加密技术，它使用一个密钥来加密和解密数据。其原理是对给定的文本（input）和密钥（key）进行异或操作。

以下是加密过程的详细步骤。

（1）遍历输入字符串的每一个字符。
（2）获取当前字符的字符代码。
（3）获取密钥对应字符的字符代码。
（4）对这两个字符代码进行异或操作，得到加密后的字符代码。
（5）使用 String.fromCharCode 将加密后的字符代码转换回字符。
（6）将加密后的字符拼接到输出字符串中。
（7）返回最终的加密字符串。

解密过程是相同的，因为 XOR 操作的对称性：一个数与另一个数异或两次会得到原来的数。这意味着如果对数据进行异或操作以加密，再次用相同的密钥进行异或操作就能解密，得到原始数据。

下面是 encrypt() 函数和 decrypt() 函数的具体实现代码：

代码位置：src/webassembly/encryption/assembly/index.ts

```
// 加密函数
export function encrypt(input: string, key: string): string {
    // 初始化输出字符串
    let output: string = "";
    // 遍历输入字符串中的每个字符
    for (let i = 0; i < input.length; i++) {
```

```
    // 获取输入字符的字符码
    let inputChar: i32 = input.charCodeAt(i);
    // 获取密钥字符的字符码,如果输入字符串比密钥串长,则循环使用密钥字符
    let keyChar: i32 = key.charCodeAt(i % key.length);
    // 将输入字符的字符码与密钥字符的字符码进行 XOR 操作
    // XOR 操作后的结果仍然是一个字符码
    // String.fromCharCode 函数将字符码转换回字符
    // 并将该字符追加到输出字符串
    output += String.fromCharCode(inputChar ^ keyChar);
  }
  // 返回加密后的字符串
  return output;
}
// 解密函数
export function decrypt(input: string, key: string): string {
  // 解密过程与加密过程相同,因为 XOR 操作是可逆的
  // 直接调用加密函数进行解密,并返回解密结果
  return encrypt(input, key);
}
```

使用下面的命令编译 index.ts 文件,并生成 encryption.wasm 等文件。

```
npx asc assembly/index.ts --optimize
```

这行命令并没有指定生成的目标文件名(如 encryption.wasm),其实这并不是必需的。在 asconfig.json 文件的 release 部分也可以指定对应的文件名,如下所示。而且,如果在 asconfig.json 中配置相应的文件名,是无法通过 npx asc 命令覆盖的。也就是说,asconfig.json 的优先级更高。

```
"release": {
  "outFile": "build/encryption.wasm",
  "textFile": "build/encryption.wat",
  "sourceMap": true,
  "optimizeLevel": 3,
  "shrinkLevel": 0,
  "converge": false,
  "noAssert": false
}
```

2. 调用加密解密函数

在 JavaScript 中,不能直接获取 WebAssembly 函数返回的字符串,因为 WebAssembly 函数接收的是内存中的指针。因此,需要一个加载器(@assemblyscript/loader),这个加载器提供了将 JavaScript 的字符串转换为 WebAssembly 可以处理的形式的功能,以及执行相反操作的功能。

读者可以使用下面的命令安装@assemblyscript/loader 加载器:

```
npm install @assemblyscript/loader
```

本例会在 Web 页面上放置 2 个文本输入框,2 个按钮(Encrypt 和 Decrypt)。单击 Encrypt 按钮,会从第 1 个文本输入框中获取待加密的文本,经过 encrypt()函数加密后,将加密后的返回数据显示在第 2 个文本输入框中。单击 Decrypt 按钮,会从第 2 个文本输入

框中获取加密后的字符串,然后经过 decrypt 函数解密后,将解密后的字符串显示在第 1 个文本输入框中。

下面是 JavaScript 中调用加密解密函数的步骤。

(1) 使用 instantiateStreaming() 函数加载和实例化 WebAssembly 模块。

(2) 从实例化的模块中获取 encrypt、decrypt、__getString 和 __newString 函数。

(3) 当用户单击加密或解密按钮时,获取输入文本框中的值。

(4) 使用 __newString() 函数将 JavaScript 字符串转换为 WebAssembly 字符串,这会在 WebAssembly 内存中创建新的字符串,并返回它的指针。

(5) 调用 encrypt() 函数或 decrypt() 函数,并传入字符串指针,它们会执行 XOR 操作并返回结果字符串的指针。

(6) 使用 __getString() 将结果字符串的指针转换回 JavaScript 字符串。

(7) 显示转换后的字符串到相应的文本框中。

3. loader 的原理

@assemblyscript/loader 提供了一种与 WebAssembly 模块交互的便捷方式。这个加载器封装了以下功能。

(1) 内存管理:分配和释放 WebAssembly 内存。

(2) 类型转换:将 JavaScript 类型转换为 WebAssembly 类型,反之亦然。

(3) 调用帮助程序:提供便捷的函数调用 WebAssembly 导出的函数。

当调用 __newString() 函数时,加载器会在 WebAssembly 的内存中分配空间并填充字符串数据,然后返回指向该数据的指针。当调用 __getString() 函数时,加载器读取 WebAssembly 内存中的字符串数据,创建一个 JavaScript 字符串,并返回这个字符串。

使用加载器的主要优势是它抽象了 WebAssembly 的内存管理细节,允许以更高级、更接近 JavaScript 的方式与 WebAssembly 模块交互。这极大地简化了在 Web 页面中集成 WebAssembly 模块的过程。

下面是完整的使用加密解密的代码。

代码位置:src/webassembly/encryption/index.html

```
<!DOCTYPE html>
<html lang="en">
<head>
    <meta charset="UTF-8">
    <title>AssemblyScript Encryption Example</title>
</head>
<body>
    <input type="text" id="inputText" placeholder="Input Text">
    <input type="text" id="outputText" placeholder="Output Text">
    <button id="encryptButton">Encrypt</button>
    <button id="decryptButton">Decrypt</button>
    <script type="module">
        import { instantiateStreaming } from './node_modules/@assemblyscript/loader/index.js';
        async function init() {
            // 加载 Wasm 模块
```

```javascript
        const wasmModule = await instantiateStreaming(fetch('./build/encryption.wasm'), {});
        const { encrypt, decrypt, __getString, __newString } = wasmModule.exports;
        document.getElementById('encryptButton').addEventListener('click', () => {
            const inputText = document.getElementById('inputText').value;
            const key = "mySecretKey";
            // 将 JavaScript 字符串转换为 AssemblyScript 字符串
            const inputPtr = __newString(inputText);
            const keyPtr = __newString(key);
            // 调用加密函数,它将返回字符串在 WASM 内存中的指针
            const encryptedPtr = encrypt(inputPtr, keyPtr);
            // 从指针获取加密后的字符串
            const encryptedText = __getString(encryptedPtr);
            // 显示加密字符串
            document.getElementById('outputText').value = encryptedText;
        });
        document.getElementById('decryptButton').addEventListener('click', () => {
            const outputText = document.getElementById('outputText').value;
            const key = "mySecretKey";
            // 同上
            const outputPtr = __newString(outputText);
            const keyPtr = __newString(key);
            // 调用解密函数
            const decryptedPtr = decrypt(outputPtr, keyPtr);
            // 从指针获取解密后的字符串
            const decryptedText = __getString(decryptedPtr);
            // 显示解密字符串
            document.getElementById('inputText').value = decryptedText;
        });
    }
    init();
</script>
</body>
</html>
```

使用 http-server. 命令启动 HTTP 服务器后,在浏览器地址栏输入 http://127.0.0.1:8080,并输入待加密字符串,单击 Encrypt 按钮,就会在第 2 个文本输入框中看到加密后的字符串,单击 Decrypt 按钮,就会在第 1 个文本输入框看到解密后的字符串,如图 3-1 所示。

图 3-1　加密和解密

注意：如果修改了 AssemblyScript 的代码，并重新编译。但在 Web 页面中仍然得到原来的值，可能是浏览器缓存的问题。在大多数浏览器中，可以使用 Ctrl＋F5（Windows/Linux）或 Command＋Shift＋R（macOS）组合键来强制刷新页面，这通常会绕过缓存。

3.5.2 粒子系统

本节会利用 AssemblyScript 实现一个粒子系统。AssemblyScript 本身并不支持 Web 渲染，所以需要与 Web 相关技术配合使用。

这个粒子系统由两大部分组成：运行在 WebAssembly 中的粒子逻辑（由 AssemblyScript 编写和控制），以及运行在浏览器中的渲染和交互逻辑（由 HTML 和 JavaScript 负责）。

1. AssemblyScript 的作用与实现原理

在粒子系统中，AssemblyScript 负责定义粒子的数据结构（如位置和速度），以及粒子系统的核心逻辑，具体包括以下几点。

（1）粒子的创建与初始化：为每个粒子设定初始位置和速度。

（2）粒子的状态更新：计算每个粒子在每一帧中的新位置。

（3）系统状态查询：提供接口查询粒子数量和各个粒子的当前位置，以便于外部 JavaScript 代码进行渲染。

通过将这些计算密集型的操作放在 Wasm 中执行，可以利用 Wasm 接近原生的执行速度，从而实现更流畅的动画和更复杂的模拟，而不会对浏览器的主线程造成太大的负担。

2. HTML/JavaScript 的作用

HTML 与 JavaScript 则承担了与用户交互、渲染图形界面以及初始化粒子系统的职责。在下面的例子中，HTML 提供了一个 < canvas >元素作为粒子系统的绘图画布，而 JavaScript 则负责以下任务。

（1）初始化 Wasm 模块：加载并实例化由 AssemblyScript 编译产生的 Wasm 模块，使得其中定义的函数和数据结构可以在 JavaScript 中被调用和访问。

（2）粒子系统的启动与控制：调用 Wasm 模块中的函数来初始化粒子系统，包括添加粒子等。

（3）渲染循环：在浏览器的动画帧（通过 requestAnimationFrame 函数实现）中，调用 Wasm 模块的函数来更新粒子状态，然后查询每个粒子的位置，并在 '< canvas >' 上绘制出来。

通过这种方式，HTML/JavaScript 与 AssemblyScript/Wasm 分工合作，既充分利用了 JavaScript 在 Web 环境中的灵活性和易用性，也发挥了 Wasm 在执行效率和性能上的优势。JavaScript 负责处理与 Web 平台的交互，如用户输入和图形输出，而所有计算密集型的任务（如本例中的粒子位置计算）则由 Wasm 承担，这样可以避免 JavaScript 执行这些任务时可能导致的界面卡顿和性能下降。

前面提到了 requestAnimationFrame 函数，这个函数是 Web API 的一部分，它提供了一种在浏览器下一次重绘之前调用特定函数的方法。这个 API 主要用于动画和连续重绘操作,例如游戏的渲染循环、页面元素的平滑动画等。requestAnimationFrame 函数具有许多优点,特别是与简单的 setTimeout 或 setInterval 相比,具有如下优势。

(1) 帧同步:requestAnimationFrame 函数会尽可能地匹配显示器的刷新率,通常是 60 次/秒(60Hz),这可以使得动画看起来更加平滑,不像 setTimeout 或 setInterval 可能会引起帧率不匹配的问题。

(2) 智能调度:浏览器可以对 requestAnimationFrame 函数进行优化,比如在标签页不可见时暂停调用,从而降低 CPU 负载、节省能源。

(3) 减少布局抖动:由于 requestAnimationFrame 函数的回调函数是在浏览器进行布局和绘制前执行,它允许开发者在一次重绘周期内完成所有 DOM 操作,避免不必要的布局计算和重绘。

下面的例子演示了如何用 AssemblyScript 和 HTML/JavaScript 实现粒子系统的完整过程。

代码位置:src/webassembly/particle/assembly/index.ts

```typescript
// 定义粒子类
class Particle {
  // 粒子的 x 坐标
  x: f32;
  // 粒子的 y 坐标
  y: f32;
  // 粒子在 x 方向上的速度
  vx: f32;
  // 粒子在 y 方向上的速度
  vy: f32;
  // 粒子的构造函数,用于初始化粒子的位置和速度
  constructor(x: f32, y: f32, vx: f32, vy: f32) {
    this.x = x;
    this.y = y;
    this.vx = vx;
    this.vy = vy;
  }
  // 更新粒子的位置
  update(): void {
    this.x += this.vx;
    this.y += this.vy;
  }
}
// 定义粒子系统类
class ParticleSystem {
  // 粒子数组,用于存储所有粒子
  particles: Particle[] = [];
  // 向粒子系统中添加粒子
  addParticle(x: f32, y: f32, vx: f32, vy: f32): void {
    this.particles.push(new Particle(x, y, vx, vy));
  }
  // 更新粒子系统中所有粒子的位置
  update(): void {
```

```
            for (let i = 0, k = this.particles.length; i < k; ++i) {
                this.particles[i].update();
            }
        }
        // 获取粒子系统中粒子的数量
        getParticleCount(): i32 {
            return this.particles.length;
        }
        // 根据索引获取指定粒子的位置
        // 如果索引无效, 则返回一个表示无效位置的数组
        getParticlePosition(index: i32): Float64Array {
            if (index < 0 || index >= this.particles.length) {
                // 返回一个无效位置
                let errorPosition = new Float64Array(2);
                errorPosition[0] = -1.0;
                errorPosition[1] = -1.0;
                return errorPosition;
            }
            let particle = this.particles[index];
            let position = new Float64Array(2);
            position[0] = particle.x;
            position[1] = particle.y;
            return position;
        }
}
// 创建粒子系统实例
var system = new ParticleSystem();
// 导出函数, 允许外部 JavaScript 代码向粒子系统中添加粒子
export function addParticle(x: f32, y: f32, vx: f32, vy: f32): void {
    system.addParticle(x, y, vx, vy);
}
// 导出函数, 允许外部 JavaScript 代码更新粒子系统状态
export function updateSystem(): void {
    system.update();
}
// 导出函数, 允许外部 JavaScript 代码获取粒子系统中的粒子数量
export function getParticleCount(): i32 {
    return system.getParticleCount();
}
// 导出函数, 允许外部 JavaScript 代码根据索引获取粒子的位置
export function getParticlePosition(index: i32): Float64Array {
    return system.getParticlePosition(index);
}
```

执行下面的命令编译 index.ts 文件。

```
npx asc assembly/index.ts --optimize
```

代码位置: src/webassembly/particle/index.html

```
<!DOCTYPE html>
<html lang="en">
<head>
    <meta charset="UTF-8">
    <title>粒子系统可视化</title>
    <style>
```

```html
        canvas { background: #000; display: block; margin: 0 auto; }
    </style>
</head>
<body>
    <canvas id="particleCanvas" width="800" height="600"></canvas>
    <script type="module">
        import { addParticle, updateSystem, getParticleCount, getParticlePosition } from "./build/release.js";
        const canvas = document.getElementById('particleCanvas');
        const ctx = canvas.getContext('2d');

        // 初始化粒子系统
        for (let i = 0; i < 100; i++) {
            // 随机位置和速度的粒子
            addParticle(Math.random() * canvas.width, Math.random() * canvas.height, (Math.random() * 2 - 1) * 0.5, (Math.random() * 2 - 1) * 0.5);
        }
        function draw() {
            ctx.clearRect(0, 0, canvas.width, canvas.height);        // 清除画布
            const count = getParticleCount();                        // 获取粒子数量
            for (let i = 0; i < count; i++) {
                const position = getParticlePosition(i);             // 获取粒子位置
                if (position[0] === -1.0 && position[1] === -1.0) {
                    continue;                                        // 如果位置无效，则跳过绘制
                }
                ctx.fillStyle = '#fff';
                ctx.beginPath();
                ctx.arc(position[0], position[1], 5, 0, Math.PI * 2); // 绘制粒子
                ctx.fill();
            }
            updateSystem();                                          // 更新粒子系统状态
            requestAnimationFrame(draw);                             // 请求下一帧绘制
        }
        draw();                                                      // 开始绘制循环
    </script>
</body>
</html>
```

运行 http-server. 命令启动 HTTP 服务器，然后在浏览器地址栏中输入 http://127.0.0.1:8080，会在浏览器中显示如图 3-2 所示的效果。Canvas 中的粒子会不断向四面八方移动，直到完全消失。

3.5.3 猜数字游戏

本节的例子会使用 AssemblyScript 和 HTML/JavaScript 实现一个猜数字的游戏。在加载页面时，会初始化一个 1~100 的数字，如 45。这个数字用户并不知道，但可以在页面中的文本输入框中输入一个 1~100 的数字。如果输入的数字比 45 小，那么就会在页面中显示"太小了，再试一次。"，如果输入的数字比 45 大，就会在页面中显示"太大了，再试一次。"，如果正好输入了 45，那么就会显示"恭喜你，猜对了！"。用户可以输入多次，看谁使用最少的次数猜到页面初始化时产生的数字。

第3章 JavaScript二进制扩展：WebAssembly

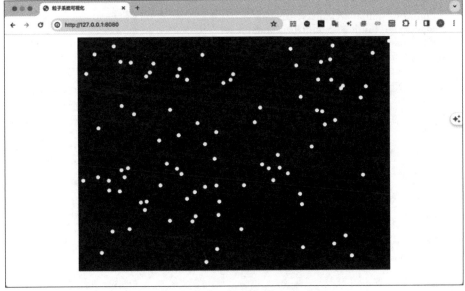

图 3-2 粒子系统

下面是完整的实现代码：

代码位置：src/webassembly/guessingGame/assembly/index.ts

```
export function initializeGame(): i32 {
  // 初始化游戏，返回一个 1~100 的随机数
  return i32(Math.floor(Math.random() * 100) + 1);
}
export function checkGuess(secretNumber: i32, guess: i32): i32 {
  // 检查玩家猜测，返回 -1, 0, 或 1 分别代表猜小了, 猜对了, 猜大了
  if (guess < secretNumber) return -1;
  else if (guess > secretNumber) return 1;
  else return 0;
}
```

执行下面的命令编译 index.ts 文件。

```
npx asc assembly/index.ts --optimize
```

代码位置：src/webassembly/guessingGame/index.html

```
<!DOCTYPE html>
<html>
<head>
    <title>数字猜测游戏</title>
</head>
<body>
    <h2>数字猜测游戏</h2>
    <p>猜一个 1~100 的数字</p>
    <input type="number" id="guessInput"/>
    <button id="guessButton">猜测</button>
    <p id="hint"></p>
```

```
<script type="module">
    import { initializeGame, checkGuess } from './build/release.js';
    let secretNumber = initializeGame();
    document.getElementById('guessButton').addEventListener('click', () => {
        const guessInput = document.getElementById('guessInput');
        const guess = parseInt(guessInput.value, 10);
        const result = checkGuess(secretNumber, guess);
        let hintMessage = '';
        switch(result) {
            case -1:
                hintMessage = '太小了,再试一次。';
                break;
            case 1:
                hintMessage = '太大了,再试一次。';
                break;
            case 0:
                hintMessage = '恭喜你,猜对了!';
                break;
        }
        document.getElementById('hint').textContent = hintMessage;
    });
</script>
</body>
</html>
```

运行 http-server . 命令启动 HTTP 服务器,然后在浏览器地址栏中输入 http://127.0.0.1:8080。读者可以在如图 3-3 所示的文本框中输入 1~100 的数字,看看需要几步可以猜出初始化页面生成的数字。

图 3-3　猜数字游戏

3.5.4　科学计算

科学计算是 AssemblyScript 最典型的应用场景之一。使用 AssemblyScript 完成复杂的计算,要比直接使用 JavaScript 快很多。本节会使用 AssemblyScript 计算导数和定积分,然后在 Web 中使用 JavaScript 进行调用,并输出计算结果。

下面是导数和定积分的数值计算方法。

1. 计算导数：中心差分法

导数描述的是函数在某一点的瞬时变化率。在数学上，函数 $f(x)$ 在点 x 的导数定义如下：

$$f'(x) = \lim_{h \to 0} \frac{f(x+h) - f(x)}{h}$$

然而，在实际计算中，我们无法做到无限接近 0 的 h 值，因此使用了中心差分法作为导数的近似。中心差分法的公式如下：

$$f'(x) \approx \frac{f(x+h) - f(x-h)}{2h}$$

这个方法比前向差分和后向差分更精确，因为它在 x 的两侧取了函数值的平均。在代码中，h 通常被设为了一个较小的值，如 0.001，用来计算 $f(x)$ 在 x 点的导数的近似值。

2. 计算定积分：梯形规则

定积分可以被视为在 x 轴和函数 $f(x)$ 之间形成的面积。准确计算这个面积需要积分学的知识。但数值方法可以提供定积分的近似解，梯形规则就是这样一种方法。

梯形规则基于这样的观察：在每一小段 $[x_i, x_{i+1}]$ 上，我们可以用梯形而不是曲线下面积来近似这部分的积分。单个梯形的面积计算公式如下：

$$A_i = \frac{f(x_i) + f(x_{i+1})}{2} \times h$$

整个区间 $[a, b]$ 的定积分近似为所有小梯形面积的和，公式如下：

$$\int_a^b f(x)\mathrm{d}x \approx \sum_{i=0}^{n-1} \frac{f(x_i) + f(x_{i+1})}{2} \times h$$

其中，h 是每个小区间的宽度，n 是区间被分成的小区间的数量。h 的值为 $(b-a)/n$，并对除了第一个和最后一个点外的所有中间点 $f(x)$ 值求和，然后将第一个点和最后一个点的函数值除以 2 后加入总和中。这样就得到了 $f(x)$ 在区间 $[a, b]$ 上的定积分的近似值。

下面是本例完整的实现代码：

代码位置：src/webassembly/math/assembly/index.ts

```typescript
// 一个具体的函数:f(x) = x^2
export function f(x: f64): f64 {
  return x * x;
}
// 计算函数 f 在 x 点的导数,使用中心差分法
export function derivative(x: f64): f64 {
  let h:f64 = 0.001;
  return (f(x + h) − f(x − h)) / (2.0 * h);
}
// 计算函数 f 的定积分,使用梯形规则
export function integral(a: f64, b: f64, n: i32): f64 {
  const h: f64 = (b − a) / f64(n);
  let sum: f64 = 0.5 * (f(a) + f(b));
  for (let i: i32 = 1; i < n; i++) {
    sum += f(a + f64(i) * h);
  }
```

```
    return sum * h;
}
```

注意：不能直接将JavaScript函数作为参数传入AssemblyScript的函数，所以只能在AssemblyScript代码(本例的f函数)中定义用于计算的函数。

执行下面的命令编译index.ts文件：

```
npx asc assembly/index.ts --optimize
```

代码位置：src/webassembly/math/index.html

```html
<!DOCTYPE html>
<html lang="en">
<head>
    <meta charset="UTF-8">
    <title>AssemblyScript Math Calculations</title>
</head>
<body>
    <h2>AssemblyScript Math Calculations</h2>
    <div id="derivativeResult">导数结果:</div>
    <div id="integralResult">定积分结果:</div>
    <script type="module">
        import { derivative, integral } from './build/release.js';
        // 计算导数
        const xForDerivative = 2.0;
        const derivativeResult = derivative(xForDerivative).toFixed(2);
        document.getElementById('derivativeResult').textContent += derivativeResult;
        // 计算定积分
        const lowerBound = 0;
        const upperBound = 1;
        const steps = 1000;
        const integralResult = integral(lowerBound, upperBound, steps).toFixed(2);
        document.getElementById('integralResult').textContent += integralResult;
    </script>
</body>
</html>
```

运行http-server.命令启动HTTP服务器，然后在浏览器地址栏中输入http://127.0.0.1:8080，会看到页面中输出了f(x)的导数和定积分，如图3-4所示。

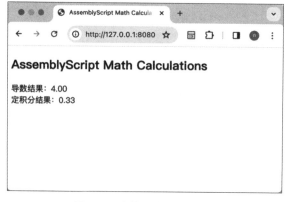

图3-4　计算导数和定积分

3.6 小结

通过本章的学习，我们对 WebAssembly 的基础知识和重要性有了全面的了解。从 WebAssembly 的历史起源，到它如何成为解决 JavaScript 性能限制的关键技术，再到它与 JavaScript 的互补关系，本章为读者提供了一个坚实的理论基础。我们还详细探讨了 WebAssembly 在实际开发中的应用，包括游戏开发、音视频处理、密集计算应用等多个领域，展示了 WebAssembly 如何推动 Web 技术的发展，并为 Web 应用带来前所未有的性能提升。

特别是，本章对 AssemblyScript 的介绍，为前端开发者打开了一个新的大门。通过学习 AssemblyScript，开发者可以利用熟悉的 TypeScript 语法来编写 WebAssembly 程序，既能保持开发的便捷性，又能显著提升应用的执行效率。我们通过几个实际的开发案例，如数据加密和安全、粒子系统、猜数字游戏以及科学计算，展示了如何使用 AssemblyScript 进行 WebAssembly 开发，使读者能够快速掌握这一新技术。

总之，WebAssembly 和 AssemblyScript 为 Web 开发打开了新的可能性，它们不仅能够提升 Web 应用的性能，还能扩展 Web 平台的功能。随着技术的不断成熟和生态的日益丰富，未来 WebAssembly 将在 Web 开发领域扮演越来越重要的角色。

第 4 章 JavaScript(Node.js)服务器端

本章将带您深入探索 JavaScript(Node.js)在服务器端编程领域的成就。通过深入浅出的案例讲解,我们将揭示 JavaScript 如何以其非阻塞 I/O 和事件驱动的特性,重新定义了服务器端开发的模式。本章不仅会介绍如何搭建基础的 HTTP 服务器,还将拓展到文件处理、安全通信、RESTful API、WebSocket、TCP 以及构建基于 Express 框架的 Web 应用。随着章节的推进,读者将学习到使用 JavaScript 构建高效、可扩展服务器端应用的实用技巧,并通过实际案例深化理解。

4.1 简单的 Web 服务器

在 Node.js 中创建一个简单的 Web 服务器是学习服务器端编程的最佳入门方式。Node.js 利用其内置的 http 模块,允许以极少的代码启动基础的 HTTP 服务。下面我们将详细介绍用 Node.js 实现 Web 服务器的基本步骤,这个 Web 服务器是基于 HTTP 的。

1. 引入 http 模块

一切的开始都是从引入 Node.js 内置的 http 模块开始的。这个模块包含了创建服务器和处理 HTTP 请求所需的所有功能。通过简单的一行代码,我们就能将这个强大的模块引入我们的脚本中。

```
const http = require('http');
```

2. 创建 Web 服务器

引入 http 模块后,下一步就是使用它来创建一个 Web 服务器。http 模块提供了一个 createServer 方法,这个方法接收一个回调函数作为参数。这个回调函数会在每次有 HTTP 请求到达服务器时被调用,createServer 方法有 2 个参数:req(请求对象)和 res(响应对象)。

```
const server = http.createServer((req, res) => {
  // 请求处理逻辑将在这里编写
});
```

3. 处理请求和发送响应

在回调函数内部,我们可以控制服务器如何响应不同的 HTTP 请求。通过设置响应头部（例如状态码和内容类型）和发送响应体，我们可以定义返回给客户端的内容。在我们的例子中，无论请求的是什么，服务器都会返回一个简单的文本消息："Hello, World!"。

```
res.writeHead(200, {'Content-Type': 'text/plain'});
res.end('Hello, World!\n');
```

这两行代码首先调用 res.writeHead 方法设置响应的状态码为 200（表示成功）和内容类型为 text/plain，然后通过 res.end 发送响应体，这里是我们的问候语"Hello, World!"。

4. 监听端口

最后一步是调用服务器的 listen 方法，并指定一个端口号。这告诉服务器在哪个端口上监听入站的连接。端口号可以是任意未被占用的号。当服务器开始监听指定端口时，我们通过一个回调函数打印一条消息到控制台，这样我们就知道服务器已经准备就绪，可以接收请求了。

```
server.listen(3000, () => {
    console.log('服务器运行在 http://localhost:3000/');
});
```

通过上述步骤，我们使用 Node.js 的 http 模块创建了一个简单的 Web 服务器。这个服务器能够接收 HTTP 请求并对每个请求返回相同的响应。虽然这个例子非常基础，但它展示了使用 Node.js 进行 Web 开发的核心原理：使用回调函数来处理异步事件（如 HTTP 请求）。

下面是完整的实现代码：

代码位置：src/nodejs/firstweb/server.js

```
// 导入 HTTP 模块
const http = require('http');
// 创建 HTTP 服务器
const server = http.createServer((req, res) => {
    // 设置响应头部
    res.writeHead(200, {'Content-Type': 'text/plain'});
    // 发送响应体"Hello, World!"并结束响应
    res.end('Hello, World!\n');
});
// 选择一个端口进行监听
const port = 3000;
server.listen(port, () => {
    console.log('服务器运行在 http://localhost:${port}/');
});
```

执行 node server.js 命令运行程序，然后在浏览器地址栏输入 http://localhost:3000，就会在页面中输出 Hello World!。

4.2 文件服务器

本节会利用 Node.js 实现基于 HTTP 的文件下载服务器和文件上传服务器。

4.2.1 文件下载服务器

本节会使用 Node.js 实现一个基于 HTTP 的文件下载服务器,端口号为 8080。该服务器会将当前目录的 files 子目录作为服务器端用于存储文件的根目录,如果 files 目录不存在,则自动创建该目录。在浏览器地址栏输入 http://localhost:8080/abc.txt,服务器端会定位 files/abc.txt 文件,如果存在,则直接在浏览器页面中显示 abc.txt 文件的内容。如果是 Web 页面(html/htm),也会显示 Web 页面的内容。如果是图像文件(jpg、jpeg、png、bmp、gif),会在浏览器页面中显示图像,如果是其他类型的文件,则直接下载该文件。如果访问的文件不存在,则在浏览器页面中显示 404 Not Found。

下面是文件下载服务器的核心实现原理和主要步骤。

1. 引入必要的模块

本例需要使用 Node.js 的 3 个核心模块:http、fs 和 path,分别用于创建 HTTP 服务器、文件系统操作和处理文件路径,所以先引入这 3 个模块。

```
const http = require('http');
const fs = require('fs');
const path = require('path');
```

2. 定义文件下载目录

程序中定义了一个名为 files 的目录作为文件下载的根目录。使用 path.join(__dirname, 'files')确定该目录的完整路径,__dirname 是 Node.js 中的一个全局变量,表示当前执行脚本所在的目录。

3. 检查 files 目录是否存在

使用 fs.existsSync()方法检查 files 目录是否存在。如果不存在,使用 fs.mkdirSync()方法创建该目录。这确保了服务器有一个用于存储和访问下载文件的指定位置。

4. 创建 HTTP 服务器

通过 http.createServer()方法创建了一个 HTTP 服务器。该方法接收一个回调函数,该回调函数又接收两个参数:req(请求对象)和 res(响应对象)。

5. 处理请求

服务器针对每个 HTTP 请求执行以下步骤。

(1) 获取请求文件路径:根据请求的 URL,计算出文件在服务器上的绝对路径。

(2) 检查文件是否存在:使用 fs.exists()方法检查请求的文件是否存在于服务器上。

(3) 设置 MIME 类型:根据文件扩展名,使用 Content-Type 响应头来指示文件的 MIME 类型,例如文本、HTML 或图像。这样浏览器知道如何处理或显示文件内容。

(4) 读取和发送文件内容:如果文件存在,使用 fs.createReadStream()创建一个读取流,并通过 pipe()方法将文件内容直接发送到响应对象,实现文件的下载或显示。

6. 启动服务器

服务器通过监听特定端口(本例中为 8080 端口)来接收请求。一旦服务器开始运行,它就可以处理指向该端口的 HTTP 请求了。

下面是文件下载服务器的完整实现代码：

代码位置：src/nodejs/download_server/server.js

```javascript
const http = require('http');
const fs = require('fs');
const path = require('path');
// 定义上传文件目录
const uploadDir = path.join(__dirname, 'upload');
// 检查上传文件目录是否存在,不存在则创建
if (!fs.existsSync(uploadDir)) {
    fs.mkdirSync(uploadDir);
}
const server = http.createServer((req, res) => {
    if (req.method === 'GET') {
        // 显示上传表单
        res.writeHead(200, {'Content-Type': 'text/html; charset=utf-8'});
        res.end('
            <form action="/" method="post" enctype="multipart/form-data">
                <input type="file" name="file" />
                <button type="submit">上传文件</button>
            </form>
        ');
    } else if (req.method === 'POST') {
        // 处理文件上传
        const chunks = [];
        req.on('data', chunk => {
            chunks.push(chunk);
        });
        req.on('end', () => {
            // 简单处理,合并接收到的数据
            const data = Buffer.concat(chunks);
            // 解析文件名,这里简化处理,实际应用中需要更严谨的解析方法
            const fileNameMatch = data.toString().match(/filename="(.+?)"/);
            if (fileNameMatch && fileNameMatch[1]) {
                const fileName = fileNameMatch[1];
                const filePath = path.join(uploadDir, fileName);
// 写入文件,这里简化处理,直接将整个请求体写入,实际应用中需要剔除多余的请求头部和尾部
// 数据
                fs.writeFile(filePath, data, err => {
                    if (err) {
                        res.writeHead(500, {'Content-Type': 'text/plain; charset=utf-8'});
                        res.end('文件上传失败');
                    } else {
                        res.writeHead(200, {'Content-Type': 'text/plain;charset=utf-8'});
                        res.end('文件上传成功');
                    }
                });
            } else {
                res.writeHead(400, {'Content-Type': 'text/plain'});
                res.end('文件上传失败,未找到文件名');
            }
        });
    }
});
```

```
server.listen(8080, () => {
    console.log('文件上传服务器运行在 http://localhost:8080');
});
```

运行程序,会在当前目录创建一个 files 子目录,可以在该目录放置一些文件,也可以在 files 目录中创建子目录,如 files/images。假设有一个文件 files/images/girl.png。在浏览器地址栏中输入 http://localhost:8080/images/girl.png,会在浏览器中显示如图 4-1 所示的效果。

图 4-1　利用文件下载服务器浏览图像

4.2.2　文件上传服务器

本节会用 Node.js 实现基于 HTTP 的文件上传服务器,端口号为 8080。启动程序时,将当前目录的 upload 子目录作为文件上传的目录。如果没有这个目录,会自动创建该目录。在访问 http://localhost:8080 时,会在页面显示文件选择组件和一个"上传文件"按钮,选择要上传的文件后,单击"上传文件"按钮,会将文件上传到 upload 目录中,如果文件已经存在,则覆盖该文件。

下面是文件上传服务器的核心实现原理和主要步骤。

1. 引入必要的 Node.js 模块

(1) http:用于创建 HTTP 服务器。

(2) fs：用于进行文件的读写操作。

(3) path：用于处理文件路径。

2. 设置文件上传目录

首先定义一个名为 upload 的目录，用作文件上传的存储位置。这个目录位于服务器程序的当前运行目录下。使用 fs.existsSync() 检查这个目录是否存在，如果不存在，则使用 fs.mkdirSync() 创建这个目录。

3. 创建 HTTP 服务器

使用 http.createServer() 方法创建一个新的 HTTP 服务器。这个方法接收一个回调函数，该函数会在每次有 HTTP 请求到达时被调用。这个回调函数接收两个参数：req（请求对象）和 res（响应对象）。

4. 处理 GET 和 POST 请求

对于 GET 请求，服务器返回一个 HTML 页面，包含一个文件上传表单。这个表单通过 enctype="multipart/form-data" 属性指定了其数据应该以大部分表单数据的方式发送，这是上传文件时必需的。对于 POST 请求，服务器则处理文件的上传。数据以数据块（chunk）的形式接收，所有接收到的数据块被合并到一起（Buffer.concat(chunks)），形成完整的请求体。

5. 文件上传处理

通过正则表达式从请求体中解析出文件名。这是一个简化的处理方式，目的是找到 filename="文件名" 的匹配项。确定文件保存路径，并使用 fs.writeFile() 将文件数据写入指定路径。这里为了简化，直接将整个请求体写入文件，实际上应只写入文件内容部分，排除多余的头部信息等。

6. 响应客户端

文件成功写入后，服务器向客户端发送"文件上传成功"的消息。如果遇到错误，则发送"文件上传失败"的消息。

7. 启动服务器

最后，使用 server.listen(8080) 启动服务器，监听 8080 端口。

下面是文件上传服务器的完整实现代码：

代码位置：src/nodejs/upload_server/server.js

```
const http = require('http');
const fs = require('fs');
const path = require('path');
// 定义上传文件目录
const uploadDir = path.join(__dirname, 'upload');

// 检查上传文件目录是否存在，不存在则创建
if (!fs.existsSync(uploadDir)) {
    fs.mkdirSync(uploadDir);
}
const server = http.createServer((req, res) => {
    if (req.method === 'GET') {
```

```javascript
            // 显示上传表单
            res.writeHead(200, {'Content-Type': 'text/html; charset=utf-8'});
            res.end('
                <form action="/" method="post" enctype="multipart/form-data">
                    <input type="file" name="file" />
                    <button type="submit">上传文件</button>
                </form>
            ');
    } else if (req.method === 'POST') {
            // 处理文件上传
            const chunks = [];
            req.on('data', chunk => {
                chunks.push(chunk);
            });
            req.on('end', () => {
                // 简单处理,合并接收到的数据
                const data = Buffer.concat(chunks);
                // 解析文件名,这里简化处理,实际应用中需要更严谨的解析方法
                const fileNameMatch = data.toString().match(/filename="(.+?)"/);
                if (fileNameMatch && fileNameMatch[1]) {
                    const fileName = fileNameMatch[1];
                    const filePath = path.join(uploadDir, fileName);
// 写入文件,这里简化处理,直接将整个请求体写入,实际应用中需要剔除多余的请求头部和尾部
// 数据
                    fs.writeFile(filePath, data, err => {
                        if (err) {
                            res.writeHead(500, {'Content-Type': 'text/plain; charset=utf-8'});
                            res.end('文件上传失败');
                        } else {
                            res.writeHead(200, {'Content-Type': 'text/plain;charset=utf-8'});
                            res.end('文件上传成功');
                        }
                    });
                } else {
                    res.writeHead(400, {'Content-Type': 'text/plain'});
                    res.end('文件上传失败,未找到文件名');
                }
            });
        }
});
server.listen(8080, () => {
    console.log('文件上传服务器运行在 http://localhost:8080');
});
```

运行程序,在浏览器地址栏输入 http://localhost:8080,并选择一个要上传的文件,如图 4-2 所示。单击"上传文件"按钮,就会将文件上传到 upload 目录。

图 4-2 上传文件

4.2.3　让 Web 服务器支持 HTTPS

基于 HTTP 的 Web 服务器在数据传输的安全性方面存在缺陷,因为 HTTP 下的数据传输是未加密的。这意味着,如果数据在传输过程中被截获,攻击者可以轻松获取这些信息。为了增强数据传输过程的安全性,几乎所有 Web 服务器都支持通过 HTTPS 进行数据传输。HTTPS 是一种安全的 HTTP 版本,它通过在 HTTP 的基础上添加数据加密功能,来保护传输数据的隐私和完整性。

HTTPS 采用了非对称加密,所以需要私钥和公钥。下面是非对称加密、私钥和公钥的详细解释。

(1) 非对称加密:这种加密方式使用一对密钥(一个公钥和一个私钥)。公钥可以公开分享,用来加密数据;而私钥是保密的,仅在数据的接收方(通常是服务器)保存,用来解密数据。

(2) 公钥:在 HTTPS 握手过程中,服务器会将其公钥(通常嵌入在服务器的证书中)发送给客户端。客户端使用这个公钥来加密信息(如会话密钥),然后发送回服务器。

(3) 私钥:服务器拥有与公钥配对的私钥,用来解密客户端发送的加密信息。由于只有服务器拥有这个私钥,因此只有服务器能够解密用公钥加密的数据。

HTTPS 的工作原理如下。

(1) TLS 握手:当客户端(如 Web 浏览器)第一次尝试与服务器建立 HTTPS 连接时,它们之间会进行一个 TLS(传输层安全性)握手过程。

(2) 证书和密钥交换:在这个握手过程中,服务器会提供其 SSL 证书,该证书包含了服务器的公钥。客户端会验证这个证书确保它是由可信任的证书颁发机构签发的,以及证书中的公钥确实属于服务器。

(3) 加密通信:一旦验证通过,客户端会使用服务器的公钥来加密信息(通常是生成一个对称加密的会话密钥并加密它),然后发送给服务器。服务器使用其私钥解密这些信息,获取会话密钥。此后,双方使用这个对称密钥来加密和解密通信中的数据。

(4) 保持安全通信:对称密钥在本次会话中一直被使用,以保证数据传输的安全性和效率。每次新的 HTTPS 会话都会生成新的对称密钥。

通过这种方式,HTTPS 确保了数据在客户端和服务器之间传输的过程中被加密,即使数据被截获,没有对应的私钥也无法解密数据,从而保护了传输数据的隐私和完整性。

本节会为 4.2.1 节实现的文件下载服务器增加对 HTTPS 的支持,具体实现步骤如下。

1. 生成密钥和证书

使用 OpenSSL 可以轻松生成这些文件。首先,需要安装 OpenSSL。安装后,运行以下命令生成私钥(key.pem)和公开证书(cert.pem):

```
openssl req -x509 -newkey rsa:4096 -keyout key.pem -out cert.pem -days 365 -nodes -subj "/CN=localhost"
```

这行命令生成一个新的 4096 位 RSA 密钥对,以及一个有效期为 365 天的自签名证书。-nodes 参数指示 OpenSSL 不要保护私钥文件,避免每次使用私钥时都需要密码。如果不加-nodes 参数,在生成 RSA 密钥对时要求输入密码,而且服务器在装载密钥时也需要指定密码。-subj "/CN=localhost"设置证书的 Common Name 为 localhost。

如果指定-nodes 参数,在执行这行命令时,会直接生成 key.pem 和 cert.pem 文件,如果不执行这个参数,会显示 Enter PEM pass phrase,要求输入密码,按 Enter 键,会显示 Verifying-Enter PEM pass phrase,再次输入密码后,按 Enter 键,会生成 key.pem 和 cert.pem 文件。

(1) key.pem:私钥文件,它在 SSL 握手过程中用于服务器端的身份验证和数据加密。

(2) cert.pem:证书文件,它包含了公钥和服务器身份信息。证书由证书颁发机构(CA)签发,用于向客户端证明服务器的身份。

2. 导入 https 模块

装载证书,以及建立 HTTPS 服务器需要使用下面的代码引入 https 模块:

```javascript
const https = require('https');
```

3. 加载证书

在使用证书之前,需要先加载证书文件。如果在生成证书文件时没有使用-nodes 参数,还需要证书的密码。加载证书的代码如下:

```javascript
const options = {
    key: fs.readFileSync(path.join(__dirname, 'key.pem')),
    cert: fs.readFileSync(path.join(__dirname, 'cert.pem')),
    passphrase: '1234'
}
```

4. 创建 HTTPS 服务器

使用下面的代码根据 options 中的设置创建 HTTPS 服务器:

```javascript
const https_server = https.createServer(options, requestHandler);
```

5. 启动 HTTPS 服务器

HTTPS 的默认端口号是 443,如果使用这个端口号启动 HTTPS 服务器,那么可以直接使用 https://localhost 访问 Web 服务器,否则就要在 IP 地址或域名后面加端口号。启动 HTTPS 服务器的代码如下:

```javascript
https_server.listen(443, () => {
    console.log('HTTPS 服务器运行在 https://localhost');
});
```

下面的例子完整地演示了如何让文件下载服务器同时支持 HTTP 和 HTTPS。

代码位置:src/nodejs/download_server/https_server.js

```javascript
const http = require('http');           // 引入 http 模块
const https = require('https');         // 引入 https 模块
const fs = require('fs');               // 引入 fs 模块
const path = require('path');           // 引入 path 模块
```

```javascript
// 设置文件存储的根目录
const rootDir = path.join(__dirname, 'files');
// 加载 SSL 证书和私钥
const options = {
    key: fs.readFileSync(path.join(__dirname, 'key.pem')),
    cert: fs.readFileSync(path.join(__dirname, 'cert.pem')),
    passphrase: '1234'
}
// 如果 files 目录不存在,则创建
if (!fs.existsSync(rootDir)) {
    fs.mkdirSync(rootDir);
}

let requestHandler = function(req, res) {
    // 获取请求的文件路径
    const filePath = path.join(rootDir, req.url);
    // 检查文件是否存在
    fs.exists(filePath, exists => {
        if (!exists) {
            // 如果文件不存在,返回 404
            res.writeHead(404, {'Content-Type': 'text/plain'});
            res.end('404 Not Found');
            return;
        }
        // 根据文件扩展名,决定 Content-Type
        const ext = path.extname(filePath).toLowerCase();
        let contentType = 'application/octet-stream';   // 默认为二进制格式,即直接下载
        switch (ext) {
            case '.txt':
                contentType = 'text/plain';
                break;
            case '.html':
            case '.htm':
                contentType = 'text/html';
                break;
            case '.jpg':
            case '.jpeg':
            case '.png':
            case '.bmp':
            case '.gif':
                contentType = 'image/' + ext.slice(1);
                break;
            // 可以根据需要处理更多的文件类型
        }
        // 设置响应头
        res.writeHead(200, {'Content-Type': contentType});
        // 创建文件读取流并直接作为响应
        const readStream = fs.createReadStream(filePath);
        readStream.pipe(res);
    });
};
// 创建 HTTP 服务器
const server = http.createServer(requestHandler);
// 创建 HTTPS 服务器
const https_server = https.createServer(options, requestHandler);
// HTTP 服务器监听 8080 端口
```

```
server.listen(8080, () => {
    console.log('文件下载服务器运行在 http://localhost:8080/');
});
// HTTPS 服务器监听 443 端口
https_server.listen(443, () => {
    console.log('HTTPS 服务器运行在 https://localhost');
});
```

运行程序,输入 http://localhost:8080/images/girl.png 没有任何问题,会显示如图 4-1 所示的效果。但输入 https://localhost/images/girl.png 时,在 Chrome 浏览器的页面会显示信息,单击"高级"按钮,"高级"按钮就会变成"隐藏详情"按钮,并且最下方会显示"继续前往 localhost(不安全)"的链接,如图 4-3 所示。单击这个链接,会显示与图 4-1 相同的效果。

图 4-3 HTTPS 警告信息

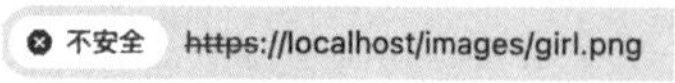

图 4-4 HTTPS 安全警告

即使在页面中成功显示了图像,但在浏览器地址栏中仍然会显示"不安全"的警告提示,如图 4-4 所示。

读者并不需要担心这个安全警告,因为这是在自己机器上测试 HTTPS,不会有任何风险,但如果访问 Internet 上的网站,如果出现这个安全警告,就要当心了,可能是真的不安全。出现这个安全警告的原因是由于自签名证书不是由受信任的证书颁发机构签发的,所以大多数浏览器会显示一个安全警告,告诉用户连接可能不安全。虽然可以通过将证书添加到浏览器的信任列表中来解决这个问题,但这只适合开发和测试环境。

对于生产环境,应该使用一个受信任的 CA 签发的证书。这些证书被众多的浏览器和操作系统信任,一般不会导致安全警告。获得这些受信任证书通常有如下两个途径。

(1)购买证书:常用的证书颁发机构包括 Symantec、Comodo、GoDaddy 等。这些机构提供的证书在所有主流浏览器中都受信任。

（2）使用免费证书：Let's Encrypt 是一个流行的选择，提供免费的证书，这些证书同样受到大多数浏览器的信任。Let's Encrypt 的证书有效期较短（90 天），可以自动续期，确保网站始终使用有效证书。

4.3 基于 Express 框架的 Web 应用

本节会使用 Express 框架和 Node.js 实现一个用于异步提交表单的 Web 应用。通过 http://localhost:1234 访问主页面。在该页面显示表单内容，表单内容包括姓名、年龄、性别、收入和国家。在下面显示提交和重置按钮，单击"重置"按钮，清空所有已经输入的内容，单击"提交"按钮，将输入的数据提交到后台，保存到 sqlite 数据库中。sqlite 数据库文件在当前目录，名为 data.db，如果没有这个数据库文件，则创建该数据库文件，并建立用于保存表达数据的 persons 表。

本节的例子需要使用 express、body-parser 和 sqlite3 模块，所以需要使用下面的命令安装这 3 个模块：

```
npm install express body-parser sqlite3
```

下面是对本例涉及的技术和实现步骤的详细解释。

1. 什么是 Express？

Express 是一个基于 Node.js 平台的极简、灵活的 Web 应用开发框架，它提供了一系列特性帮助用户创建各种 Web 和移动设备应用。Express 并不尝试让 Node.js 本身做出很多改变；相反，它在 Node.js 的 HTTP 功能之上提供了一个帮助我们更方便地创建服务器的工具集。因此，可以将 Express 视为 Node.js 的一个补充，专注于服务器开发。

2. 什么是 bodyParser？

bodyParser 是一个 Node.js 中间件，用于处理 JSON、Raw、Text 和 URL 编码的数据。它在 Express 4.x 版本之前是 Express 框架的一部分，但后来被分离出来作为单独的模块。bodyParser 中间件的主要作用是解析请求体（request body），使 req.body 可用。

当客户端向服务器发送请求（如表单提交），这些请求的数据需要被解析后才能在 Node.js 代码中使用。bodyParser 帮助解析这些数据（如 JSON 或 URL 编码数据），并将解析后的数据放置到 req.body 对象中，这样就可以在请求处理器中访问请求数据了。

3. Express 如何接收 GET 或 POST 请求

在 Express 中接收 GET 或 POST 请求是通过定义路由来完成的。路由是由 URI（或路径）、HTTP 请求方法（GET、POST 等）和处理该请求的中间件组成的。

以下是如何定义 GET 和 POST 请求路由的示例：

```
// 处理 GET 请求
app.get('/', function(req, res) {
    res.send('Hello World');
```

```
});
// 处理 POST 请求
app.post('/submit', function(req, res) {
    // 从 req.body 中获取请求数据
    const { name, age, gender, income, country } = req.body;
    // 这里可以添加将数据保存到数据库的代码
    res.send({ message: '数据已接收' });
});
```

在这个例子中，当用户访问网站根目录（即发送 GET 请求到"/"）时，会返回"Hello World"。当用户提交表单（即发送 POST 请求到"/submit"）时，服务器将从请求体中提取数据，并返回一个确认信息。

4. Node.js 如何使用 sqlite3 操作数据库

sqlite3 是一个 Node.js 的库，提供了对 SQLite 数据库的访问。SQLite 是一个轻量级的数据库，不需要独立的服务器进程，非常适合需要轻量级数据存储的应用。

在 Node.js 中使用 sqlite3 可以执行 SQL 查询来创建、读取、更新和删除数据库中的数据。以下是如何使用 sqlite3 创建数据库和表的示例：

```
const sqlite3 = require('sqlite3').verbose();
const db = new sqlite3.Database('data.db', (err) => {
    if (err) {
        return console.error(err.message);
    }
    console.log('Connected to the SQLite database.');
});
// 执行 SQL 语句
db.run('CREATE TABLE IF NOT EXISTS persons (
    id INTEGER PRIMARY KEY AUTOINCREMENT,
    name TEXT,
    age INTEGER,
    gender TEXT,
    income REAL,
    country TEXT
)');
```

这段代码首先连接到一个名为 data.db 的 SQLite 数据库文件（如果文件不存在，它会被创建）。然后，执行一条 SQL 语句来创建一个 persons 表，NOT EXISTS 表示只有 persons 表不存在时才创建这个表。

5. 在 HTML 页面如何通过 AJAX 异步提交数据

AJAX（Asynchronous JavaScript and XML）允许 Web 页面异步地发送到服务器并从服务器获取数据，而不需要重新加载整个页面。这在提交表单数据时非常有用，因为它提高了用户体验，通过仅更新页面的一部分而不是整个页面。

以下是通过 AJAX 提交表单数据的基本步骤。

（1）收集表单数据：首先，使用 JavaScript（通常是通过监听表单的 submit 事件或按钮单击事件）收集用户在表单字段中输入的数据。

（2）发送 AJAX 请求：使用 fetch 或 XMLHttpRequest 对象，将收集到的数据异步发送到服务器。通常,这包括设置请求的方法(如 POST)、头部(如内容类型)和正文(即数据本身)。

(3) 处理服务器响应:服务器处理接收到的数据并返回响应。在客户端,AJAX 请求的回调函数或 Promise 处理这个响应,可能会更新页面内容或显示一个消息给用户。

下面的代码是接收用户请求和显示表达页面的服务器端:

代码位置:src/nodejs/express/server.js

```javascript
const express = require('express');
const path = require('path');
const bodyParser = require('body-parser');
const sqlite3 = require('sqlite3').verbose();
const app = express();
const port = 1234;
// 使用 bodyParser 中间件分析 json 数据
app.use(bodyParser.urlencoded({ extended: false }));
app.use(bodyParser.json());

// 设置 Web 服务器的根目录,该目录位于当前目录的 public 子目录中
app.use(express.static(path.join(__dirname, 'public')));
// 初始化数据库
const db = new sqlite3.Database(path.join(__dirname, 'data.db'), (err) => {
    if (err) {
        console.error(err.message);
    }
    console.log('Connected to the data.db database.');
    // 如果 person 表不存在,则创建 persons 表,其中 id 是自增字段
    db.run('CREATE TABLE IF NOT EXISTS persons (
        id INTEGER PRIMARY KEY AUTOINCREMENT,
        name TEXT,
        age INTEGER,
        gender TEXT,
        income REAL,
        country TEXT
    )');
});
// 处理提交表单的接口(POST 方法)
app.post('/submit', (req, res) => {
    const { name, age, gender, income, country } = req.body;
    const sql = 'INSERT INTO persons (name, age, gender, income, country) VALUES (?, ?, ?, ?, ?)';
    // 将提交的表单数据插入 persons 表中
    db.run(sql, [name, age, gender, income, country], (err) => {
        if (err) {
            return console.error(err.message);
        }
        res.send({ message: '提交成功' });
    });
});
// 监听服务器端口
app.listen(port, () => {
    console.log(`Server running at http://localhost:${port}/`);
});
```

在 server.js 中,通过 Express,将当前目录的 public 子目录作为 Web 服务器的根目录,如果将 index.html 文件放到 public 目录中,那么通过 http://localhost:1234,就可以直接访问 index.html 页面,该页面的代码如下:

代码位置:src/nodejs/express/public/index.html

```html
<!DOCTYPE html>
<html lang="en">
<head>
    <meta charset="UTF-8">
    <meta name="viewport" content="width=device-width, initial-scale=1.0">
    <title>数据采集表单</title>
    <style>
        form {
            display: flex;
            flex-direction: column;
            align-items: center;
        }
        .form-group {
            margin-bottom: 10px;
        }
        .button-group {
            display: flex;
            justify-content: center;     /* 使按钮有间距并水平排列 */
            width: 100%;                 /* 可调整宽度以控制间距 */
            padding: 0 20%;              /* 根据需要调整左右填充来控制按钮的具体位置 */
        }
        button {
            margin: 0 10px;              /* 为按钮添加左右间距 */
        }
    </style>
</head>
<body>
    <form id="dataForm">
        <div class="form-group">
            <label for="name">姓名:</label>
            <input type="text" id="name" name="name">
        </div>
        <div class="form-group">
            <label for="age">年龄:</label>
            <input type="number" id="age" name="age">
        </div>
        <div class="form-group">
            <label>性别:</label>
            <input type="radio" id="male" name="gender" value="男">
            <label for="male">男</label>
            <input type="radio" id="female" name="gender" value="女">
            <label for="female">女</label>
        </div>
        <div class="form-group">
            <label for="income">收入:</label>
            <input type="number" id="income" name="income">
        </div>
        <div class="form-group">
            <label for="country">国家:</label>
```

```html
            <input type="text" id="country" name="country">
        </div>
        <div class="button-group">
            <button type="button" onclick="submitForm()">提交</button>
            <button type="reset">重置</button>
        </div>
    </form>
    <script>
        function submitForm() {
            const formData = {
                name: document.getElementById('name').value,
                age: document.getElementById('age').value,
                gender: document.querySelector('input[name="gender"]:checked') ? document.querySelector('input[name="gender"]:checked').value : '',
                income: document.getElementById('income').value,
                country: document.getElementById('country').value
            };
            // 异步提交表单数据(以 json 格式组织数据)
            fetch('/submit', {
                method: 'POST',
                headers: {
                    'Content-Type': 'application/json',
                },
                body: JSON.stringify(formData),
            })
            .then(response => response.json())  // 第 1 步:解析响应体为 json
            .then(data => {                      // 第 2 步:处理解析后的数据
                alert(data.message);
                document.getElementById('dataForm').reset();
            })
            .catch((error) => {
                console.error('Error:', error);
            });
        }
    </script>
</body>
</html>
```

在 index.html 中的 fetch 函数非常重要,该函数用于异步提交 POST 请求,并通过 Promise 调用链(也就是多个 then 语句)获取服务器的返回结果。其中"then(response => response.json())"返回了 response.json()的结果,也就是从服务器返回的 JSON 数据被解析成的 JavaScript 对象。然后该对象会被传递给调用链中的下一个 then(),并作为其参数。下一个 then()中的 data,其实就是 response.json()返回的 JavaScript 对象,所以才可以用 data.message 获取服务器返回的数据[1]。

用 node server.js 命令启动服务器,在浏览器地址栏输入 http://localhost:1234,会显示一个表单,然后输入一些表单数据,如图 4-5 所示。

单击"提交"按钮,如果成功提交,会弹出"提交成功"对话框,然后会清空表单输入的内

---

[1] 服务器(server.js)的 app.post(…)中返回的数据是{ message:'提交成功' }。在客户端,会将其转换为 JavaScript 对象。

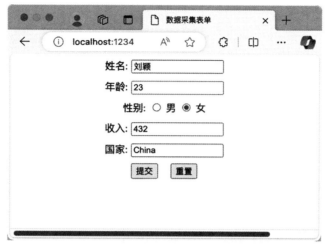

图 4-5　表单页面

容，用户可以重新录入表单数据。单击“重置”按钮，会直接清空表单的数据。读者可以用数据库管理工具打开 data.db 文件，并查看 persons 表的内容，如图 4-6 所示。

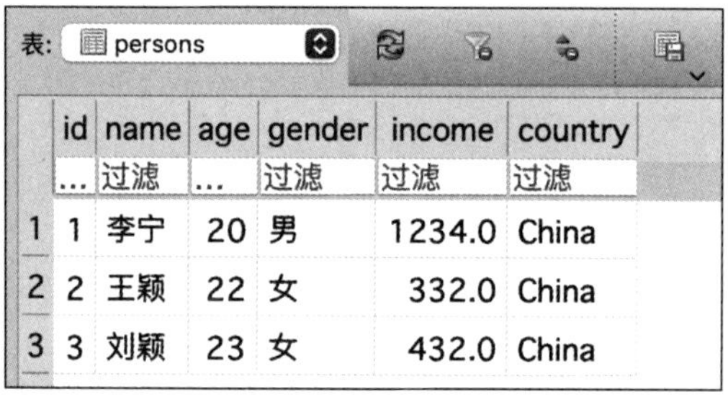

	id	name	age	gender	income	country
	...	过滤	...	过滤	过滤	过滤
1	1	李宁	20	男	1234.0	China
2	2	王颖	22	女	332.0	China
3	3	刘颖	23	女	432.0	China

图 4-6　persons 表的内容

4.4　基于 RESTful API 的科学计算服务器

本节会利用 Node.js 和相关的模块实现一个提供 RESTful API 的 Web 服务器。提供的 API 用于计算导数和定积分。

RESTful API(Representational State Transfer Application Programming Interface)是一种设计风格，用于构建便于使用和维护的网络应用。它利用 HTTP 的现有特性，使得开发者可以创建可读性好、功能全面的 API。REST 是 Roy Fielding 在 2000 年他的博士论文中提出的，旨在使用现有的网络协议(主要是 HTTP)来设计软件架构。

本例要使用 express 和 mathjs 模块，其中 mathjs 是一个广泛使用的数学库，支持解析、计算和格式化数学表达式。它可以处理符号计算，同时也提供了数值计算的能力。在编写代码之前，需要使用下面的命令安装这两个模块。

```
npm install express mathjs
```

在本例中,我们会构建一个使用 Express 框架的简单 Node.js 服务器,它提供了两个 REST API 接口:一个用于计算给定函数表达式在特定点的导数,另一个用于计算给定函数表达式在指定区间的定积分。通过 mathjs 模块的功能,可以将字符串形式的数学表达式转换为可操作的函数,并对其进行数值计算。

本例需要编写两个函数,用于完成相关的计算。

(1) 导数计算(numericalDerivative):采用中心差分法计算导数。这个方法通过计算函数在 x+h 和 x−h 两点的函数值差异,并除以 2h 来近似导数值,其中 h 是一个非常小的值(默认为 1e−5),用于确保计算的精确性。

(2) 定积分计算(trapezoidalRule):使用梯形法计算定积分。此方法通过将积分区间[start,end]分割成 n 个小区间(默认为 1000 个),然后对每个小区间使用梯形法则进行近似计算,最后将所有梯形的面积加总来得到整个区间的定积分近似值。

本例还提供了两个 API 接口,用于调用前面实现的两个函数来计算导数和定积分。这两个接口都使用了 HTTP GET 方法访问。

(1) 计算导数 API(路径:/derivative):接收客户端通过查询参数传递的数学表达式(expression)和计算点(xValue)。使用 numericalDerivative 函数计算导数,并将结果作为响应发送回客户端。

(2) 计算定积分 API(路径:/integral):接收数学表达式(expression)、积分下限(start)和积分上限(end)。使用 trapezoidalRule 函数计算定积分,并将结果作为响应发送回客户端。

下面是服务器完整的实现代码:

代码位置:src/nodejs/restful_api/server.js

```javascript
const express = require('express');
const math = require('mathjs');
const app = express();
const port = 3000;
// 使用中心差分法计算函数在某一点的导数
function numericalDerivative(expression, x, h = 1e-5) {
  const func = math.compile(expression);
  return (func.evaluate({x: x + h}) - func.evaluate({x: x - h})) / (2 * h);
}
// 使用梯形法计算定积分
function trapezoidalRule(expression, start, end, n = 1000) {
  const func = math.compile(expression);
  const h = (end - start) / n;
  let sum = 0.5 * (func.evaluate({x: start}) + func.evaluate({x: end}));
  for (let i = 1; i < n; i++) {
    sum += func.evaluate({x: start + i * h});
  }
  return sum * h;
}
// 定义导数计算的 API
app.get('/derivative', (req, res) => {
```

```javascript
    try {
      const expression = req.query.expression;      // 从查询参数获取表达式
      const xValue = parseFloat(req.query.xValue);  // 从查询参数获取 x 的值
      const result = numericalDerivative(expression, xValue);
      res.send(`${result}`);
    } catch (error) {
      res.status(500).send(error.toString());
    }
});
// 定义定积分计算的 API
app.get('/integral', (req, res) => {
    try {
      const expression = req.query.expression;      // 从查询参数获取表达式
      const start = parseFloat(req.query.start);    // 从查询参数获取积分下限
      const end = parseFloat(req.query.end);        // 从查询参数获取积分上限
      const result = trapezoidalRule(expression, start, end);
      res.send(`${result}`);
    } catch (error) {
      res.status(500).send(error.toString());
    }
});
app.listen(port, () => {
    console.log(`服务运行在 http://localhost:${port}`);
});
```

下面使用 Node.js 调用服务器的 API。要实现这个功能，需要如下几步。

1. 动态导入 node-fetch 模块

node-fetch 是一个轻量级的模块，提供了一个与浏览器中原生 fetch 功能类似的 API，用于在 Node.js 环境中发起 HTTP(S)请求。它模仿了浏览器中全局可用的 fetch 函数，让开发者能够以相同的方式在服务器端发送网络请求。

读者可以使用下面的命令安装 node-fetch 模块：

```
npm install node-fetch
```

由于 node-fetch 模块的最新版本被设计为一个 ES 模块，如果要尝试使用 require 引入 node-fetch 模块，需要使用动态导入(import())语法来加载 node-fetch 模块。

```javascript
const { default: fetch } = await import('node-fetch');
```

2. 定义 fetchText 函数

fetchText 函数封装了使用 fetch 发送 HTTP GET 请求和处理响应的逻辑。它接收一个 URL 作为参数，向该 URL 发起请求，并等待响应。一旦收到响应，使用 text()方法读取并返回响应正文的文本内容。这个函数是异步的，因为它使用 await 等待网络请求的结果。

```javascript
async function fetchText(url) {
    const response = await fetch(url);
    return response.text();  // 直接返回文本响应
}
```

3. 调用 RESTful API

在 main 函数中，程序使用 fetchText 函数两次调用了不同的 RESTful API。

(1) 调用计算导数 API。

通过将表达式 sin(x) * cos(x) 和计算点 xValue=2 作为查询参数拼接到 URL 中，程序向导数计算 API 发送请求。服务器接收到请求后，根据提供的表达式和点计算导数，并将结果以文本形式返回。

```
const derivativeResult = await
fetchText('http://localhost:3000/derivative?expression=sin(x) * cos(x)&xValue=2');
```

(2) 调用计算定积分 API。

程序将表达式 sin(x) * cos(x) 和积分区间的起止点(start=0 和 end=2)作为查询参数，向定积分计算 API 发送请求。服务器计算给定区间内的定积分值，并以文本形式返回结果。

```
const integralResult = await
fetchText('http://localhost:3000/integral?expression=sin(x) * cos(x)&start=0&end=2');
```

下面是完整的实现代码：

代码位置：src/nodejs/restful_api/client.js

```javascript
// 动态导入 node-fetch
async function fetchText(url) {
    const { default: fetch } = await import('node-fetch');
    const response = await fetch(url);
    return response.text(); // 直接返回文本响应
}
async function main() {
    try {
        const derivativeResult = await fetchText('http://localhost:3000/derivative?expression=sin(x) * cos(x)&xValue=2');
        const formattedDerivativeResult = Number(derivativeResult).toFixed(2);
        console.log('导数结果：${formattedDerivativeResult}');

        const integralResult = await fetchText('http://localhost:3000/integral?expression=sin(x) * cos(x)&start=0&end=2');
        const formattedIntegralResult = Number(integralResult).toFixed(2);
        console.log('定积分结果：${formattedIntegralResult}');
    } catch (error) {
        console.error('请求失败:', error);
    }
}
main();
```

现在运行服务器，然后再运行 client.js，会输出如下信息：

```
导数结果：-0.65
定积分结果：0.41
```

4.5 基于 WebSocket 的 Web 版多人聊天室

本节会使用 Node.js 实现一个基于 WebSocket 的 Web 版本多人聊天室。主要功能是用户可以在 Web 页面通过输入用户名登录聊天室，然后可以发送消息。服务器端会将聊天信息发送给所有已经登录的用户,也就是说,任何登录的用户都能看到其他人发送的消息。而且,后来登录的用户,可以看到更早登录用户发的消息。

Node.js 本身并没有支持 WebSocket 的模块,所以需要使用下面的命令安装第三方 ws 模块:

npm install ws

ws 模块提供了实现 WebSocket 协议的客户端和服务器端功能。WebSocket 协议允许在客户端(例如浏览器)和服务器端之间建立一个持久的、全双工的连接,这意味着客户端和服务器端可以在同一个连接中同时发送和接收数据。

ws 模块简化了 WebSocket 的通信过程,无须关心底层协议细节,如握手或帧处理。它允许开发者轻松地建立和管理 WebSocket 连接,并且可以广泛地用于创建各种需要实时数据传输的应用,如在线游戏、聊天应用和实时通知系统等。

在服务器端,ws 模块可以帮助我们创建一个 WebSocket 服务器,监听和接收来自客户端的连接请求,处理消息的发送和接收。在客户端,ws 模块可以帮助我们创建一个 WebSocket 客户端,连接到指定的 WebSocket 服务器,并进行数据交换。

使用 ws 模块,可以编写基于事件的代码,如响应连接、消息、错误和关闭事件。这样的事件驱动模型使得 ws 模块非常适合处理 WebSocket 协议所固有的实时、双向通信需求。

下面是用 ws 实现基于 WebSocket 的聊天服务器的核心原理和步骤。

(1) 初始化 WebSocket 服务器。

安装 ws 模块后,可以通过以下代码创建一个 WebSocket 服务器:

```
const WebSocket = require('ws');
const wss = new WebSocket.Server({ port: 8888 });
```

在这段代码中,我们创建了一个监听端口 8888 的 WebSocket 服务器对象 wss。每当有客户端连接到这个端口,就会创建一个新的 WebSocket 连接。

(2) 连接和消息事件处理。

每个客户端连接到服务器时,ws 都会触发一个 connection 事件,并传递一个代表客户端连接的 WebSocket 对象。可以给这个对象添加事件监听器来处理不同的事件:

① message 事件,当收到客户端发送的消息时触发。

② close 事件,当连接关闭时触发。

例子代码如下:

```
wss.on('connection', function connection(ws) {
    ws.on('message', function incoming(message) {
        console.log('received: %s', message);
    });
    ws.on('close', function() {
        console.log('connection closed');
    });
});
```

(3) 广播消息。

在聊天应用中,当服务器收到一条消息时,通常需要将其发送给所有连接的客户端。这就需要一个广播机制。ws 没有内建的广播功能,所以需要自己实现它。一个常见的方法是维护一个所有客户端连接的集合,并遍历这个集合来发送消息:

```
function broadcast(message) {
    wss.clients.forEach(function each(client) {
        if (client.readyState === WebSocket.OPEN) {
            client.send(message);
        }
    });
}
```

在 connection 事件处理器中,每当收到消息,就调用 broadcast 方法来将消息发送给所有客户端。

(4) 存储聊天记录。

聊天记录可以简单地存储在内存中,例如使用一个数组。当服务器收到新消息时,将其添加到这个数组中。然后,当新客户端连接时,可以将这个历史记录数组中的所有消息发送给它们,以便新用户可以看到之前的聊天内容:

```
const messages = [];                    // 存储聊天记录
wss.on('connection', function connection(ws) {
    // 发送聊天历史给新连接
    messages.forEach((msg) => ws.send(msg));
    ws.on('message', function incoming(message) {
        messages.push(message);         // 将新消息添加到聊天历史
        broadcast(message);             // 广播新消息
    });
});
```

综上所述,构建一个多人聊天服务器的完整逻辑如下:

① 初始化 WebSocket 服务器。
② 在新客户端连接时,发送历史消息。
③ 接收客户端消息并添加到历史记录。
④ 广播新消息给所有在线客户端。
⑤ 在连接关闭时进行清理。

下面是 WebSocket 聊天服务器端的完整实现。

代码位置:src/nodejs/wschat/server.js

```
// 引入 ws 库
const WebSocket = require('ws');
// 创建 WebSocket 服务器,监听 8888 端口
const wss = new WebSocket.Server({ port: 8888 });
// 存储所有连接的客户端
const clients = new Set();
// 存储所有发送的消息,以便新用户加入时可以接收聊天历史
const messages = [];
wss.on('connection', function connection(ws) {
```

```javascript
    clients.add(ws);
    ws.on('message', function incoming(jsonMessage) {
      const message = JSON.parse(jsonMessage);
      if (message.type === 'join') {
        // 发送聊天历史给新用户
        messages.forEach((msg) => {
          ws.send(JSON.stringify({ type: 'message', text: msg }));
        });
      } else if (message.type === 'message') {
        // 将新消息添加到聊天历史
        messages.push(message.text);
        // 广播新消息给所有连接的客户端
        broadcast(message.text);
      }
    });
    ws.on('close', function close() {
      clients.delete(ws);
    });
    // 定义广播函数
    function broadcast(msg) {
      clients.forEach(function each(client) {
        if (client.readyState === WebSocket.OPEN) {
          client.send(JSON.stringify({ type: 'message', text: msg }));
        }
      });
    }
  });
```

WebSocket 聊天客户端采用 Web 形式，实现的核心原理如下。

（1）连接 WebSocket 服务器。

连接 WebSocket 服务器，需要创建一个 WebSocket 对象。在创建 WebSocket 对象时需要通过 WebSocket 类的构造函数参数指定服务器的 URL（本例是 ws://localhost:8888）。这个 URL 指定了服务器的地址和监听的端口。

当 WebSocket 对象被创建时，浏览器会开始尝试连接到服务器的 WebSocket 端点。一旦连接成功建立，就会触发 onopen 事件，此时客户端可以向服务器发送消息。

（2）WebSocket 事件。

WebSocket 对象提供了几个事件，以便于处理通信过程中的不同情况。

① onopen：当连接成功建立时触发。

② onmessage：当客户端接收到服务器发送的消息时触发。这是双向通信的重要部分。

③ onerror：当发生错误，导致连接无法建立或维持时触发。

④ onclose：当连接被关闭时触发，无论是由于错误还是正常关闭。

（3）处理服务器返回的数据。

在 onmessage 事件中，我们监听从服务器发送过来的消息。消息以字符串形式到达，通常是 JSON 格式。使用 JSON.parse 方法将字符串转换为 JavaScript 对象，这样就可以轻松访问消息的内容。

(4)发送数据(sendMessage 函数)。

当用户在文本框中输入消息并单击"发送"按钮或按下 Enter 键时,sendMessage 函数会被调用。此函数首先获取用户输入的消息文本,然后使用 JSON.stringify 方法将消息对象转换为 JSON 格式的字符串。最后,通过调用 WebSocket 对象的 send 方法,将这个字符串发送到服务器。

(5)显示聊天记录(displayMessage 函数)。

每当需要在聊天列表中显示一条消息时,displayMessage 函数就会被调用。这个函数接收一条消息文本作为参数,然后创建一个新的 div 元素,并将消息文本设置为其文本内容。之后,将这个新的 div 元素添加到聊天列表的 'div' 容器中。为了让用户总能看到最新的消息,我们通过设置 scrollTop 属性来将聊天列表滚动到底部。

这些函数和事件的组合提供了一个完整的客户端聊天应用的实现,允许用户通过 WebSocket 与服务器进行实时通信。

下面是完整的客户端代码。

代码位置:src/nodejs/wschat/index.html

```html
<!DOCTYPE html>
<html>
<head>
    <title>WebSocket 聊天室</title>
    <style>
        #chat { height: 300px; overflow-y: scroll; border: 1px solid #ccc; padding: 5px; margin-bottom: 10px; }
        .hidden { display: none; }
        label { margin-right: 5px; }
    </style>
</head>
<body>
    <label for="usernameInput">用户名:</label>
    <input type="text" id="usernameInput" placeholder="输入用户名">
    <button onclick="joinChat()">登录</button>
    <label for="message" class="hidden">消息:</label>
    <input type="text" id="message" class="hidden" placeholder="输入消息" onkeypress="if(event.key === 'Enter') sendMessage();">
    <button onclick="sendMessage()" class="hidden">发送</button>
    <div id="chat" class="hidden"></div>
    <script>
        let ws;
        let username;
        function joinChat() {
            username = document.getElementById('usernameInput').value.trim();
            if (username) {
                document.getElementById('usernameInput').classList.add('hidden');
                document.querySelector('button').classList.add('hidden');
                document.querySelector('label[for="usernameInput"]').classList.add('hidden');
                document.querySelector('label[for="message"]').classList.remove('hidden');
                document.getElementById('message').classList.remove('hidden');
                document.querySelector('button[onclick="sendMessage()"]').classList.remove('hidden');
```

```
                    document.getElementById('chat').classList.remove('hidden');
                    startWebSocket();
                } else {
                    alert("请输入用户名!");
                }
            }
            function startWebSocket() {
                ws = new WebSocket('ws://localhost:8888');
                ws.onopen = function(event) {
                    // 连接打开时,发送加入消息
                    ws.send(JSON.stringify({ type: 'join', username: username }));
                };
                ws.onmessage = function(event) {
                    const data = JSON.parse(event.data);
                    if (data.type === 'message') {
                        displayMessage(data.text);
                    }
                };
                ws.onclose = function(event) {
                    console.log('连接已关闭');
                    // 连接关闭时,可能需要处理一些事情,例如重新连接
                };
                ws.onerror = function(event) {
                    console.error('连接出错');
                    // 连接错误时,可能需要处理一些事情,例如通知用户
                };
            }
            function sendMessage() {
                const messageInput = document.getElementById('message');
                const message = messageInput.value.trim();
                if (message) {
                    const fullMessage = username + ': ' + message;
                    ws.send(JSON.stringify({ type: 'message', text: fullMessage }));
                    messageInput.value = ''; // 清空消息输入框
                    // Note: 不需要再显示消息,因为服务器会广播回来
                } else {
                    alert("请输入消息!");
                }
            }
            function displayMessage(message) {
                const chat = document.getElementById('chat');
                const messageDiv = document.createElement('div');
                messageDiv.textContent = message;
                chat.appendChild(messageDiv);
                chat.scrollTop = chat.scrollHeight; // 滚动到最新消息
            }
        </script>
    </body>
</html>
```

用 node server.js 命令运行聊天服务器。然后在浏览器打开 index.html 页面。由于 WebSocket 可以跨域访问,所以在本地访问 index.html 和在 Web 服务器中访问 index.html 的效果是完全一样的。在页面中输入用户名,单击右侧的"登录"按钮,就可以进入聊天页面。在消息文本框中输入消息,按 Enter 键或单击右侧的"发送"按钮,就可以开始聊

天。读者可以在不同页面用不同用户进行登录,会发现在任何一个聊天页面都可以实时看到其他用户发过来的聊天信息,如图 4-7 所示。

图 4-7　多人聊天 Web 客户端

WebSocket 聊天服务器不仅仅限于在 Web 页面中连接,实际上,任何客户端都可以连接 WebSocket 聊天服务器。例如,可以使用 ws 模块实现用于聊天的终端应用,代码如下。

代码位置:src/nodejs/wschat/client.js

```
const WebSocket = require('ws');
const readline = require('readline');
// 创建 readline 接口实例用于读取终端输入
const rl = readline.createInterface({
  input: process.stdin,
  output: process.stdout
});
// 提示输入用户名
rl.question('请输入用户名: ', function(username) {
  // 用户名输入完成后,建立 WebSocket 连接
  const ws = new WebSocket('ws://localhost:8888');
  ws.on('open', function open() {
    console.log('已连接到聊天服务器。');
  });
  ws.on('close', function close() {
    console.log('与聊天服务器的连接已关闭。');
    process.exit(0); // 退出程序
  });
  ws.on('error', function error() {
    console.log('无法连接到聊天服务器。');
```

```
            process.exit(1); // 退出程序
        });
        // 进入发送消息流程
        function promptForMessage() {
            rl.question('请输入聊天消息：', function(message) {
                // 将消息发送到 WebSocket 服务器
                ws.send(JSON.stringify({ type: 'message', text: username + '：' + message }));

                // 递归调用以持续发送消息
                promptForMessage();
            });
        }
        promptForMessage(); // 初次调用以开始消息发送流程
    });
```

使用 node client.js 命令运行客户端（需要先启动聊天服务器），然后输入用户名，按 Enter 键后，就可以聊天了，如图 4-8 所示。只是这个客户端没有显示聊天信息，仅仅是向聊天服务器发送消息。在 Web 版聊天客户端中，同样会显示从终端版聊天客户端发过来的消息。

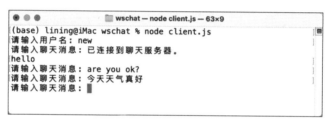

图 4-8　终端版 WebSocket 聊天客户端

下面是对 client.js 中使用到的核心 API 的详细解释。

(1) readline 模块与 createInterface 方法。

readline 模块是 Node.js 的一个核心模块，用于从可读流（如 process.stdin，即标准输入）读取数据，一行一行地处理。这在需要与用户进行交互的命令行应用中非常有用。

createInterface 方法用于创建一个 readline.Interface 的实例。它配置了 input 和 output 流，分别代表输入源和输出目的地，通常分别设置为 process.stdin 和 process.stdout。这样配置后，readline 接口能够读取来自终端的输入，并将输出信息打印回终端。

(2) question 方法。

readline.Interface 的 question 方法提供了一种简便的方式来询问用户一个问题，等待用户的输入，并在输入完成后调用一个回调函数。在这个例子中，question 方法首先用于询问用户输入用户名，用户输入完成后按 Enter 键，输入的内容会作为参数传递给回调函数。在回调函数中，使用这个输入的用户名建立 WebSocket 连接，并进入发送消息的流程。

(3) 向服务器端发送消息。

一旦用户名输入完成，客户端通过 new WebSocket('ws://localhost:8888') 创建了一个指向 WebSocket 服务器的连接。在连接建立（open 事件）后，客户端进入消息发送流程。

在消息发送流程中，再次使用 readline.Interface 的 question 方法提示用户输入聊天消息。用户每次输入一条消息并按 Enter 键后,消息会通过 ws.send 方法发送给服务器。这里,消息被格式化为一个 JSON 字符串,包括消息类型和文本内容(包括用户名和消息本身)。

(4)递归调用以持续发送消息。

每次发送消息后,promptForMessage 函数会递归调用自己,从而使用户能够持续输入和发送新的消息。这个递归调用过程会一直持续,直到 WebSocket 连接关闭(close 事件)或发生错误(error 事件),在这些情况下,程序会通过 process.exit 方法退出。

4.6 基于 TCP 的点对点聊天室

本节会用 Node.js 实现终端版的点对点聊天室。程序同时作为客户端和服务器端。一个实例启动后,如果直接按 Enter 键,程序会作为服务器端,等待另一个实例连接,如果输入另一个实例所在的主机的 IP 或域名,则当前实例将作为客户端连接到另一个实例。然后就可以输入聊天信息了。一个实例会接收另一个实例的聊天信息,并显示在当前终端上。

Node.js 的 net 模块提供了用于底层网络通信的功能,包括创建服务器和客户端,这使得建立 TCP 或 IPC 的连接变得简单。下面我们将详细介绍如何使用 net 模块来创建服务、监听端口号,以及接收和发送消息。

1. 创建 TCP 服务器

使用 net.createServer() 方法可以创建一个 TCP 服务器。这个方法接收一个可选的回调函数作为参数,该回调函数会在新的连接建立时被调用。它返回一个 net.Server 实例。

```
const server = net.createServer((socket) => {
  // 每当有客户端连接到服务器时,这个回调函数就会执行
  console.log('客户端已连接');
});
```

2. 监听端口号

要使服务器开始监听端口号,需要使用 server.listen() 方法。这个方法有多个重载版本,可以只指定端口号,也可以指定端口号和主机名,还可以传入一个回调函数,该函数会在服务器开始监听时执行。

```
server.listen(12345, () => {
  console.log('服务器正在监听端口 12345');
});
```

3. 创建 TCP 客户端

要创建一个 TCP 客户端,可以使用 net.Socket 类的实例,并使用 socket.connect() 方法来建立到服务器的连接。

```
const client = new net.Socket();
client.connect(port, host, () => {
```

```
    console.log('已连接到服务器');
    // 客户端连接成功后可以发送数据
    client.write('你好,服务器!');
});
```

4. 接收消息

无论是服务器还是客户端,接收消息的方式都是通过监听 data 事件来实现的。当收到数据时,data 事件会被触发,我们可以在事件的回调函数中处理这些数据。

```
socket.on('data', (data) => {
    console.log('接收到数据:' + data);
});
```

5. 发送消息

要发送消息,可以使用 socket.write() 方法。这个方法可以在客户端和服务器端的连接实例(即 socket 对象)上调用,以发送数据到连接的另一端。

```
socket.write('这是来自客户端的消息');
```

6. 关闭连接

当需要关闭连接时,可以调用 socket.end() 方法。这将半关闭 socket(即发送一个 FIN 包),等待服务器端的响应关闭,从而优雅地终止连接。

```
socket.end();
```

这就是如何使用 Node.js 的 net 模块来创建服务、监听端口、接收和发送消息的基本方法。这个模块提供了构建基于 TCP 的网络应用的基础设施,非常强大且灵活。

下面是点对点聊天室的完整代码。

代码位置:src/nodejs/p2pchat/chat.js

```javascript
const net = require('net');
const readline = require('readline');
const PORT = 12345; // 选择一个端口
const rl = readline.createInterface({
    input: process.stdin,
    output: process.stdout
});
let client;
const startServer = () => {
    const server = net.createServer(socket => {
        console.log('对方已连接。');
        client = socket;
        setupChat();
    });
    server.listen(PORT, () => {
        console.log('等待对方连接...');
    });
};
const connectToServer = (ip) => {
    client = new net.Socket();
    client.connect(PORT, ip, () => {
```

```
    console.log('已连接到对方。');
    setupChat();
  });
  client.on('error', (err) => {
    console.error('连接失败:', err.message);
    process.exit();
  });
};
const setupChat = () => {
  client.on('data', (data) => {
    console.log('对方:' + data);
  });
  rl.on('line', (input) => {
    client.write(input);
  });
};
rl.question('请输入 IP(留空则等待连接):', (ip) => {
  if (ip) {
    connectToServer(ip);
  } else {
    startServer();
  }
});
```

在不同终端使用 node chat.js 命令启动两个实例,其中一个实例直接按 Enter 键,另一个实例输入 127.0.0.1,然后可以在两个实例中输入一些聊天信息,效果如图 4-9 所示。

图 4-9 点对点聊天室

4.7 用 WebAssembly 扩展 Node.js

尽管 Node.js 的内置模块很多,但并不是包罗万象,有很多功能是没有的,或者不符合特殊要求。这就需要对 Node.js 进行扩展。当然,可以直接使用 JavaScript 定制 Node.js 模块。不过由于 JavaScript 功能、性能和安全性上的限制,并不适合所有的场景。当然,可以用 C++、C、Go 等编程语言扩展 Node.js。不过这样做比较麻烦,而且对于不熟悉这些编程语言的开发人员很不友好,而且这些编程语言生成的库是与 OS 平台相关的,也就是说,如果要适合所有的 OS 平台(主要是 Windows、macOS 和 Linux),就要同时为这些 OS 平台生成对应版本的库,这非常麻烦。为了寻求性能、安全性和易用性上的平衡。可以使用 WebAssembly 对 Node.js 进行扩展。尽管 WebAssembly 可以用多种编程语言编写,但对于熟悉 Web 技术栈的开发人员,选择 AssemblyScript 是非常明智的。而且从 Node.js 8.0.0 开始,Node.js 就支持 WebAssembly 的原生调用。所以本节会利用 WebAssembly 实现用于计算导数和定积分的库,然后直接使用 Node.js 调用,并输出计算结果。

关于用数值方式计算导数和定积分,在前面的章节已经多次提及和实现了,这里直接给出实现代码。

代码位置:src/nodejs/wasm/assembly/index.ts

```
// 计算函数在某一点的导数,使用中心差分法
export function derivativeAtPoint(x: f64): f64 {
  let dx = 0.0001;
  return (func(x + dx) - func(x - dx)) / (2.0 * dx);
}
// 使用梯形法则计算定积分
export function trapezoidalIntegral(a: f64, b: f64, n: i32): f64 {
  let h: f64 = (b - a) / f64(n);
  let sum: f64 = 0.5 * (func(a) + func(b));
  for (let i: i32 = 1; i < n; i++) {
      sum += func(a + f64(i) * h);
  }
  return sum * h;
}
// 定义被积分和求导的函数,这里使用 x^2 作为示例
function func(x: f64): f64 {
  return x * x;
}
```

然后使用下面的命令编译 index.ts,会在 ./build 目录生成 release.js 和 release.wasm 文件。Node.js 程序会直接引入 release.js 文件来调用 derivativeAtPoint 和 trapezoidalIntegral 函数。

```
npx asc assembly/index.ts --optimize
```

代码位置:src/nodejs/wasm/calc.js

```
// 引入 release.js 模块
import { derivativeAtPoint, trapezoidalIntegral } from './build/release.js';
async function main() {
    // 使用导出的函数
    const x = 2.0;
    const derivative = derivativeAtPoint(x);
    console.log(`函数在 x=${x} 处的导数(保留两位小数): ${derivative.toFixed(2)}`);
    const a = 1.0, b = 3.0, n = 1000;
    const integral = trapezoidalIntegral(a, b, n);
    console.log(`函数在区间 [${a}, ${b}] 上的定积分(保留两位小数): ${integral.toFixed(2)}`);
}
main().catch(console.error);
```

使用 node calc.js 命令运行程序,会输出如下的内容:

函数在 x=2 处的导数(保留两位小数)：4.00
函数在区间 [1，3] 上的定积分(保留两位小数)：8.67

4.8 小结

经过本章的学习和实践，我们不仅深入了解了 Node.js 在服务器端开发中的强大能力，还通过一系列实际案例，体验了从基础 Web 服务器搭建到高级应用开发的全过程。我们学会了如何利用 Node.js 内置的 http 模块快速启动一个基本的 HTTP 服务，如何通过文件系统模块实现文件的上传和下载，以及如何使用 Express 框架高效地开发复杂的 Web 应用。

在探索 HTTPS 时，我们增强了对网络安全的认识，并掌握了如何为我们的服务器添加 SSL 加密保护。WebSocket 的实时通信能力让我们见识了 Node.js 在构建动态、交互式应用方面的潜力。最后，通过 WebAssembly 的高效性能扩展，我们体验了 Node.js 在执行复杂计算任务时的卓越表现。

本章的每一个案例都是对 Node.js 能力的一次探索和挑战，我们不仅学习了技术，更重要的是学会了如何将这些技术应用到实际开发中，解决实际问题。随着读者对 Node.js 理解的加深，相信已经准备好将这些知识应用到自己的项目中，创造出更多令人惊叹的服务器端应用。

在未来的开发旅程中，愿本章所学成为您坚实的基石，助您在 Node.js 的世界中创造无限可能。

第 5 章 JavaScript GUI 解决方案：Electron

在当今的软件开发领域，桌面应用程序和网络应用之间的界限越来越模糊。随着 Web 技术的飞速发展，HTML、CSS 和 JavaScript 这三种前端技术已经不仅仅局限于浏览器内部。Electron，作为一个跨平台的桌面应用程序开发框架，正是这一趋势的杰出代表。本章将深入探讨 Electron 的基础知识、开发环境搭建，以及如何利用 Electron 构建高效且具有吸引力的桌面应用。

Electron 不仅允许开发者使用熟悉的 Web 技术来构建桌面应用程序，而且还集成了 Node.js 的强大功能，使得开发者能够轻松地在应用程序中执行文件操作、网络请求等后端任务。此外，Electron 还提供了对原生操作系统功能的访问，如菜单、通知和窗口控制等，极大地丰富了用户体验。本章将从 Electron 的简介开始，逐步引导读者了解如何搭建 Electron 开发环境，编写第一个 Electron 应用，并对 package.json 文件进行解析。我们还将讨论如何调试 Electron 应用，以及 Electron 提供的基础功能和组件，包括菜单、对话框、全局快捷键和通知等。最后，我们将探索如何在 Electron 应用中使用多窗口以及实现主进程与渲染进程之间的通信。

通过本章的学习，读者将能够掌握 Electron 的核心概念和开发技巧，为构建功能丰富的跨平台桌面应用程序打下坚实的基础。

5.1 Electron 基础

本节主要介绍 Electron 的基础知识，包括 Electron 简介、搭建 Electron 开发环境、编写第一个 Electron 应用、package.json 文件解析以及调试 Electron 应用。

5.1.1 Electron 简介

Electron 是一个开源库，开发者可使用 HTML、CSS 和 JavaScript 构建跨平台的桌面应用程序。Electron 起初是作为构建 GitHub Atom 的内部项目开始的。它的早期版本称为 Atom Shell。2013 年，GitHub 决定将 Atom 以及它的底层框架（即 Atom Shell）开源，这样其他开发者也可以使用这个框架来构建自己的应用程序。2015 年，Atom Shell 被重命名为Electron，并迅速获得了开发社区的广泛关注。随着时间的推移，Electron增加了更多的功能和改进，使其成为开发跨平台桌面应用程序的首选框架之一。

Electron的主要特性如下。

（1）跨平台：Electron允许开发者使用前端技术（HTML，CSS，JavaScript）来构建跨Windows、Mac和Linux平台的桌面应用程序。

（2）集成Node.js：Electron集成了Node.js，这意味着开发者可以在应用程序中直接使用Node.js的API和模块，使得可以执行文件操作、网络请求等后端任务。

（3）原生功能：通过Electron，开发者可以访问底层操作系统的原生功能，如菜单、通知、窗口控制等，提供更丰富的用户体验。

（4）自动更新：Electron支持自动更新机制，允许开发者轻松地向用户推送最新版本的应用程序。

有很多典型应用都使用了Electron开发。

（1）Visual Studio Code：微软的免费代码编辑器，支持调试、Git控制、语法高亮、智能代码完成、代码片段和代码重构等。

（2）Atom：GitHub开发的文本编辑器，支持插件扩展，被广泛用于软件开发。

（3）Slack：流行的企业通信平台，提供团队协作和信息交流功能。

（4）Trello：项目管理工具的桌面版本，用于任务分配、进度跟踪和团队合作。

Electron由于其跨平台和强大的功能，成为许多知名桌面应用程序的底层框架，使得前端开发者可以更轻松地进入桌面应用开发领域，拓宽了Web技术的应用范围。

5.1.2 搭建Electron开发环境

Electron依赖Node.js，所以搭建Electron开发环境，先要安装Node.js。安装Node.js的方法可以参考1.1节的内容。安装完Node.js后，使用下面的命令安装Electron。

npm install electron

安装完Electron后，在终端输入electron，会显示如图5-1所示的Electron启动界面。在该界面上有一个网站的链接以及Electron、Node.js的版本号。读者在安装Electron时，可能版本号与本书使用的不同，读者不需要担心这一点，只要安装最新的Electron即可。本章介绍的内容在高版本Electron中的差别不大。

5.1.3 第一个Electron应用

本节会使用Electron开发一个简单的桌面应用，目的是让读者从宏观上了解如何使用Web技术开发桌面应用。开发步骤如下。

1. 创建工程目录

建议将Electron的相关文件和目录放到一个工程目录中，所以通常第一步需要使用下面的命令创建一个Electron工程目录（本例是first目录），并在终端进入该目录：

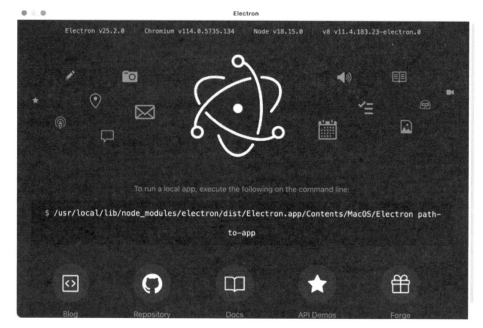

图 5-1　Electron 启动界面

```
mkdir first
cd first
```

2. 初始化项目

Electron 工程的根目录通常需要一个 package.json 文件，该文件包含了一些基础配置，可以手工创建这个文件，也可以用下面的命令自动创建。创建 package.json 文件的过程可以称为初始化项目。

```
npm init -y
```

-y 参数自动填充默认值，省去手动输入的过程。

3. 创建入口脚本

用任何编程语言开发应用都需要一个入口点，例如，用 C/C++ 开发的应用的入口点是 main 函数。而 Electron 应用的入口点并不是一个函数，而是一个 JavaScript 文件。这个脚本文件可以是任何名字，但要与 package.json 文件的 main 属性值一致。main 属性值默认是 index.js。所以要创建一个名为 index.js 的入口脚本文件。

接下来在 index.js 文件中输入下面的代码：

代码位置：src/electron/first/index.js

```javascript
const { app, BrowserWindow } = require('electron');
function createWindow () {
  // 创建浏览器窗口
  const mainWindow = new BrowserWindow({
    width: 800,
```

```
    height: 600
  });
  // 加载应用的 index.html
  mainWindow.loadFile('index.html');
}
app.whenReady().then(() => {
  createWindow();
  app.on('activate', () => {
    if (BrowserWindow.getAllWindows().length === 0) createWindow();
  });
});
app.on('window-all-closed', () => {
  if (process.platform !== 'darwin') app.quit();
});
```

index.js 是构建 Electron 应用的核心，它定义了应用的主要行为和窗口管理。下面是对 index.js 文件中常见内容的详细解释。

（1）BrowserWindow。

BrowserWindow 是 Electron 中的一个类，用于创建和控制窗口。每个 BrowserWindow 实例都是一个包含 web 页面的顶级窗口。通过这个类，可以定义窗口的大小、形状、属性等，并加载 web 内容。

（2）创建窗口实例：

```
const mainWindow = new BrowserWindow({
  width: 800,
  height: 600
});
```

在这段代码中，我们创建了一个新的 BrowserWindow 实例，指定了窗口的初始宽度和高度。可以在 BrowserWindow 的构造器中传入更多的选项来控制窗口的行为，比如是否显示框架、是否允许调整大小等。

（3）加载页面到窗口：

```
mainWindow.loadFile('index.html');
```

loadFile()方法用于在 BrowserWindow 实例中加载一个本地 HTML 文件。这是启动应用程序时显示的初始页面。也可以使用 loadURL 来加载远程内容。

（4）应用准备就绪：

```
app.whenReady().then(createWindow);
```

app.whenReady()是一个返回 Promise 的函数，当 Electron 初始化完成并且准备创建浏览器窗口时，这个 Promise 会被解析。这确保了 BrowserWindow 只在 Electron 应用准备就绪后被创建。

（5）应用激活：

```
app.on('activate', () => {
  if (BrowserWindow.getAllWindows().length === 0) createWindow();
});
```

app.on('activate')是一个事件监听器,当应用被激活(比如从 dock 单击应用图标)时触发。如果没有窗口打开,通常需要创建一个新窗口。这对于 macOS 特别重要,因为应用程序可以在没有打开窗口的情况下运行。

(6) 应用所有窗口关闭:

```
app.on('window-all-closed', () => {
  if (process.platform !== 'darwin') app.quit();
});
```

app.on('window-all-closed')监听所有窗口关闭的事件。如果所有窗口都被关闭,那么通常(除了在 macOS 中)应用程序会完全退出。在 macOS 中,应用和菜单通常会保持激活,直到用户使用 Cmd+Q 组合键显式退出。

4. 创建 HTML 文件

在项目根目录下,创建一个名为 index.html 的文件,这是应用的主页面。

代码位置:src/electron/first/index.html

```html
<!DOCTYPE html>
<html>
<head>
    <meta charset="UTF-8">
    <title>Hello Electron!</title>
</head>
<body style="background-color: blanchedalmond;">
    <h1>Hello, Electron!</h1>
    <p>Welcome to your Electron application.</p>
</body>
</html>
```

5. 运行 Electron 应用

在项目根目录,可以直接执行下面的命令运行 Electron 应用。

```
electron .
```

也可以将 package.json 文件的 scripts 字段改成下面的内容,并执行 npm start 命令运行 Electron 应用。

```
"scripts": {
  "start": "electron ."
}
```

运行 Electron 应用后,会看到如图 5-2 所示的窗口。这个窗口与普通的本地应用窗口类似,只是显示的是 Web 页面。这个风格与浏览器类似。浏览器是本地应用,但里面显示的是 Web 页面。所以窗口中的各种组件和布局,基本都属于 Web 技术栈。

5.1.4 解析 package.json 文件

package.json 是 Electron 工程的核心文件,5.1.3 节的例子生成的 package.json 文件的内容如下:

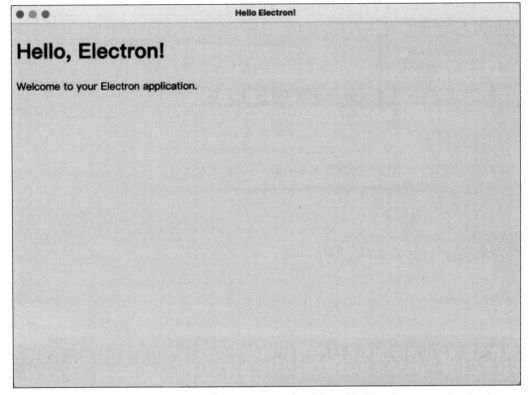

图 5-2　第一个 Electron 应用

```
{
  "name": "first",
  "version": "1.0.0",
  "description": "",
  "main": "index.js",
  "scripts": {
    "start": "electron ."
  },
  "keywords": [],
  "author": "",
  "license": "ISC"
}
```

下面对 package.json 文件中各个字段进行详细的解析。

（1）name：指定了项目的名称。这个值应该是独一无二的，如果计划将你的项目发布到 npm，这个名称不能和 npm 注册表中已存在的名称重复。它应该是小写的，并且不能包含大写字母，可以包含连字符"-"或下画线"_"。

（2）version：定义了项目的当前版本。遵循[语义化版本控制]（https://semver.org/）规则，格式通常为"主版本号.次版本号.补丁号"，例如"1.0.0"。当发布项目的更新时，应该更新这个版本号。

（3）description：提供了项目的简短描述。这个字段可以帮助人们发现你的项目，因此最好能提供一个准确且具有吸引力的描述。

（4）main：指定了应用的入口点文件。这是当 Node.js 启动项目时最先加载的脚本。对于 Electron 应用，通常指向初始化主窗口和应用事件的脚本，例如 index.js。

（5）scripts：定义了可以通过 npm run 运行的脚本命令。可以使用 npm run command 来运行在 scripts 中定义的命令。如果运行的是 start 命令，可以直接使用 npm start 运行。

（6）"start"："electron ."：是一个自定义脚本，运行 npm start 命令时会执行。这里，它使用 electron 命令来启动当前目录（.）中的应用。可以添加更多的脚本来执行测试、构建或其他任务。

（7）keywords：一组与项目相关的关键词。这些关键词可以帮助其他人在 npm 或其他 JavaScript 库目录中发现你的项目。

（8）author：项目作者的信息。可以是一个人的名字，也可以包括电子邮件和 URL，通常格式为"name <email>（url）"。

（9）license：指明了项目的许可证类型。ISC 是一个简化的 MIT 许可证，允许几乎任何项目使用。应该根据项目需要选择适当的许可证，例如 MIT、GPL 等。

此外，package.json 可以包含许多其他字段，如 dependencies（项目依赖）、devDependencies（开发时依赖）、engines（指定 Node.js 的版本要求）等，根据项目的不同需要进行配置。这个文件是 Node.js 和 Electron 项目中极其重要的一部分，正确配置它对项目的管理和分发至关重要。

5.1.5 调试 Electron 应用

调试 Electron 应用，通常使用 Electron 调试窗口。至少有如下 3 种方式可以打开 Electron 调试窗口。

1. 系统菜单

Electron 窗口显示后，单击如图 5-3 所示的 View → Toggle Developer Tools 菜单项，会显示 Electron 调试窗口。

Electron 调试窗口的效果如图 5-4 所示。其中最常用的是 Elements 和 Console 标签。Elements 标签页会显示当前页面的代码（HTML、CSS 和 JavaScript），便于将组件与相关代码进行对应，方便定位。Console 标签页通常用于显示日志，也就是使用 console.log() 函数输出的内容。

图 5-3　Toggle Developer Tools 菜单项

2. 快捷键

macOS 使用 Command＋Option＋I 快捷键、Windows 和 Linux 使用 Control＋Shift＋I 快捷键，可以直接显示 Electron 调试窗口。快捷键是与 Toggle Developer Tools 菜单项绑定的，如果系统菜单隐藏了（被自定义菜单替代），那么快捷键也就失效了。

3. 用代码打开

可以在程序中加入下面的代码打开 Electron 调试窗口。其中 mainWindow 是

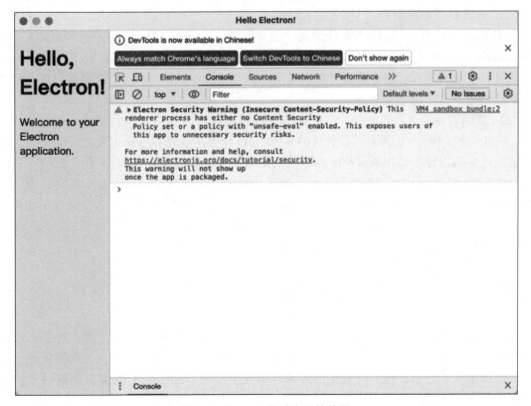

图 5-4　Electron 调试窗口的效果

BrowserWindow 对象。

　　mainWindow.webContents.openDevTools();

　　如果想关闭 Electron 调试窗口，可以直接单击 Electron 调试窗口右上角的"×"按钮，或者再次按快捷键或再次单击 Toggle Developer Tools 菜单项。

5.2　Electron 基础功能

5.2.1　Electron 组件

　　由于 Electron 使用了 Web 技术进行 UI 渲染，所以 Electron 组件其实与 Web 组件高度重叠。也就是说，使用 Electron 设计 UI 其实与设计 Web UI 没太大区别。当然，涉及业务逻辑时，还是会有一些区别的。就是在编写 Web 代码时，是无法通过 JavaScript 访问本地资源的，但 Electron 中的 JavaScript 可以。

　　本节会用 Electron 实现一个为表格添加行的应用，同时可以在窗口中通过单击"关闭"按钮关闭应用程序。

　　在编写程序之前，先要了解两个概念：主进程和渲染进程。

1. 主进程与渲染进程

在 Electron 中，应用的结构分为两个主要部分：主进程（Main Process）和渲染进程（Renderer Process）。主进程负责管理 Web 页面和与操作系统交互的任务，每个 Electron 应用只有一个主进程。而渲染进程负责展示 Web 页面，每个 Electron 窗口都运行在自己的渲染进程中。

2. 渲染进程的 API 白名单

preload.js 脚本[①]扮演着非常关键的角色，它将作为主进程和渲染进程之间的桥梁。由于直接在渲染进程中使用 Node.js 的 API 可能导致安全问题，preload.js 允许我们以一种安全的方式，精确地控制渲染进程能够访问哪些功能。也就是说，preload.js 其实是为渲染进程开了一个 API 的白名单，只有在 preload.js 中定义的 API，才允许在渲染进程中使用。

在 preload.js 中使用 exposeInMainWorld 函数 API。

代码位置：src/electron/components/preload.js

```
const { contextBridge, ipcRenderer } = require('electron');
contextBridge.exposeInMainWorld('electronAPI', {
    closeApp: () => ipcRenderer.send('close-app')
});
```

在上面的代码中，通过 contextBridge 将 closeApp 函数暴露给渲染进程。这个函数内部使用 ipcRenderer.send 发送一个 close-app 消息给主进程，从而触发应用关闭的操作。这样的设计确保了渲染进程不能直接访问具有潜在危险的 Node.js API，而只能通过我们定义的安全 API 与主进程通信。

3. 主进程的响应

在主进程中，我们监听来自渲染进程的 close-app 消息，并执行相应的操作。

```
ipcMain.on('close-app', () => {
  app.quit();
});
```

当 close-app 消息被接收时，app.quit() 方法被调用，从而关闭应用。

本节的例子涉及如下 4 个文件。

（1）package.json：用于配置 Electron 应用。

（2）index.html：Electron 应用的窗口页面。

（3）index.js：Electron 应用的入口脚本文件。

（4）preload.js：为渲染进程（index.html）定义 API 白名单。

核心实现代码如下。

代码位置：src/electron/components/index.js

```
const { app, BrowserWindow, ipcMain } = require('electron');
```

[①] preload.js 只是一个普通的 JavaScript 文件，通常会叫这个名字，但也可以起任何其他名字。通常会在 Electron 应用的入口脚本文件中创建窗口时装载该文件。

```js
const path = require('path');
function createWindow() {
    let win = new BrowserWindow({
        width: 800,
        height: 600,
        webPreferences: {
            // 装载 preload.js 脚本
            preload: path.join(__dirname, 'preload.js'),
            contextIsolation: true,
            enableRemoteModule: false,
        }
    });
    win.loadFile('index.html');
}
app.whenReady().then(createWindow);
// 用于接收 close-app 消息
ipcMain.on('close-app', () => {
    app.quit();
});
app.on('window-all-closed', () => {
    if (process.platform !== 'darwin') {
        app.quit();
    }
});
app.on('activate', () => {
    if (BrowserWindow.getAllWindows().length === 0) {
        createWindow();
    }
});
```

代码位置：src/electron/components/index.html

```html
<!DOCTYPE html>
<html>
<head>
<style>
    table, th, td {
        border: 1px solid black;
        border-collapse: collapse;
    }
    th, td {
        padding: 10px;
    }
</style>
</head>
<body>
    <table id="dataTable">
        <tr>
            <th>ID</th>
            <th>信息</th>
        </tr>
    </table>
    <p></p>
    <button id="addButton">添加</button>
    <button id="closeButton">关闭</button>
    <script>
```

```
            // 向 table 中添加新行,就是普通的 Web 操作
            document.getElementById('addButton').addEventListener('click', function() {
                const table = document.getElementById('dataTable');
                const newRow = table.insertRow();
                const cell1 = newRow.insertCell(0);
                const cell2 = newRow.insertCell(1);
                cell1.innerHTML = table.rows.length - 1; // ID 自增
                cell2.innerHTML = '信息 ${table.rows.length - 1}';
            });
            document.getElementById('closeButton').addEventListener('click', function() {
                // 调用 preload.js 中定义的函数
                window.electronAPI.closeApp();
            });
        </script>
    </body>
</html>
```

使用 npm start 运行程序,单击"添加"按钮添加几个新行,效果如图 5-5 所示。单击"关闭"按钮,会关闭窗口,并退出整个应用。

图 5-5　Electron 组件的应用

5.2.2　菜单

Electron 支持两种主要类型的菜单:主菜单(Menu Bar)和弹出菜单(Context Menus)。可以在应用程序中使用这两种菜单,以增强用户界面和用户体验。下面是这两种菜单的基本介绍和使用方法。

1. 主菜单(Menu Bar)

主菜单通常位于应用窗口的顶部,是一个横向的菜单栏,可以包含多个下拉菜单项。在 macOS 中,主菜单还可以集成到系统的顶部菜单栏中。主菜单用于提供应用程序的各种功能选项,如文件操作、编辑操作、视图切换等。

要在 Electron 中创建主菜单,可以使用 Menu 类。首先,需要构建一个菜单模板,这是一个对象数组,每个对象代表一个菜单项及其子菜单。然后,使用 Menu.buildFromTemplate()方法根据模板创建菜单,最后将其设置为应用或窗口的菜单。

```
const { Menu, BrowserWindow } = require('electron')
const template = [
  {
    label: '文件',
    submenu: [
      { label: '新建', click: () => { /* 实现功能 */ } },
      { label: '打开', click: () => { /* 实现功能 */ } },
      { type: 'separator' },
      { label: '退出', role: 'quit' }
    ]
  },
  // 更多菜单项...
]
const menu = Menu.buildFromTemplate(template)
Menu.setApplicationMenu(menu)
```

2．弹出菜单

弹出菜单（Context Menus）是指在特定上下文（如右击特定元素时）显示的菜单。这种类型的菜单适用于提供与特定组件或区域相关的操作选项，比如文本编辑器中的剪切、复制和粘贴操作。

要在 Electron 中创建弹出菜单，可以在渲染进程中使用 Menu 类。通常，会在用户执行特定操作（如右击）时，构建一个菜单模板，并使用 menu.popup() 方法显示弹出菜单。

```
const { remote } = require('electron')
const { Menu, MenuItem } = remote
const menu = new Menu()
menu.append(new MenuItem({ label: '复制', role: 'copy' }))
menu.append(new MenuItem({ label: '粘贴', role: 'paste' }))
window.addEventListener('contextmenu', (e) => {
  e.preventDefault()
  menu.popup({ window: remote.getCurrentWindow() })
}, false)
```

3．在主进程中为页面添加弹出菜单

也可以直接在主进程中为页面添加弹出菜单。首先，在主进程中创建一个窗口，并为该窗口注册一个事件监听器，监听渲染进程发送的 context-menu 事件。这个事件是当用户在页面上右击时被触发的。

在 createWindow 函数中，为 BrowserWindow 对象的 webContents 属性添加了 context-menu 事件的监听器。每当此事件被触发时，我们都会创建一个新的上下文菜单，并使用 popup 方法将其显示在用户单击的位置。这个上下文菜单是由一个模板数组 contextMenuTemplate 动态构建的。

```
mainWindow.webContents.on('context-menu', (e, params) => {
  contextMenu = Menu.buildFromTemplate(contextMenuTemplate);
  contextMenu.popup({ window: mainWindow, x: params.x, y: params.y });
});
```

4．动态添加弹出菜单项

为了动态添加菜单项，我们在应用的主菜单中提供了一个"添加右键菜单项"的选项。

当用户单击这个选项时,主进程的菜单响应函数会被调用。

在响应函数中,我们首先定义了新菜单项的标签,并将一个新的对象推送到contextMenuTemplate数组。这个对象定义了菜单项的标签和一个单击事件处理器,后者会在单击新添加的菜单项时输出一条带有菜单项标签的日志信息。

```
{
  label: '添加右键菜单项',
  click: () => {
    const itemLabel = '右键菜单项${contextMenuTemplate.length + 1}';
    contextMenuTemplate.push({
      label: itemLabel,
      click: (menuItem) => console.log('${menuItem.label}单击')
    });
  }
}
```

这样,下一次用户右击页面时,弹出的菜单将包括刚刚添加的新菜单项。

5. 删除弹出菜单项

同样地,为了从上下文菜单中删除菜单项,我们在应用的主菜单中提供了一个"删除右键菜单项"的选项。当此选项被用户选择时,将调用另一个菜单响应函数。

在这个函数中,我们检查contextMenuTemplate数组的长度。如果长度大于2(意味着除了我们想保留的最初的两个菜单项外还有其他项),我们就从数组中弹出(移除)最后一个元素。

```
{
  label: '删除右键菜单项',
  click: () => {
    if (contextMenuTemplate.length > 2) { // 保持至少两个初始菜单项
      contextMenuTemplate.pop();
    }
  }
}
```

由于我们每次都是根据contextMenuTemplate数组构建上下文菜单,这样在用户下一次打开上下文菜单时,最后一个添加的菜单项就会消失。

完整的实现代码如下:

代码位置:src/electron/menu/index.js

```
const { app, BrowserWindow, Menu, ipcMain, MenuItem } = require('electron');
let mainWindow;
let contextMenuTemplate = [
  { label: '右键菜单项1', click: (menuItem) => console.log('${menuItem.label}单击') },
  { label: '右键菜单项2', click: (menuItem) => console.log('${menuItem.label}单击') }
];
function createWindow() {
  mainWindow = new BrowserWindow({
    width: 800,
    height: 600,
    webPreferences: {
      contextIsolation: true,
```

```javascript
    }
  });
  mainWindow.loadFile('index.html');
  const mainMenu = Menu.buildFromTemplate([
    {
      label: '编辑',
      submenu: [
        {
          label: '添加右键菜单项',
          click: () => {
            const itemLabel = `右键菜单项${contextMenuTemplate.length + 1}`;
            contextMenuTemplate.push({
              label: itemLabel,
              click: (menuItem) => console.log(`${menuItem.label}单击`)
            });
          }
        },
        {
          label: '删除右键菜单项',
          click: () => {
            if (contextMenuTemplate.length > 2) { // 保持至少两个初始菜单项
              contextMenuTemplate.pop();
            }
          }
        }
      ]
    }
  ]);
  Menu.setApplicationMenu(mainMenu);
  // 设置弹出菜单
  mainWindow.webContents.on('context-menu', (e, params) => {
    contextMenu = Menu.buildFromTemplate(contextMenuTemplate);
    contextMenu.popup({ window: mainWindow, x: params.x, y: params.y });
  });
}
app.whenReady().then(createWindow);
```

运行程序,会看到如图 5-6 所示的主菜单,单击"添加右键菜单项",会添加一个新的弹出菜单项。右击窗口,会弹出如图 5-7 所示的弹出菜单。单击某一个菜单项,会将该菜单项文本输出到终端。

图 5-6　主菜单

图 5-7 弹出菜单

5.2.3 对话框

Electron 通过 dialog 模块支持如下几种对话框类型。

（1）dialog.showOpenDialog([browserWindow,]options)：显示一个用于打开文件或文件夹的对话框。

（2）dialog.showSaveDialog([browserWindow,]options)：显示一个用于保存文件的对话框。

（3）dialog.showMessageBox([browserWindow,]options)：显示一个包含自定义消息和按钮的对话框。

（4）dialog.showErrorBox(title,content)：显示一个错误消息框。

下面是一个完整的例子，我们将在主窗口中垂直显示多个按钮，每个按钮单击后将显示不同的对话框。在这个例子中，需要使用 Electron 中的 API 显示对话框，所以，在最新的 Electron 中，需要使用 preload.js 为渲染进程开 API 白名单，因此，需要在 preload.js 中定义用于显示对话框的函数。在这些函数中，会发消息给主进程，实际上对话框是在主进程中显示的。

代码位置：src/electron/dialogs/index.js

```javascript
const { app, BrowserWindow, ipcMain, dialog } = require('electron');
const path = require('path');
let win;
function createWindow() {
  win = new BrowserWindow({
    width: 800,
    height: 600,
    webPreferences: {
      preload: path.join(__dirname, 'preload.js'),
      contextIsolation: true,
      enableRemoteModule: false,
    }
  });
  win.loadFile('index.html');
  win.webContents.openDevTools();
}
app.whenReady().then(createWindow);
ipcMain.handle('show-open-dialog', async () => {
```

```js
  const result = await dialog.showOpenDialog(win, {
    properties: ['openFile', 'multiSelections']
  });
  return result.filePaths;
});
ipcMain.handle('show-save-dialog', async () => {
  const result = await dialog.showSaveDialog(win, {
    title: '保存文件',
    buttonLabel: '保存',
    filters: [
      { name: 'Text Files', extensions: ['txt'] },
      { name: 'All Files', extensions: ['*'] }
    ]
  });
  return result.filePath;
});
ipcMain.handle('show-message-box', async () => {
  const result = await dialog.showMessageBox(win, {
    type: 'info',
    title: '信息',
    message: '这是一个信息对话框',
    buttons: ['好的', '取消']
  });
  return result.response;
});
ipcMain.handle('show-error-box', () => {
  dialog.showErrorBox('错误', '这是一个错误对话框');
});
```

代码位置：src/electron/dialogs/preload.js

```js
const { contextBridge, ipcRenderer } = require('electron');
// 定义用于显示对话框的函数(发消息给主进程,实际上对话框是在主进程中显示的)
contextBridge.exposeInMainWorld('dialog', {
  showOpenDialog: () => ipcRenderer.invoke('show-open-dialog'),
  showSaveDialog: () => ipcRenderer.invoke('show-save-dialog'),
  showMessageBox: () => ipcRenderer.invoke('show-message-box'),
  showErrorBox: () => ipcRenderer.invoke('show-error-box'),
});
```

代码位置：src/electron/dialogs/preload.js

```html
<!DOCTYPE html>
<html>
<head>
  <meta charset="UTF-8">
  <title>Dialog 示例</title>
</head>
<body>
  <button id="openDialog">打开文件对话框</button><p></p>
  <button id="saveDialog">保存文件对话框</button><p></p>
  <button id="messageBox">显示信息对话框</button><p></p>
  <button id="errorBox">显示错误对话框</button>
  <script>
    document.getElementById('openDialog').addEventListener('click', async () => {
      const filePaths = await window.dialog.showOpenDialog();
```

```
        console.log(filePaths);
      });
      document.getElementById('saveDialog').addEventListener('click', async () => {
        const filePath = await window.dialog.showSaveDialog();
        console.log(filePath);
      });
      document.getElementById('messageBox').addEventListener('click', async () => {
        const response = await window.dialog.showMessageBox();
        console.log(response);
      });
      document.getElementById('errorBox').addEventListener('click', () => {
        window.dialog.showErrorBox();
      });
    </script>
  </body>
</html>
```

运行程序,单击这4个按钮,会弹出相应的对话框,当打开文件或保存文件时,会在调试窗口显示打开的文件名和保存的文件名。单击"显示信息对话框"会显示一个信息对话框,如图5-8所示。

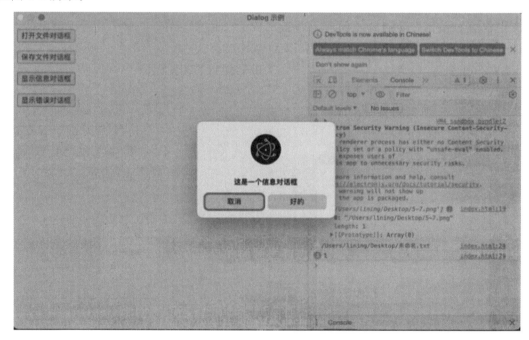

图 5-8　Electron 对话框

5.2.4　全局快捷键

在 Electron 中添加全局快捷键的步骤如下。

1. 导入必要的 globalShortcut 模块

在主进程文件(本例是 index.js)中,需要导入 globalShortcut 模块。这个模块是

Electron 的一部分，专门用于注册和注销全局快捷键。

```
const { app, globalShortcut } = require('electron');
```

2. 注册全局快捷键

在应用准备就绪后，可以使用 globalShortcut.register()方法来注册一个或多个全局快捷键。注册函数需要两个参数：一个是快捷键的字符串，另一个是当快捷键被按下时将要执行的回调函数。

快捷键字符串可以包含组合键，比如 CommandOrControl＋C 表示在 Windows 上使用 Ctrl＋C 快捷键，在 macOS 上使用 Command＋C 快捷键。

```
app.whenReady().then(() => {
  globalShortcut.register('CommandOrControl+X', () => {
    // 快捷键被触发时执行的代码
  });
});
```

3. 注销全局快捷键

当应用即将退出时，应该注销所有的全局快捷键。这一点很重要，因为如果不这么做，即使应用程序关闭后，快捷键可能仍然会保持激活状态。为了确保资源得到释放，并避免潜在的冲突，应该监听 will-quit 事件，并在该事件的回调函数中使用 globalShortcut.unregisterAll()方法注销所有快捷键。

```
app.on('will-quit', () => {
  globalShortcut.unregisterAll();
});
```

4. 处理异常

注册全局快捷键时可能会出现冲突或其他问题。因此，注册操作后最好检查一下快捷键是否真的注册成功。可以通过检查 globalShortcut.register()方法的返回值来确认注册是否成功：如果返回 true，则表示快捷键已成功注册；如果返回 false，则表示注册失败，可能需要选择另一个快捷键组合。

完整的代码如下。

代码位置：src/electron/shortcut/index.js

```
const { app, BrowserWindow, dialog, globalShortcut } = require('electron');
// 创建一个创建窗口的函数
function createWindow() {
  // 创建一个新的浏览器窗口
  const win = new BrowserWindow({
    width: 800,
    height: 600,
  });

  // 加载应用的 index.html
  win.loadFile('index.html');
}
// 这个方法将在 Electron 结束初始化和准备创建浏览器窗口时被调用，某些 API 只能在这个
```

```javascript
// 事件发生后才能用
app.whenReady().then(() => {
  createWindow();
  // 注册一个 Ctrl+X 的全局快捷键
  globalShortcut.register('CommandOrControl+X', () => {
    dialog.showMessageBox({
      type: 'info',
      message: '全局快捷键',
      detail: '你按下了全局快捷键 Ctrl+X.',
      buttons: ['确定']
    });
  });
});
// 当所有窗口被关闭后退出
app.on('window-all-closed', () => {
  // 注销所有快捷键
  globalShortcut.unregisterAll();
  // 在 macOS 中，除非用户用 Cmd + Q 快捷键确定地退出
  // 否则绝大部分应用及其菜单栏会保持激活
  if (process.platform !== 'darwin') {
    app.quit();
  }
});
app.on('activate', () => {
  // 在 macOS 中，当单击 dock 图标并且没有其他窗口打开时，通常会在应用程序中重新创建一个
  // 窗口
  if (BrowserWindow.getAllWindows().length === 0) {
    createWindow();
  }
});
// 当应用准备好后取消注册所有快捷键
app.on('will-quit', () => {
  globalShortcut.unregisterAll();
});
```

运行程序，macOS 中按 Command+X 快捷键，Windows 和 Linux 中按 Ctrl+X 快捷键，就会弹出如图 5-9 所示的对话框。

图 5-9 用全局快捷键弹出的对话框

5.2.5 通知

在 Electron 中，可以使用 Notification API 实现通知，该 API 允许在桌面上显示原生通

知。macOS、Windows 和 Linux 在显示原生通知上有一定的差异。

（1）macOS：通知一般出现在屏幕的右上角，并且会在通知中心中保留，除非用户手动清除。macOS 的通知样式和行为可以在"系统偏好设置"中的"通知"部分进行定制。

（2）Windows：通知通常从屏幕的右下角弹出，并在操作完成后滑回到系统托盘区域。Windows 10 和更新版本中的通知也可以在"操作中心"保留，直到用户与之交互。

（3）Linux：通知的显示位置和行为可能会根据使用的桌面环境（如 GNOME、KDE 等）而有所不同。通常情况下，它们会出现在屏幕的右上角或右下角。

Electron 应用使用的是系统原生的通知系统，因此通知的具体表现（包括位置、样式和交互方式）会遵循用户的操作系统设置。这意味着开发者无须为不同平台编写特定的代码来处理通知的显示，Electron 和底层操作系统会自动处理这些细节。

Notification API 属于 Electron 的一部分，所以需要使用 preload.js 为渲染进程开启 API 白名单，代码如下。

代码位置：src/electron/notification/preload.js

```
const { contextBridge } = require('electron');
contextBridge.exposeInMainWorld('electron', {
  showNotification: (title, body) => {
    new Notification(title, { body }).onclick = () => console.log('通知被单击了！');
  }
});
```

然后在 index.html 中使用下面的代码显示通知即可：

```
window.electron.showNotification('示例通知', '欢迎使用 Electron!');
```

运行程序，不同操作系统显示的消息效果会有所不同，例如，图 5-10 是 macOS 下的消息。

图 5-10　macOS 下的原生消息

5.3　多窗口与通信机制

本节主要介绍如何在 Electron 应用中使用多窗口，以及主进程与渲染进程之间如何进行交互。

5.3.1　多窗口管理

大多数应用都会拥有 1 个以上的窗口，这就涉及多窗口管理的问题。最基本的多窗口管理就是从一个窗口显示另一个窗口，以及关闭指定的窗口。本节会通过一个例子来展示如何显示和关闭一个窗口。

在本例中，会在主窗口放置一个 Second 按钮，单击 Second 按钮，会显示 Second 窗口，在 Second 窗口中会有一个"关闭"按钮，单击"关闭"按钮，会"关闭"Second 窗口，并回到主窗口。在这个过程中，涉及显示一个新窗口和关闭窗口两个动作，而且这两个操作都需要在渲染进程（HTML 页面）中完成，并且这两个操作都需要调用 Electron 的 API。所以就需要使用 preload.js 为渲染进程提供 API 白名单。

代码位置：src/electron/multiwindows/preload.js

```
const { contextBridge, ipcRenderer } = require('electron');
contextBridge.exposeInMainWorld('electronAPI', {
    // 关闭窗口
    closeSecondWindow: () => ipcRenderer.send('close-second-window'),
    // 打开窗口
    openSecondWindow: () => ipcRenderer.send('open-second-window')
});
```

本例最重要的工作都在 index.js 文件中，在该文件中，会创建 2 个窗口，并且通过 ipcMain 接收 close-second-window 和 open-second-window 动作。

代码位置：src/electron/multiwindows/index.js

```
const { app, BrowserWindow, ipcMain } = require('electron');
const path = require('path');
let mainWindow;
let secondWindow;
// 窗口主窗口
function createMainWindow() {
    mainWindow = new BrowserWindow({
        width: 800,
        height: 600,
        webPreferences: {
            preload: path.join(__dirname, 'preload.js'),
            contextIsolation: true,
            nodeIntegration: false
        }
    });
    mainWindow.loadFile('index.html');
    mainWindow.on('closed', () => {
        mainWindow = null;
        if (secondWindow) {
            secondWindow.close();
        }
    });
}
// 创建 Second 窗口
function createSecondWindow() {
    if (!secondWindow) {
        secondWindow = new BrowserWindow({
            width: 500,
            height: 400,
            webPreferences: {
                preload: path.join(__dirname, 'preload.js'),
                contextIsolation: true,
```

```
        nodeIntegration: false
      }
    });
    secondWindow.loadFile('second.html');
    secondWindow.on('closed', () => {
      secondWindow = null;
    });
  } else {
    secondWindow.show(); // 如果窗口已经创建,只是隐藏了,那么只显示它
  }
}

// 接收 close-second-window 消息(需要从 Second 窗口发送)
ipcMain.on('close-second-window', () => {
  if (secondWindow) {
    secondWindow.close();
    secondWindow = null;
  }
});
// 接收 open-second-window 消息(需要从主窗口发送)
ipcMain.on('open-second-window', createSecondWindow);
app.whenReady().then(createMainWindow);
app.on('window-all-closed', () => {
  if (process.platform !== 'darwin') {
    app.quit();
  }
});
app.on('activate', () => {
  if (BrowserWindow.getAllWindows().length === 0) {
    createMainWindow();
  }
});
```

接下来就需要分别在 index.html 和 second.html 中调用在 preload.js 中定义的 2 个函数了。

代码位置:src/electron/multiwindows/index.html

```
const button = document.getElementById('open-second');
button.addEventListener('click', () => {
  // 打开 Second 窗口
  window.electronAPI.openSecondWindow();
});
```

代码位置:src/electron/multiwindows/second.html

```
const closeButton = document.getElementById('close-window');
closeButton.addEventListener('click', () => {
  // 关闭 Second 窗口
  window.electronAPI.closeSecondWindow();
});
```

现在使用 npm start 命令运行程序,单击 Second 按钮,会显示 Second 窗口,如图 5-11 所示,单击"关闭"按钮,会关闭 Second 窗口。

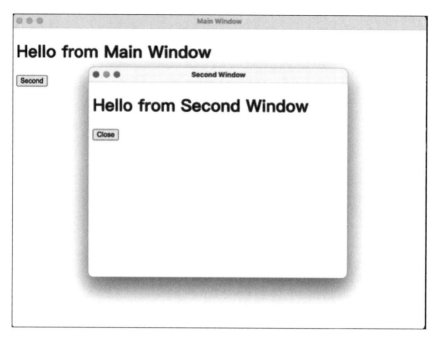

图 5-11　多窗口管理

5.3.2　主进程与渲染进程之间的通信

在 Electron 应用中，主进程和渲染进程之间的通信是通过 IPC（Inter-Process Communication）机制实现的。IPC 允许数据在不同的进程间安全地传输，这对于构建复杂的桌面应用尤其重要。以下是主进程与渲染进程之间通信的详细解释。

1. 主进程向渲染进程发送数据

主进程是 Electron 应用的入口点，它负责管理渲染进程和应用的生命周期。当主进程向渲染进程发送数据时，需要使用 webContents.send 方法。这个方法是 BrowserWindow 对象的一部分，它允许主进程向指定的渲染进程发送消息和数据。

mainWindow.webContents.send('message-from-main', { key: 'value' });

在这行代码中，主进程通过 mainWindow（一个 BrowserWindow 实例）发送一个名为 message-from-main 的消息，消息附带了一个对象{ key: 'value' } 作为数据。

2. 渲染进程接收主进程发送的数据

渲染进程通常是一个载入 HTML 和 JavaScript 的窗口，它可以通过监听 IPC 消息来接收主进程发送的数据。为了保障安全，最佳实践是使用 preload.js 脚本来设置一个安全的环境和暴露需要的 IPC 功能给渲染进程。

```
// 在 preload.js 中
const { contextBridge, ipcRenderer } = require('electron');
contextBridge.exposeInMainWorld('api', {
    receive: (channel, func) => {
```

```
        ipcRenderer.on(channel, (event, ...args) => func(...args));
    }
});

// 在渲染进程的 index.html 中的脚本部分
window.api.receive('message-from-main', (data) => {
    console.log('Received data from main process:', data);
});
```

在这段代码中，preload.js 安全地向渲染进程暴露了一个 receive 方法，渲染进程通过这个方法设置一个监听器，以接收主进程发送的消息。

3. 渲染进程向主进程发送数据

渲染进程也可以初始化与主进程的通信，发送消息和数据。这通常通过 ipcRenderer.send 方法实现。

```
// 在 preload.js 中
contextBridge.exposeInMainWorld('api', {
    send: (channel, data) => {
        ipcRenderer.send(channel, data);
    }
});
// 在渲染进程的脚本中
window.api.send('message-to-main', { key: 'value' });
```

这里，渲染进程使用暴露的 send 方法发送一个名为 message-to-main 的消息和数据给主进程。

4. 主进程接收渲染进程发送的数据

主进程使用 ipcMain.on 方法监听来自渲染进程的消息。当接收到消息时，主进程可以执行相关的操作，比如处理数据或者回应渲染进程。

```
// 在 index.js 中
const { ipcMain } = require('electron');
ipcMain.on('message-to-main', (event, data) => {
    console.log('Data received from render process:', data);
});
```

在这段代码中，主进程监听 message-to-main 消息，当接收到消息时，输出接收到的数据。

下面的例子完整地演示了主进程与渲染进程之间的通信过程。本例只有一个主窗口（渲染进程），主窗口会与主进程之间进行交互。

代码位置：src/electron/multiwincomm/index.js

```
const { app, BrowserWindow, ipcMain } = require('electron');
const path = require('path');
let mainWindow;
function createWindow() {
    mainWindow = new BrowserWindow({
        width: 800,
        height: 600,
```

```js
        webPreferences: {
            preload: path.join(__dirname, 'preload.js'),
            contextIsolation: true,
            nodeIntegration: false
        }
    });
    mainWindow.loadFile('index.html');
}
app.whenReady().then(createWindow);
// 接收渲染进程发过来的数据
ipcMain.on('request-data', (event, arg) => {
    console.log('数据请求从渲染进程收到:', arg); // 打印来自渲染进程的数据
    // 主进程向渲染进程发送数据
    mainWindow.webContents.send('from-main', '这是来自主进程的数据');
    // 监听渲染进程的响应
    ipcMain.once('response-' + arg, (event, response) => {
        console.log('来自渲染进程的响应:', response);
    });
});
app.on('window-all-closed', () => {
    if (process.platform !== 'darwin') app.quit();
});
```

代码位置：src/electron/multiwincomm/index.html

```html
<!DOCTYPE html>
<html>
<head>
    <title>Electron Communication</title>
</head>
<body>
    <h1>Electron IPC Communication</h1>
    <button id="send">向主进程请求数据</button>
    <script>
        const sendButton = document.getElementById('send');
        sendButton.addEventListener('click', () => {
            // 请求数据
            window.electronAPI.requestData('event-1234');
        });
        // 监听主进程发送的数据
        window.electronAPI.onMessage((event, message) => {
            console.log('从主进程接收到的数据:', message);
            // 处理数据并回复主进程
            window.electronAPI.respondToMainProcess('event-1234', '数据已处理: ' + message);
        });
    </script>
</body>
</html>
```

代码位置：src/electron/multiwincomm/preload.js

```js
const { contextBridge, ipcRenderer } = require('electron');
contextBridge.exposeInMainWorld('electronAPI', {
    requestData: (data) => ipcRenderer.send('request-data', data),
    respondToMainProcess: (identifier, data) => ipcRenderer.send('response-' + identifier, data),
```

```
        onMessage: (callback) => ipcRenderer.on('from-main', callback)
});
```

运行程序,单击"向主进程请求数据"按钮,会在终端输出如下信息:

数据请求从渲染进程收到:event-1234
来自渲染进程的响应:数据已处理:这是来自主进程的数据

5.4　Electron 应用与 WebAssembly 集成

Electron 应用同样可以与 WebAssembly 集成。本节的例子会使用 Electron 应用调用 4.7 节实现的 WebAssembly。由于在编译 AssemblyScript 时,已经生成类的 build/release.js 文件,所以直接在 index.html 中用 module 的方式调用即可,代码如下:

代码位置:src/electron/wasm/index.html

```html
<!DOCTYPE html>
<html lang="en">
<head>
    <meta charset="UTF-8">
    <meta name="viewport" content="width=device-width, initial-scale=1.0">
    <title>WebAssembly in Electron</title>
</head>
<body>
    <h1>WebAssembly 计算示例</h1>
    <div>
        <label for="xValue">输入 x 值以计算导数:</label>
        <input type="number" id="xValue" step="0.01">
        <button onclick="calculateDerivative()">计算导数</button>
        <p>导数结果:<span id="derivativeResult"></span></p>
    </div>
    <div>
        <label for="aValue">输入区间起点 a:</label>
        <input type="number" id="aValue" step="0.01">
        <label for="bValue">输入区间终点 b:</label>
        <input type="number" id="bValue" step="0.01">
        <button onclick="calculateIntegral()">计算定积分</button>
        <p>积分结果:<span id="integralResult"></span></p>
    </div>
    <script type="module">
        import { derivativeAtPoint, trapezoidalIntegral } from './build/release.js';
        window.calculateDerivative = function () {
            const x = parseFloat(document.getElementById('xValue').value);
            const result = derivativeAtPoint(x);
            document.getElementById('derivativeResult').textContent = result.toFixed(4);
        };
        window.calculateIntegral = function () {
            const a = parseFloat(document.getElementById('aValue').value);
            const b = parseFloat(document.getElementById('bValue').value);
            const n = 1000; // 可以调整样本数量以提高精度
            const result = trapezoidalIntegral(a, b, n);
            document.getElementById('integralResult').textContent = result.toFixed(4);
        };
```

```
        </script>
    </body>
</html>
```

运行程序,在文本框中输入相应的值,单击"计算导数"和"计算定积分"按钮,会在页面输出计算结果,如图 5-12 所示。

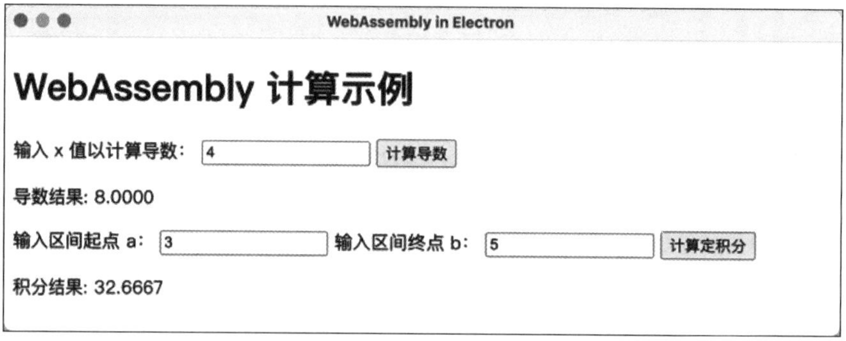

图 5-12　Electron 应用集成 WebAssembly

5.5　小结

在本章中,我们详细探讨了 Electron 这一强大的桌面应用程序开发框架。从 Electron 的基本概念到实际的开发实践,我们一步步深入了解了如何利用 Electron 构建跨平台的桌面应用。我们学习了 Electron 的主要特性,包括跨平台能力、Node.js 集成、原生功能访问以及自动更新机制,这些都是 Electron 成为开发者首选框架的原因。

通过实例,我们搭建了 Electron 开发环境,并编写了第一个简单的 Electron 应用。我们还深入了解了 package.json 文件的重要性,它是 Electron 项目配置的核心。此外,我们探讨了 Electron 的各种基础功能,如菜单、对话框、全局快捷键和通知,这些功能对于提升应用程序的用户体验至关重要。

在多窗口管理和进程间通信方面,我们通过实例学习了如何在 Electron 应用中管理多个窗口,以及如何通过 IPC 机制实现主进程和渲染进程之间的数据交换。这为构建复杂的桌面应用提供了强大的支持。

最后,我们还探讨了如何将 Electron 应用与 WebAssembly 集成,进一步扩展了 Electron 应用的功能和性能。通过本章的学习,相信读者已经具备了使用 Electron 开发高质量桌面应用的知识和技能。希望读者能够将这些知识应用到实际项目中,创造出更多令人兴奋的桌面应用产品。

第 6 章 离线 Web 技术：PWA

本章深入探讨 Progressive Web Apps（PWA），即渐进式网络应用，这一现代 Web 技术的概念和重要性。PWA 旨在通过模仿原生应用的行为和功能，提高 Web 应用程序的性能和用户体验。这种技术的核心在于利用现代 Web 技术构建应用，使其能够适应任何设备、运行在任何浏览器上，并且表现得像是原生应用。

PWA 的关键特征包括可靠性、性能和可安装性，这些都是通过特定的 Web 技术实现的，例如 Service Worker、缓存 API、Manifest 文件、预加载以及性能优化技术。此外，PWA 还提供了跨平台运行的能力，简化了更新和维护过程，并且增强了应用的安全性。

本章还强调了离线 Web 技术的重要性，尤其是在网络环境不稳定或不可预测的情况下。离线技术不仅提升了用户体验，而且在很多情况下是提供连贯服务的必要条件。通过 Service Worker 和 IndexedDB 等技术，可以实现应用的离线功能，从而在没有网络连接的情况下继续运行，减少服务中断的风险。

接下来，本章详细介绍 Service Worker 的基本概念、作用、生命周期，以及如何注册和安装 Service Worker。同时，探讨缓存机制和 IndexedDB 的基础知识，并提供一个简单的离线 Web 应用案例，展示如何利用 Service Worker 和 IndexedDB 实现离线访问和数据提交。

最后，本章通过一个高级案例，展示如何在离线状态下提交表单数据，并在服务器恢复后将数据同步到服务器。这个案例涵盖了服务器程序的创建、页面表单的设计、数据的提交和本地保存，以及 Service Worker 的管理。

6.1 PWA 基础

本节会详细介绍什么是 PWA，以及离线技术的重要性。

6.1.1 PWA 简介

PWA 是一种旨在提高 Web 应用程序的性能和用户体验的开发方法。通过模仿原生应用的行为和功能，PWA 在网页应用中实现了更高的用户互动性和离线访问能力。这种技术的核心在于使用现代 Web 技术构建应用，使其能够适应任何设备、运行在任何浏览器上,并且表现得像是原生应用。

PWA 的关键特征包括可靠性、性能和可安装性。以下是这些特征的详细解释,以及实现它们的主要 Web 技术。

1. 可靠性:离线功能

(1) Service Worker:一种运行在浏览器背后的脚本,能够处理网络请求,缓存应用资源,从而使应用能够在无网络状态下运行。这一特性对于提高应用的可靠性至关重要,尤其是在网络状况不佳的环境中。

(2) 缓存 API:与 Service Worker 配合使用,缓存 API 允许开发者具体控制哪些文件被缓存以及如何管理这些缓存数据。

2. 性能:快速响应和平滑交互

(1) Manifest 文件:这是一个 JSON 文件,描述了应用的基本信息(如图标、应用名称、启动屏幕颜色等),并定义了应用在设备上的外观和感觉。Manifest 文件还可以指定应用的启动页面 URL、屏幕方向等。

(2) 预加载:通过预加载关键资源,PWA 可以在首次加载时快速启动,给用户以即时响应的感觉。

(3) 性能优化:利用现代前端性能优化技术,如延迟加载、资源压缩和优化图像处理,以提高应用的加载速度和运行效率。

3. 可安装性:像原生应用一样的体验

(1) 添加到主屏幕:用户可以将 PWA 添加到他们的设备主屏幕,无须从应用商店下载。用户单击主屏幕图标后,PWA 能够以全屏模式运行,提供类似原生应用的体验。

(2) 推送通知:PWA 支持 Web 推送通知,这使得即使在用户没有打开应用的情况下,应用也能向用户发送实时通知。这增强了用户的参与度和应用的实用性。

4. 开发和部署的优势

(1) 跨平台:PWA 可以在任何支持现代浏览器的设备上运行,无论是桌面电脑还是移动设备。

(2) 更新和维护:与传统的原生应用相比,PWA 更易于更新和维护。开发者只需要更新 Web 服务器上的文件,用户将自动接收到最新版本的应用。

(3) 安全性:PWA 的很多功能强制使用 HTTPS,确保应用数据的传输安全性。

PWA 提供了一种强大的方法,通过使用标准的 Web 技术来实现接近原生应用体验的应用。这不仅改善了用户体验,而且简化了开发和维护过程,使得应用能够快速适应不断变化的技术要求和用户预期。随着网络技术的不断进步,PWA 无疑是现代 Web 开发的重要方向之一。

6.1.2 离线 Web 技术的重要性

使用离线技术开发 Web 应用是现代软件开发中一个重要的趋势,特别是对于那些需要在不稳定或不可预测的网络环境中运行的应用。这种技术不仅增强了用户体验,而且在很多情况下,也是提供连贯服务的必要条件。以下是一些详细的理由,说明为什么离线技术的使用至关重要。

1. 提高应用的可靠性

(1)网络不稳定性:在许多地区,尤其是发展中国家,网络连接可能不稳定或速度很慢。离线技术使应用能够在没有网络连接的情况下继续运行,减少了因网络问题导致的服务中断。

(2)应急情况:在自然灾害或其他紧急情况中,网络服务可能会中断。离线功能使应用在这些情况下仍能提供关键信息和服务。

2. 改善用户体验

(1)即时响应:离线技术可以减少对服务器响应的依赖,使应用响应更加迅速。用户操作的结果可以即时显示,而不需要等待网络请求的完成。

(2)数据保存:用户在离线时进行的更改可以被保存在本地,当应用重新联网时再同步到服务器。这避免了数据丢失的风险,并使用户能够在任何时候都能使用应用,无须担心连接状态。

3. 减少数据使用和成本

(1)减少数据流量:通过在本地缓存数据和资源,减少了重复的数据请求,从而节省了用户的数据流量,这对使用有数据限制的移动网络的用户尤其有益。

(2)降低成本:对于运营商而言,通过减少服务器请求的数量,可以降低运营成本和扩展需求。

4. 提升企业和组织的效率

(1)无缝工作流:在许多业务场景中,比如野外调查、医疗急救服务和远程监控等,工作人员可能需要在离线环境中收集和访问数据。离线技术确保了工作流的无缝进行,不受网络状况的限制。

(2)数据同步与整合:当设备重新连接到网络时,离线收集的数据可以与企业的中心数据库或云服务同步,保持数据的一致性和准确性。

离线 Web 技术可以通过下述技术实现。

(1)Service Worker:这是实现离线功能的核心技术之一,可以预缓存关键资源,并拦截网络请求,从缓存中提供内容。

(2)IndexedDB:这是一个强大的客户端存储系统,用于存储大量结构化数据。它支持高性能的查询操作,非常适合在客户端进行复杂数据操作。

6.2 Service Worker

本节会详细介绍 Service Worker 的基本概念和作用,以及 Service Worker 的生命周期,以及如何注册和安装 Service Worker、激活和更新 Service Worker。

6.2.1　Service Worker 的基本概念和作用

Service Worker 是一种在用户的浏览器背后默默运行的 JavaScript 脚本，它允许开发者为网页应用提供离线支持，拦截网络请求，并进行资源管理。作为一种 Web Worker，Service Worker 主要在网络请求这一层上工作，能够控制或拦截其作用域内所有页面的网络请求。

1．基本概念

（1）后台运行：Service Worker 运行在浏览器的后台，独立于网页本身，因此即使网页关闭，它仍然可以运行。

（2）生命周期：Service Worker 具有自己的生命周期，包括注册、安装、激活和运行几个阶段。

（3）作用域：Service Worker 只能控制其注册时定义的作用域内的页面。这个作用域决定了 Service Worker 控制的页面范围。

2．主要作用

（1）离线体验：Service Worker 允许开发者缓存应用的关键资源，如 HTML 文件、CSS 样式表、JavaScript 脚本和图片等，使得用户在没有网络的情况下也能访问这些资源。

（2）资源缓存：通过拦截网络请求并提供缓存中的数据，Service Worker 可以显著提高网页的加载速度并减少对服务器的请求。

（3）网络请求拦截：Service Worker 可以决定如何处理捕获的网络请求，例如直接从网络获取数据、从缓存中提供数据，或者在请求失败时尝试其他策略。

（4）推送通知：即使用户没有打开网页，Service Worker 也可以接收来自服务器的推送通知，并根据需要向用户展示。

（5）背景数据同步：Service Worker 支持在背景中同步数据，这对于确保用户在离线时进行的更改能够在恢复网络连接时与服务器同步非常有用。

通过这些功能，Service Worker 极大地扩展了传统网页应用的功能，为用户提供了更加丰富和强大的网络体验。

6.2.2　Service Worker 的生命周期

Service Worker 的生命周期完全独立于网页，包括以下几个基本阶段。

（1）注册：在网页中注册 Service Worker，指定需要由它控制的作用域（通常是与注册脚本同源的路径）。

（2）安装：在注册过程中，Service Worker 会触发一个 install 事件，这是预缓存资源的理想时机。

（3）激活：安装后，Service Worker 需要激活。激活阶段常用于管理旧缓存的清理。

（4）运行：激活后，Service Worker 将控制其作用域内所有页面的网络请求，并可以处理这些请求，例如通过网络获取资源或从缓存中提供资源。

6.2.3 注册与安装 Service Worker

注册和安装 Service Worker 是使其能够开始工作的关键步骤。下面详细描述这个过程，包括必要的代码示例。

1. 注册 Service Worker

注册过程的目的是告诉浏览器 Service Worker 脚本的位置，并启动其生命周期。注册通常在网页的 JavaScript 主逻辑中完成，最好是在页面加载时尽早进行。

（1）检查兼容性。

首先，需要检查浏览器是否支持 Service Worker。这是通过检查 navigator 对象是否包含 serviceWorker 属性来完成的。

```javascript
if ('serviceWorker' in navigator) {
    // 浏览器支持 Service Worker
}
```

（2）注册 Service Worker。

如果浏览器支持 Service Worker，接下来使用 navigator.serviceWorker.register 方法注册它。需要提供一个指向 Service Worker 文件的路径。这个操作返回一个 Promise，可以用来处理注册成功或失败的情况。

```javascript
if ('serviceWorker' in navigator) {
    window.addEventListener('load', function() {
        navigator.serviceWorker.register('/service-worker.js').then(function(registration) {
            // 成功注册 Service Worker
            console.log('Service Worker registration successful with scope: ', registration.scope);
        }, function(err) {
            // 注册失败
            console.log('Service Worker registration failed: ', err);
        });
    });
}
```

这段代码通常放在一个全局的脚本文件中，并在页面加载完成后执行，以确保所有资源都已加载。

2. 安装 Service Worker

一旦 Service Worker 被注册，浏览器将尝试安装 Service Worker。在安装过程中，Service Worker 会触发一个 install 事件，这是设置和预缓存资源的理想时机。

在 Service Worker 的脚本文件中，需要添加监听器来处理 install 事件。在这个事件处理器中，通常会打开一个或多个缓存，并把一些静态资源添加到缓存中。

```javascript
// 这些代码通常在 service-worker.js 中，也可以使用任何 js 脚本文件
self.addEventListener('install', function(event) {
    event.waitUntil(
        caches.open('v1').then(function(cache) {
            return cache.addAll([
                '/index.html',
```

```
                    '/styles/main.css',
                    '/scripts/main.js',
                    '/images/logo.png'
                ]);
            })
    );
});
```

在这个示例中，caches.open('v1')打开了一个名为 v1 的缓存，如果不存在则创建它。cache.addAll()方法接收一个资源列表并添加到缓存中。event.waitUntil()方法用于告诉浏览器安装过程需要持续到 Promise 完成为止，确保 Service Worker 不会在资源预缓存完成之前完成安装。

通过以上步骤，Service Worker 脚本被注册并安装，随后它将能够控制页面、管理缓存和拦截请求。这使得开发者可以创建能够提供丰富离线体验的应用，同时也优化了资源加载，提高了应用的性能。

6.2.4 如何激活与更新 Service Worker

激活与更新 Service Worker 是维持 PWA 正常运作的重要环节。激活过程发生在安装之后，而更新则是为了确保 Service Worker 代码或其控制的资源保持最新。这两个过程都与 Service Worker 生命周期的关键阶段相关。

1. 激活 Service Worker

激活过程通常发生在 Service Worker 安装完成后。如果是首次注册 Service Worker，激活会在安装之后立即进行。如果是更新现有的 Service Worker，新的 Service Worker 将会在旧的 Service Worker 不再控制任何页面后激活。

在 Service Worker 文件中，添加一个监听器来处理 activate 事件。这个事件是管理旧缓存的好机会。

```
// 在 service-worker.js 中
self.addEventListener('activate', event => {
    var cacheWhitelist = ['v1'];                         // 需要保留的缓存版本
    event.waitUntil(
        caches.keys().then(cacheName => {
            return Promise.all(
                cacheNames.map(cacheName => {
                    if (cacheWhitelist.indexOf(cacheName) === -1) {
                        return caches.delete(cacheName);  // 删除不在白名单中的缓存
                    }
                })
            );
        })
    );
});
```

在这个示例中，激活事件中的代码遍历所有缓存实例，并删除那些不在白名单中的缓存。这有助于清理在旧版本的 Service Worker 中创建的不再需要的资源缓存。

2. 更新 Service Worker

Service Worker 的更新依赖于 Service Worker 文件的字节级变化。当用户访问应用时,浏览器会在后台尝试下载新的 Service Worker 文件。如果发现文件有更新(任何字节的变化),浏览器会认为有新的 Service Worker 需要安装。

(1) 触发更新。

更新可以通过修改 Service Worker 文件的内容触发。浏览器每次在 HTTP 请求中获取 Service Worker 文件时都会检查其内容是否更新。

(2) 安装新的 Service Worker。

如果检测到新版本的 Service Worker,浏览器会启动安装过程,这与首次安装 Service Worker 的过程相同。新的 Service Worker 将会进入 waiting 状态。

(3) 激活新的 Service Worker。

新的 Service Worker 仅在没有任何旧的 Service Worker 控制的页面打开时才会被激活。为了让新的 Service Worker 尽快接管,可以采取一些策略:

```
self.addEventListener('install', event => {
    self.skipWaiting(); // 强制当前处于 waiting 状态的 Service Worker 进入 active 状态
});
```

使用 skipWaiting() 可以让新的 Service Worker 在安装完成后立即激活,而不是等到现有的 Service Worker 不再控制任何客户端时。

通过上述步骤,Service Worker 可以有效地管理其激活和更新,确保应用能够利用最新的代码和策略运行,同时通过有效管理缓存来保持应用的高性能和最佳用户体验。

6.3 缓存机制

在 Service Worker 中,缓存是一项关键技术,它允许开发者存储网络请求的资源(如 HTML 页面、图片、JavaScript 文件等),以便在没有网络连接时也能访问这些资源。这种机制通过使用浏览器的缓存 API 实现,提高了应用的性能和可靠性,特别是在网络状况不佳的环境中。

1. 缓存的基本概念

(1) 缓存 API:Service Worker 中的缓存通过缓存 API 实现,这是一个提供请求和响应对象存储能力的系统。它允许为应用创建多个缓存对象,每个缓存对象可以存储一组特定的资源。

(2) 缓存的生命周期:缓存对象与 Service Worker 的生命周期相独立。即使 Service Worker 被终止,缓存的数据依然可以被新的 Service Worker 访问。缓存的资源直到被显式删除前都会保持在用户的设备上,使得开发者可以控制何时更新或删除缓存的内容。

2. 缓存策略

Service Worker 允许实施多种缓存策略,常见的策略如下。

（1）缓存优先（Cache-first）：先检查资源是否存在于缓存中，如果存在就直接使用，否则再向服务器发起请求。这适合静态资源或不经常变化的内容。

（2）网络优先（Network-first）：先尝试从网络获取资源，如果网络请求失败（如离线状态），再从缓存中获取。适用于需要保证数据最新的场景。

（3）仅缓存（Cache-only）：只使用缓存数据，不使用网络。适用于完全离线的应用。

（4）仅网络（Network-only）：总是从网络获取数据，不使用缓存。确保数据总是最新的，但在离线时无法使用。

3. 缓存管理

缓存管理是 Service Worker 中一个重要的任务。开发者需要定期检查和更新缓存的内容，清理旧的缓存数据，以避免占用过多的本地存储空间。

4. 使用示例

以下是一个 Service Worker 脚本的示例，展示了如何在安装阶段缓存资源，并在 fetch 事件中实现一个简单的缓存优先策略：

```javascript
// 在 service-worker.js 中
self.addEventListener('install', function(event) {
    event.waitUntil(
        caches.open('v1').then(function(cache) {
            return cache.addAll([
                '/index.html',
                '/styles/main.css',
                '/scripts/main.js',
                '/images/logo.png'
            ]);
        })
    );
});
self.addEventListener('fetch', function(event) {
    event.respondWith(
        caches.match(event.request).then(function(response) {
            // 返回缓存中的资源或请求网络
            return response || fetch(event.request);
        })
    );
});
```

缓存是 Service Worker 提供的强大功能之一，使得 Web 应用能在离线环境下提供连续的用户体验。通过精心设计的缓存策略，可以显著提升应用的性能，减少对网络的依赖。开发者需要合理管理缓存，确保应用的数据保持更新，同时避免过多占用用户设备的存储空间。

6.4 IndexedDB 基础

IndexedDB 是一个事务性的数据库系统，它允许存储大量数据并在客户端进行高效的查询。可以将其用于保存复杂的数据结构，这在客户端网页应用中是十分有用的。

1. 打开数据库

在使用 IndexedDB 之前,首先需要打开一个数据库连接,并定义结构(如需要的对象存储空间)。这通常在应用加载时完成。

```
let db;
const request = indexedDB.open('MyDatabase', 1);
request.onerror = function(event) {
    console.error('Database failed to open');
};
request.onsuccess = function(event) {
    db = event.target.result;
    console.log('Database opened successfully');
};
```

2. 创建对象存储

对象存储在 IndexedDB 中相当于传统数据库的表。以下代码在数据库升级时创建一个新的对象存储。如果数据库版本增加,或者第一次打开数据库,onupgradeneeded 事件将会被触发。

```
request.onupgradeneeded = function(event) {
    db = event.target.result;
    if (!db.objectStoreNames.contains('notes')) {
        db.createObjectStore('notes', { keyPath: 'id', autoIncrement: true });
    }
};
```

3. 添加数据

向 IndexedDB 中添加数据需要创建一个事务,并通过对象存储进行操作。

```
function addData(note) {
    const transaction = db.transaction(['notes'], 'readwrite');
    const store = transaction.objectStore('notes');
    store.add(note);
    transaction.oncomplete = function() {
        console.log('Transaction completed: database modification finished.');
    };
    transaction.onerror = function() {
        console.log('Transaction not completed: error in data save.');
    };
}
```

4. 读取数据

从 IndexedDB 读取数据也需要通过事务来完成。这里是一个简单地读取单个数据条目的例子。

```
function getData(key) {
    const transaction = db.transaction(['notes'], 'readonly');
    const store = transaction.objectStore('notes');
    const request = store.get(key);
    request.onsuccess = function() {
        console.log('Data retrieved:', request.result);
    };
```

```
    request.onerror = function() {
        console.error('Failed to retrieve data');
    };
}
```

以上步骤展示了如何在 IndexedDB 中打开数据库、创建对象存储、添加数据以及检索数据的基本操作。这些操作的核心是理解事务性的操作方式和如何使用对象存储来持久化存储数据结构。IndexedDB 的异步特性确保了这些操作不会阻塞用户界面，使其在处理大量数据时依然能保持应用的响应性。

6.5 案例：离线 Web 应用

本节会利用前面学的知识实现一个简单的 Web 应用。这个 Web 应用与传统的 Web 应用不同，是支持离线访问的。也就是说，只要第一次成功访问 Web 应用，即使服务器不可访问，前端页面也同样可以访问和刷新。

本例由如下 3 个文件组成。

(1) index.html：前端页面。

(2) app.js：用于注册 Service Worker。

(3) sw.js：核心脚本文件，用于 Service Worker 的安装、激活以及获取资源。

这 3 个文件的源代码如下。

代码位置：src/pwa/first/index.html

```html
<!DOCTYPE html>
<html lang="en">
<head>
    <meta charset="UTF-8">
    <meta name="viewport" content="width=device-width, initial-scale=1.0">
    <title>简单的 PWA 示例</title>
</head>
<body>
    <h1>欢迎来到我的 PWA!</h1>
    <p>这是一个简单的 Progressive Web App 示例，可以在离线时查看。</p>
    <script src="app.js"></script>
</body>
</html>
```

代码位置：src/pwa/first/app.js

```js
// 注册 Service Worker
if ('serviceWorker' in navigator) {
    navigator.serviceWorker.register('/sw.js')
        .then((reg) => console.log('Service Worker registered', reg))
        .catch((err) => console.log('Service Worker registration failed', err));
}
```

代码位置：src/pwa/first/sw.js

```js
// 定义一个缓存的名称，便于版本控制和更新
```

```js
const CACHE_NAME = 'v1';
// 定义需要缓存的静态资源列表
const CACHE_ASSETS = [
    '/',
    '/index.html',
    '/app.js'
];
// 监听 Service Worker 的安装事件
self.addEventListener('install', e => {
    console.log('Service Worker: 已安装');
    // 延迟 Service Worker 安装直到所有指定的资源被缓存
    e.waitUntil(
        caches.open(CACHE_NAME)
            .then(cache => {
                console.log('Service Worker: 缓存文件');
                // 添加所有缓存资源
                cache.addAll(CACHE_ASSETS);
            })
            .then(() => self.skipWaiting()) // 强制等待中的 Service Worker 激活
    );
});
// 监听 Service Worker 的激活事件
self.addEventListener('activate', e => {
    console.log('Service Worker: 已激活');
    // 激活时清除旧的缓存
    e.waitUntil(
        caches.keys().then(cacheNames => {
            return Promise.all(
                cacheNames.map(cache => {
                    if (cache !== CACHE_NAME) {
                        console.log('Service Worker: 清理旧缓存');
                        return caches.delete(cache); // 删除非当前版本的缓存
                    }
                })
            );
        })
    );
});
// 监听 fetch 事件,尝试响应页面的资源请求
self.addEventListener('fetch', e => {
    console.log('Service Worker: 正在获取资源');
    e.respondWith(
        // 尝试从网络获取资源
        fetch(e.request).catch(() => {
            // 如果网络请求失败了,尝试从缓存中获取资源
            return caches.match(e.request);
        })
    );
});
```

使用 http-server 命令启动 HTTP 服务,然后输入 http://127.0.0.1:8080,会显示如图 6-1 所示的页面。

现在关闭 http-server,再次刷新页面,页面仍然可以正常显示,这个显示的页面是从缓存中获取的,而不是从服务器端获取的。

图 6-1　PWA 页面

6.6　高级案例：离线提交表单

本节实现一个更复杂的离线 Web 应用案例，在这个案例中，会在页面显示一个表单，单击"提交"按钮，会将表单数据提交给服务器，并保存到 SQLite 数据库中。如果服务器程序关闭，再次提交表单，并不会出错，而是将数据暂时保存在浏览器的 IndexedDB 中，即使浏览器关闭，甚至关机，只要不清空浏览器的 Cookie，这些数据将永远存在。当单击"提交"按钮后，如果检测到服务器关闭，那么就会启动一个定时器进行监测，一旦发现服务器上线，就会立刻将缓存到 IndexedDB 中的数据全部提交给服务器端，然后清空 IndexedDB 数据库。通过这种离线技术，在暂时没有网络，或者服务器暂时中断的情况下仍然可以正常工作，大大提升了用户体验。

6.6.1　服务器程序

这个例子需要一个服务器程序，负责创建 SQLite 数据库，并接收客户端提交的数据，然后将数据保存到 SQLite 数据库中，同时需要提供用于检测服务器是否可用的心跳检测接口（/heartbeat）。

代码位置：src/pwa/cache_db/server.js

```
// 引入必要的模块
const express = require('express');
const bodyParser = require('body-parser');
const sqlite3 = require('sqlite3').verbose();   // 使用 sqlite3 模块的详细日志版本，以便于调试
const path = require('path');
// 创建 Express 应用
const app = express();
const dbFile = path.join(__dirname, 'data.db'); // 定义数据库文件的路径
```

```javascript
const db = new sqlite3.Database(dbFile);        // 连接到 SQLite 数据库
// 初始化数据库,如果不存在则创建表
db.serialize(() => {
    db.run('CREATE TABLE IF NOT EXISTS persons (
        id INTEGER PRIMARY KEY AUTOINCREMENT,
        name TEXT,
        age INTEGER,
        gender TEXT,
        country TEXT,
        income REAL
    )');
});
// 使用 bodyParser 中间件解析 JSON 格式请求体
app.use(bodyParser.json());
// 设置静态文件目录,让 Express 自动响应 public 目录下的文件请求
app.use(express.static('public'));
// 提供心跳检测接口,用于检查服务是否运行
app.get('/heartbeat', (req, res) => {
    res.status(200).send('OK');
});

// 接收前端提交的数据并存入数据库
app.post('/submit', (req, res) => {
    const { name, age, gender, country, income } = req.body;   // 解构请求体中的数据
    console.log(name);                          // 控制台输出姓名,用于调试
    // 将解构的数据插入数据库中的 persons 表
    db.run('INSERT INTO persons (name, age, gender, country, income) VALUES (?, ?, ?, ?, ?)',
        [name, age, gender, country, income],
        function(err) {
            if (err) {
                console.error(err.message);    // 打印错误消息
                res.status(500).json({ error: '数据处理错误' });// 发生错误时响应 500 状态
                                                               // 码及错误信息
                return;
            }
            res.json({ id: this.lastID });     // 成功插入后,返回新插入记录的 ID
        }
    );
});
// 定义服务器端监听的端口,启动服务
const PORT = 3000;
app.listen(PORT, () => {
    console.log('服务器运行在 http://localhost:${PORT}/');    // 控制台输出服务运行的地址
});
```

执行 node server.js 命令可以启动服务器。

6.6.2 页面表单

本节会给出页面的代码,在该页面中会有一个表单,代码如下。

代码位置: src/pwa/cache_db/public/index.html

```html
<!DOCTYPE html>
<html lang="zh">
<head>
```

```html
<meta charset="UTF-8">
<meta name="viewport" content="width=device-width, initial-scale=1.0">
<title>表单提交示例</title>
<style>
    body {
        font-family: Arial, sans-serif;
        margin: 20px;
    }
    form {
        margin-top: 20px;
    }
    label {
        display: block;
        margin: 10px 0;
    }
    input,
    select,
    button {
        width: 300px;
        padding: 8px;
        margin-top: 5px;
    }
    button {
        cursor: pointer;
    }
</style>
</head>
<body>
    <h1>填写信息</h1>
    <form id="userInfoForm">
        <label for="name">姓名:
            <input type="text" id="name" name="name" required>
        </label>
        <label for="age">年龄:
            <input type="number" id="age" name="age" required>
        </label>
        <label for="gender">性别:
            <select id="gender" name="gender">
                <option value="">请选择</option>
                <option value="male">男</option>
                <option value="female">女</option>
            </select>
        </label>
        <label for="country">国家:
            <input type="text" id="country" name="country" required>
        </label>
        <label for="income">收入:
            <input type="number" id="income" name="income" required>
        </label>
        <button type="button" id="submitBtn">提交</button>
    </form>
    <script src="db.js" defer></script>
    <script src="app.js" defer></script>
</body>
</html>
```

由于 server.js 已经将当前目录的 public 子目录映射为 Web 根目录，所以需要将 index.html 文件放到 public 目录中。

启动服务器，在浏览器地址栏中输入 http://localhost:3000，会在页面中看到一个表单，可以输入一些信息，如图 6-2 所示。

图 6-2 支持离线技术的表单

6.6.3 提交数据到服务器或本地

本节会实现本例的关键：app.js。在 index.html 的最后引用了 app.js，该文件的主要功能如下。

（1）清空表单：在表单提交后，如果提交成功，会清空表单中的内容，等待下一次输入。

（2）数据发送：尝试通过 POST 请求将数据发送到服务器。如果发送失败（例如，服务器无响应或其他网络问题），则将数据保存在本地，并开始定期检查服务器状态。

（3）服务器状态检查：每隔 5 秒检查一次服务器是否可用，如果服务器重新可用，则尝试从本地数据库发送数据到服务器。

（4）Service Worker 注册：在页面加载完成后注册 Service Worker，以支持离线功能和资源缓存，增强应用的性能和可靠性。

app.js 中的代码涉及表单处理、网络通信、本地数据存储和处理、定时任务和 Service Worker 的管理，旨在提高应用的健壮性和用户体验，特别是在网络不稳定的环境下。

代码位置：src/pwa/cache_db/public/app.js

```
// 存储定时检测服务器状态的定时器引用
```

```javascript
let checkInterval = null;
// 清空表单字段
function clearForm() {
    document.getElementById('name').value = '';
    document.getElementById('age').value = '';
    document.getElementById('gender').value = '';
    document.getElementById('country').value = '';
    document.getElementById('income').value = '';
}
// 在文档加载完成后绑定事件处理器
document.addEventListener('DOMContentLoaded', (event) => {
    const submitBtn = document.getElementById('submitBtn');
    // 单击提交按钮时的处理逻辑
    submitBtn.addEventListener('click', function() {
        // 收集表单数据
        const userData = {
            name: document.getElementById('name').value,
            age: parseInt(document.getElementById('age').value, 10),
            gender: document.getElementById('gender').value,
            country: document.getElementById('country').value,
            income: parseFloat(document.getElementById('income').value)
        };
        // 尝试发送数据到服务器
        sendDataToServer(userData).catch(error => {
            console.error('Error:', error);              // 控制台输出错误
            saveDataLocally(userData);                   // 发生错误时本地保存数据
            // 如果没有正在运行的定时器,则启动一个
            if (!checkInterval) {
                checkInterval = setInterval(checkServerStatus, 5000);// 每 5 秒检查一次服务器状态
            }
        });
    });
});
// 向服务器发送数据的函数
function sendDataToServer(data) {
    return fetch('/submit', {
        method: 'POST',
        headers: {
            'Content-Type': 'application/json'
        },
        body: JSON.stringify(data)
    })
    .then(response => {
        if (!response.ok) {
            throw new Error('Server response not OK');    // 如果响应不正常则抛出错误
        }
        return response.json();
    })
    .then(responseData => {
        console.log('Data sent to server:', responseData); // 控制台输出服务器响应数据
        clearForm();                                       // 清空表单
    });
}
// 检查服务器状态的函数
function checkServerStatus() {
    fetch('/heartbeat')
```

```javascript
        .then(response => {
          if (response.ok) {
            sendDataFromDB();        // 如果服务器可用,尝试发送本地数据库中的数据
          } else {
            throw new Error('Server not available');        // 如果服务器不可用则抛出错误
          }
        })
        .catch(error => {
          console.error('Server check failed:', error);        // 控制台输出错误
        });
}
// 初始化 Service Worker
if ('serviceWorker' in navigator) {
    window.addEventListener('load', () => {
      navigator.serviceWorker.register('/service-worker.js').then(registration => {
        console.log('Service Worker 注册成功:', registration.scope);
      }, error => {
        console.log('Service Worker 注册失败:', error);
      });
    });
}
```

6.6.4 本地数据库(IndexedDB)管理

db.js 的作用是管理本地 IndexedDB 数据库,在 index.html 的最后被引用。主要功能如下。

(1) 初始化 IndexedDB 数据库:在页面加载时初始化数据库,如果需要则创建名为 OfflineDataDB 的数据库及其中的 submissions 对象存储。

(2) 本地保存数据:通过 saveDataLocally 函数,允许在服务器不可用时将数据保存在本地 IndexedDB 数据库中,以便未来使用。

(3) 数据同步:通过 sendDataFromDB 函数,用于定期检查服务器状态,并尝试将所有本地保存的数据发送到服务器。发送成功后,清空本地数据库以释放空间。

代码位置:src/pwa/cache_db/public/db.js

```javascript
let db;
// 初始化本地数据库
function initDB() {
  const request = indexedDB.open("OfflineDataDB", 1);
  request.onupgradeneeded = function (event) {
    db = event.target.result;
    if (!db.objectStoreNames.contains("submissions")) {
      db.createObjectStore("submissions", { autoIncrement: true });
    }
  };
  request.onsuccess = function (event) {
    db = event.target.result;
  };
  request.onerror = function (event) {
    console.error("数据库打开失败:", event.target.error);
  };
```

```javascript
    }
    // 保存表单数据到本地数据库
    function saveDataLocally(data) {
      const transaction = db.transaction(["submissions"], "readwrite");
      const store = transaction.objectStore("submissions");
      store.add(data);
      alert('服务器异常,数据已经暂存到本地数据库!')
      clearForm();
    }
    // 将本地数据库同步到服务器
    function sendDataFromDB() {
        const transaction = db.transaction(["submissions"], "readwrite");
        const store = transaction.objectStore("submissions");
        const getAllRequest = store.getAll();
        getAllRequest.onsuccess = function () {
          const submissions = getAllRequest.result;
         if (submissions.length > 0) {
            Promise.all(submissions.map(submission => sendDataToServer(submission)))
              .then(() => {
                // 创建一个新的事务用于清除操作
                const clearTransaction = db.transaction(["submissions"], "readwrite");
                const clearStore = clearTransaction.objectStore("submissions");
                const clearRequest = clearStore.clear();
                clearRequest.onsuccess = () => {
                  console.log("Local database cleared.");
                  clearInterval(checkInterval); // 停止定时器
                  checkInterval = null;
                };
                clearRequest.onerror = (error) => {
                  console.error("Error clearing the store:", error);
                };
              })
              .catch(error => {
                console.error("Failed to send data to server:", error);
              });
          } else {
            clearInterval(checkInterval);          // 如果没有数据需要发送,停止定时器
            checkInterval = null;
          }
        };
      }
    }
    window.addEventListener("load", initDB);
```

6.6.5 管理 Service Worker

service-worker.js 用于安装 Service Worker,以及获取数据。在这个脚本文件中,通过 urlsToCache 指定要缓存页面的路径。

代码位置:src/pwa/cache_db/public/service-worker.js

```javascript
const CACHE_NAME = 'offline-cache-v1';
const urlsToCache = [
  '/',
  '/index.html',
```

May all your wishes come true

下笔如有神

清华大学出版社

如果知识是通向未来的大门，
我们愿意为你打造一把打开这扇门的钥匙！

https://www.shuimushuhui.com/

图书详情 | 配套资源 | 课程视频 | 会议资讯 | 图书出版

```
    '/app.js',
    '/db.js'
];
// 安装 Service Worker 时缓存资源
self.addEventListener('install', event => {
  event.waitUntil(
    caches.open(CACHE_NAME)
      .then(cache => {
        console.log('缓存已开启');
        return cache.addAll(urlsToCache);
      })
  );
});
// 捕获请求并查看是否可以提供缓存的资源
self.addEventListener('fetch', event => {
  event.respondWith(
    caches.match(event.request)
      .then(response => {
        if (response) {
          return response;          // 如果在缓存中找到匹配的资源,直接返回
        }
        return fetch(event.request);  // 否则继续从网络请求资源
      })
  );
});
```

现在启动服务器,在浏览器地址栏中输入 http://localhost:3000,显示表单后,输入一些数据,通过单击"提交"按钮将表单数据提交到服务器。然后关闭服务器,再输入一些数据,继续提交,程序并没有出错,而是继续将数据保存到本地的 IndexedDB 数据库,现在重新启动服务器,过 5 秒,再查看 pwa 目录中的 data.db 数据库的 persons 表,会看到在离线状态下提交到本地 IndexedDB 数据库的数据已经保存到 persons 表中了,如图 6-3 所示。

id	name	age	gender	country	income
1	王军	32	male	China	43325.0
2	John	43	male	US	5434.0
3	Mary	43	female	US	5435.0

图 6-3 在线和离线状态提交的数据

6.7 小结

本章全面介绍了 PWA 的概念、关键技术和实现方式,以及离线 Web 技术的重要性和应用场景。通过详细的技术解释和实际案例,读者可以了解到如何构建一个既能够提供良好用户体验,又能在离线状态下运行的 Web 应用。

PWA 通过 Service Worker、缓存 API 和 Manifest 文件等技术实现了应用的可靠性、性能和可安装性。这些技术的应用使得 Web 应用能够提供接近原生应用的体验，同时简化了开发和维护工作。

离线 Web 技术的讨论突出了其在提升应用可靠性、改善用户体验、减少数据使用和成本以及提升企业和组织效率方面的作用。Service Worker 和 IndexedDB 作为实现离线功能的关键技术，它们允许应用在没有网络连接的情况下运行，并且能够在网络恢复后同步数据。

通过案例分析，本章展示了如何创建一个支持离线功能的 Web 应用，包括 Service Worker 的注册和安装、缓存策略的实现、IndexedDB 数据库的使用，以及在离线状态下的数据提交和服务器恢复后的同步。

总的来说，本章为读者提供了构建高效、可靠且用户友好的 PWA 应用的知识和工具，强调了离线 Web 技术在现代 Web 开发中的重要性和实用性。

第 7 章 有趣的 GUI 技术

有很多特殊的应用,在初学者看来,简直就和魔法一样。例如,在屏幕上显示一只青蛙,或者一只怪兽,用鼠标还可以来回拖动。在屏幕的任何位置绘制曲线,随时可以清除这些曲线,或者在系统托盘添加图标,弹出对话气泡等。这些看似很复杂,其实用 Electron 实现起来相当简单,这是因为 Electron 有大量的标准模块和第三方模块,通过这些模块,只需要几行代码就可以搞定这些魔法。本章将通过大量完整的例子演示如何实现这些看似复杂,其实相当简单的功能。

7.1 特殊窗口

在很多场景中,往往需要实现各种特殊的窗口形态,例如,非矩形的窗口(称为异形窗口)、半透明窗口等,本节会介绍如何实现这些特殊窗口。

7.1.1 使用 Electron 实现五角星窗口

窗口通常都是矩形的,但还有很多应用,尤其是游戏,窗口却是不规则的,例如,圆形、椭圆、三角形、五角星,甚至是一个怪兽的形态(如有些游戏程序),其实这些仍然是窗口,只不过通过掩模(mask)技术将某些部分变得透明,因此,用户看起来窗口就变成了不规则的图形。

在计算机科学中,掩模或位掩码(bitmask)是用于位运算的数据,特别是在位域中。使用掩模,可以在一个字节的多个位上设置开或关,或者在一次位运算中将开和关反转。

在计算机图形学中,掩模是用于隐藏或显示另一图像的部分的数字图像。掩模可以用于创建特殊效果或选择图像的区域进行编辑。掩模可以从零开始在图像编辑器中创建,也可以从现有图像生成。例如,可以使用一张照片作为掩模,来显示或隐藏另一张照片的部分,如果对窗口使用掩模,那么窗口就变成了异形窗口。

本节将使用 Electron 实现五角星形态的异形窗口,也就是运行程序后,窗口会变成一个红色的五角星,其他部分是透明的,效果如图 7-1 所示。可以通过鼠标拖动五角星移动窗口。

从图 7-1 所示的五角星可以看出,运行程序,只会显示一个五角星,其他部分是透明的,

图 7-1　五角星窗口

可以看到后面的文件和目录。

这个五角星是在 Electron 窗口中通过 HTML5 Canvas API 绘制的,所以需要先了解如何绘制五角星。绘制五角星需要使用如下几组数据。

(1) 五角星的中心点坐标。

(2) 五角星内切圆半径和外切圆半径。

(3) 五角星 10 个顶点的坐标。

(4) 五角星的旋转角度。

在这些数据中,(1)、(2)和(4)是直接指定的,而(3)可以通过计算获得。本节绘制的五角星是正五角星[①],所以这里只讨论正五角星。五角星以及内切圆和外切圆如图 7-2 所示。其中 A~J 一共 10 个字母分别表示五角星的 10 个顶点。现在来计算顶点 B 的坐标,其他顶点坐标的计算方法类似。

假设五角星中心点的坐标是(centerX、centerY),顶点 B 与中心点的连线与水平线的夹角是 θ,外切圆半径是 r,那么 B 点的坐标如下:

$$(centerX + r * \cos(\theta), centerY - r * \sin(\theta))$$

按类似的方法计算完 10 个顶点的坐标,就可以绘制 10 个点的多边形,最终形成一个五角星。

使用 Electron 和 HTML5 Canvas API 制作五角星窗口,需要了解如下技术:在 Electron 应用中创建一个无边框、透明背景的窗口,内部绘制一个可拖动的五角星,涉及多方面的实现技术,包括窗口的设置、图形的绘制以及交互的优化。以下是各方面的详细介绍。

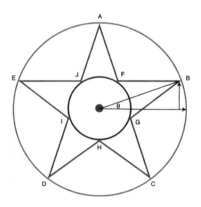

图 7-2　五角星以及内切圆和外切圆

1. 隐藏窗口标题栏和边框

在 Electron 中,创建无边框窗口的关键在于 BrowserWindow 的配置选项。通过设置 frame 属性为 false,可以实现隐藏窗口的标题栏和边框。这在创建自定义界面的应用中非常有用,允许开发者全权控制窗口的外观和行为。

```
mainWindow = new BrowserWindow({
    frame: false,  // 设置为无边框
    // 其他配置…
});
```

2. 让窗口变得透明

透明窗口的实现依赖于 transparent 属性设置为 true。这样设置后,窗口的背景将变得

[①] 正五角星是一个由五条对角线构成的正五边形的内接星形。它由 5 个相等的等腰三角形组成,每个三角形的顶点是正五边形的一个顶点。正五角星的每个内角是 36°,每个外角是 72°。正五角星有很多数学和几何性质,例如,它的对角线之比是黄金比例。

完全透明,只显示其中的内容。这对于需要自定义形状或背景的应用非常有用,比如五角星的形状可以显得更加突出。

```
mainWindow = new BrowserWindow({
    frame: false,              // 设置为无边框
    transparent: true,         // 设置窗口背景透明
    // 其他配置…
});
```

3. 绘制五角星

在 Electron 应用中绘制五角星的过程主要涉及 HTML5 CanvasAPI 的绘图技术。以下是用于绘制五角星的关键 Canvas 2D API 方法及其功能说明。

1) Canvas 2D 绘图方法和属性

(1) beginPath():开始一条新的路径。这个方法会重置当前的绘图路径。通常在开始绘制一个新的图形前调用。

(2) moveTo(x,y):将绘图光标移动到指定的坐标点,但不实际绘制线条。用于开始一个新的子路径。x 表示目标位置的 x 坐标;y 表示目标位置的 y 坐标。

(3) lineTo(x,y):从当前路径的最后一个点到指定的点绘制一条直线。若当前路径为空,则此方法类似于 moveTo()。x 表示直线终点的 x 坐标;y 表示直线终点的 y 坐标。

(4) closePath():闭合当前路径,通过绘制一条从当前点到路径起始点的直线。若路径已经是闭合的或只有一个点,则此调用不起作用。

(5) fillStyle 属性:设置或返回用于填充绘画的颜色、渐变或模式。属性类型是字符串(颜色)、CanvasGradient 对象或 CanvasPattern 对象。

(6) fill():填充当前的绘图(路径)。默认的填充颜色是黑色。

2) 绘制五角星的步骤

(1) 初始化路径:使用 beginPath() 开始一个新的绘图路径。

(2) 设置起始点:使用 moveTo() 设置路径的起始点,通常是五角星的一个顶点。

(3) 绘制线段:使用 lineTo() 连接各顶点,根据五角星的几何特性计算每个顶点的位置。这涉及一些三角函数的使用,如 Math.cos() 和 Math.sin(),来根据中心点、外半径和内半径计算顶点的具体坐标。

(4) 闭合路径:使用 closePath() 完成路径的绘制,这将自动从最后一个点连线到起始点,闭合五角星的形状。

(5) 填充图形:设置 fillStyle 属性定义图形的颜色,然后调用 fill() 方法进行填充。

这些步骤结合起来,可以在 Canvas 上绘制一个规整的五角星图形,利用 Canvas 的这些基本绘图操作,可以创建各种自定义图形和动画。

4. 拖动五角星

在 Electron 中,可以通过 CSS 的-webkit-app-region: drag;属性实现窗口拖动。这个属性将指定的区域设置为可拖动区域,不需要任何额外的 JavaScript 代码。当设置在 canvas 上时,整个画布区域变成可拖动,使得窗口拖动的实现非常简单和高效。

```css
canvas {
    display: block;                    /* 画布占满整个窗口 */
    -webkit-app-region: drag;          /* 将整个画布设置为可拖动区域 */
}
```

通过这种方法,整个五角星的绘制和窗口的拖动都在渲染进程中完成,而窗口的基本配置则由主进程控制。这种分离确保了应用的结构清晰,同时充分利用了 Electron 提供的多进程优势。

下面的例子完整地演示了如何使用 Electron 和 HTML Canvas API 实现一个五角星窗口,并通过鼠标拖动五角星移动窗口。

HTML 代码如下:

代码位置:src/interesting_gui/five_star_window/index.html

```html
<!DOCTYPE html>
<html lang="zh-CN">
<head>
    <meta charset="UTF-8">
    <title>红色五角星窗口</title>
    <style>
        body { margin: 0; overflow: hidden; }          /* 移除边距和滚动条 */
        canvas { display: block; }                      /* 画布占满整个窗口 */
        body { margin: 0; overflow: hidden; }          /* 移除边距和滚动条 */
        canvas {
            display: block;                             /* 画布占满整个窗口 */
            -webkit-app-region: drag;                   /* 将整个画布设置为可拖动区域 */
        }
    </style>
</head>
<body>
<canvas id="starCanvas"></canvas> <!-- 定义画布元素 -->
<script>
    const canvas = document.getElementById('starCanvas');
    const ctx = canvas.getContext('2d');
    canvas.width = 300;
    canvas.height = 300;
    // 绘制五角星的函数
    function drawStar(cx, cy, spikes, outerRadius, innerRadius, color) {
        let rot = Math.PI / 2 * 3;                      // 初始角度设置为270°,即向上
        let x = cx;
        let y = cy;
        let step = Math.PI / spikes;

        ctx.beginPath();
        ctx.moveTo(cx, cy - outerRadius);               // 从顶点开始绘制
        for (let i = 0; i < spikes; i++) {
            x = cx + Math.cos(rot) * outerRadius;
            y = cy + Math.sin(rot) * outerRadius;
            ctx.lineTo(x, y);
            rot += step;                                // 移动到下一个外角
            x = cx + Math.cos(rot) * innerRadius;
            y = cy + Math.sin(rot) * innerRadius;
            ctx.lineTo(x, y);
```

```
                rot += step;
            }
            ctx.lineTo(cx, cy - outerRadius);
            ctx.closePath();                        // 移动到下一个内角
            ctx.fillStyle = color;                  // 设置填充颜色
            ctx.fill();
        }
        // 在画布中心绘制一个红色的五角星
        drawStar(150, 150, 5, 100, 40, 'red');
    </script>
</body>
</html>
```

JavaScript 代码如下:

代码位置: src/interesting_gui/five_star_window/index.js

```
const { app, BrowserWindow, ipcMain } = require('electron');
const path = require('path');
let mainWindow;                             // 用于保存窗口对象的全局变量
app.on('ready', () => {
    // 创建一个新的浏览器窗口
    mainWindow = new BrowserWindow({
        width: 300,                         // 窗口宽度
        height: 300,                        // 窗口高度
        frame: false,                       // 无边框
        transparent: true,                  // 窗口背景透明
        webPreferences: {
            nodeIntegration: false,         // 禁用 Node 集成
            contextIsolation: true,         // 启用上下文隔离,保护应用免受攻击
        }
    });
    // 加载 index.html 文件
    mainWindow.loadFile(path.join(__dirname, 'index.html'));
    // 当所有窗口都被关闭时退出应用
    app.on('window-all-closed', () => {
        if (process.platform !== 'darwin') {    // 如果不是 macOS
            app.quit();
        }
    });
});
// MacOS 特有的行为,当应用被激活时重新创建窗口
app.on('activate', () => {
    if (BrowserWindow.getAllWindows().length === 0) {
        createWindow();
    }
});
```

执行 npm start 命令运行程序,就会看到如图 7-1 所示的五角星窗口,用鼠标可以拖动这个窗口。

7.1.2 使用透明 png 图像实现美女机器人窗口

尽管使用 HTML5 Canvas API 可以实现异形窗口,但对于更复杂的异形窗口,使用 HTML5 Canvas API 就很麻烦,尤其是人物、机械装置这些几乎不可能通过 Canvas 来绘制

的效果。因此，就需要直接使用透明png图像实现异形窗口，如图7-3所示的美女机器人窗口。通过鼠标拖动美女机器人，可以移动窗口。

本节的例子除了要显示png图像外，其他效果的实现方式与7.1.1节的例子完全相同。

在Electron中通过png图像创建一个异形窗口的核心只有以下两个。

（1）隐藏了标题栏的透明窗口（在7.1.1节已经描述了如何实现）。

（2）使用div等元素显示png图像。

图7-3 美女机器人窗口

下面的例子演示了如何使用png图像和Electron实现异形窗口的全过程。本例涉及2个文件：index.html和index.js。其中index.js的代码与7.1.1节的index.js的代码完全相同，所以这里只给出index.html的代码。

代码位置：src/interesting_gui/image_transparent_window/index.html

```html
<!DOCTYPE html>
<html lang="zh-CN">
<head>
    <meta charset="UTF-8">
    <title>异形窗口示例</title>
    <style>
        body, html {
            width: 100%;
            height: 100%;
            margin: 0;
            overflow: hidden;
            background: transparent;
        }
        #imageContainer {
            width: 100%;
            height: 100%;
            background: url('images/robot.png') no-repeat center center;
            background-size: contain;
            -webkit-app-region: drag;
        }
    </style>
</head>
<body>
    <div id="imageContainer"></div>
</body>
</html>
```

在这段代码中，#imageContainer为background属性设置了多个值，详细描述如下。

（1）url('images/robot.png')：指定图像文件的路径。

（2）no-repeat：确保图像不会重复。

（3）center center：将图像居中显示在其容器中。

(4) contain：保证图像完整显示在容器内，根据容器大小调整图像尺寸。

现在使用 npm start 运行程序，就会看到如图 7-3 所示的效果。

7.1.3 半透明窗口

Electron 窗口的透明度分为窗口透明度和元素透明度，下面分别对这两种透明度进行解释。

1. 窗口透明度

应用于整个窗口，包括所有内部内容和边框。主要用于创建整个应用窗口的透明或半透明效果，例如为了实现特殊的视觉风格或与桌面环境更好地融合。

在 Electron 中使用 mainWindow.setOpacity() 函数设置窗口透明度。

mainWindow.setOpacity(0.7);

设置窗口透明度会影响整个窗口的不透明度，包括所有内容和窗口本身。这个方法直接调整的是窗口级别的透明度，使得整个窗口呈现半透明效果，包括窗口边框和背景。

2. 元素透明度

元素透明度仅影响指定 HTML 元素的背景颜色透明度。允许在窗口内部进行更精细的视觉设计，例如制作半透明的对话框、提示框等，同时保持其他部分的不透明或不同程度的透明效果。也可以和其他 CSS 效果（如边框、阴影等）结合使用，创造丰富的用户界面。

元素透明度使用 background 属性设置：

background: rgba(255, 255, 255, 0.5);

本节的例子会利用这个特性让 Electron 窗口呈现如图 7-4 所示的半透明效果。

图 7-4 半透明窗口

下面的例子完整地演示了图 7-4 所示半透明窗口效果的实现方法。

HTML 代码如下：

代码位置：src/interesting_gui/translucent_window/index.html

```
<!DOCTYPE html>
<html lang="zh-CN">
<head>
    <meta charset="UTF-8">
    <title>半透明窗口示例</title>
    <style>
        body, html {
            width: 100%;
            height: 100%;
            margin: 0;
            overflow: hidden;
            background: rgba(255, 255, 255, 0.5);
            font-family: Arial, sans-serif;
```

```css
            -webkit-app-region: drag;
        }
        button {
            -webkit-app-region: no-drag;
            position: absolute;
            top: 10px;
            right: 10px;
        }
    </style>
</head>
<body>
    <h1>Hello, world!</h1>
    <button onclick="handleClose()" style="background-color:red">Close</button>
    <script>
        function handleClose() {
            window.api.closeWindow();
        }
    </script>
</body>
</html>
```

JavaScript 代码如下:

代码位置: src/interesting_gui/translucent_window/index.js

```javascript
const { app, BrowserWindow } = require('electron');
const path = require('path');
const { ipcMain } = require('electron');
function createWindow() {
    // 创建一个新的浏览器窗口
    const mainWindow = new BrowserWindow({
        width: 400,
        height: 300,
        frame: false,
        transparent: true,
        webPreferences: {
            nodeIntegration: false,
            contextIsolation: true,
            preload: path.join(__dirname, 'preload.js')
        }
    });
    mainWindow.loadFile('index.html');
    mainWindow.setOpacity(0.7);                    // 设置窗口透明度
    app.on('window-all-closed', () => {
        app.quit();
    });
}
app.whenReady().then(createWindow);
ipcMain.on('close-window', (event) => {
    const window = BrowserWindow.getFocusedWindow();
    if (window) {
        window.close();
    }
});
```

preload.js 的代码如下:

代码位置：src/interesting_gui/translucent_window/preload.js

```
const { contextBridge, ipcRenderer } = require('electron');
contextBridge.exposeInMainWorld('api', {
    closeWindow: () => ipcRenderer.send('close-window')
});
```

7.2 在屏幕上绘制曲线

有很多画笔应用，可以在整个计算机屏幕上绘制曲线和各种图形，这种应用很适合在线教学或演示。例如，讲解代码的编写过程，可以一边展示代码，一边在代码上绘制曲线、手写一些文字等，效果如图7-5所示。

图7-5 在屏幕上自由绘制曲线

实现这个功能的基本做法是让窗口充满整个屏幕，并且隐藏边框和标题栏，以及让窗口完全透明，这样就可以看到窗口后面的内容了。后面的事情就简单多了，例如，可以直接在窗口上绘制曲线，放置组件，绘制各种简单和复杂的图形，放置图像等。这些技术在前面都讲过，下面看一个完整的例子，演示如何实现在屏幕上绘制曲线。在这个例子中，默认绘制黑色曲线，按快捷键1、2、3，分别绘制红色、蓝色、绿色的曲线。按 Esc 键退出程序。

代码位置：src/interesting_gui/screen_drawing/index.html

```
<!DOCTYPE html>
<html>
<head>
    <title>画图程序</title>
    <style>
```

```css
        body, html {
            width: 100%;
            height: 100%;
            margin: 0;
            overflow: hidden;
            background: transparent;
        }
        canvas {
            position: absolute;
            top: 0;
            left: 0;
        }
    </style>
</head>
<body>
    <canvas></canvas>
    <script src="script.js"></script>
</body>
</html>
```

代码位置：src/interesting_gui/screen_drawing/script.js

```javascript
const canvas = document.querySelector('canvas');
const ctx = canvas.getContext('2d');
canvas.width = window.innerWidth;
canvas.height = window.innerHeight;
let painting = false;
let currentColor = 'black';
function startPosition(e) {
    painting = true;
    draw(e);
}
function finishedPosition() {
    painting = false;
    ctx.beginPath();
}
function draw(e) {
    if (!painting) return;
    ctx.lineWidth = 3;
    ctx.lineCap = 'round';
    ctx.strokeStyle = currentColor;
    ctx.lineTo(e.clientX, e.clientY);
    ctx.stroke();
    ctx.beginPath();
    ctx.moveTo(e.clientX, e.clientY);
}
canvas.addEventListener('mousedown', startPosition);
canvas.addEventListener('mouseup', finishedPosition);
canvas.addEventListener('mousemove', draw);
// 监听键盘事件来改变颜色
window.addEventListener('keydown', (e) => {
    if (e.key === '1') currentColor = 'red';
    if (e.key === '2') currentColor = 'blue';
    if (e.key === '3') currentColor = 'green';
});
```

代码位置：src/interesting_gui/screen_drawing/index.js

```js
const { app, BrowserWindow, globalShortcut, screen } = require('electron');
const path = require('path');
function createWindow() {
    const { width, height } = screen.getPrimaryDisplay().workAreaSize;
    const mainWindow = new BrowserWindow({
        width: width,
        height: height,
        frame: false,
        transparent: true,
        webPreferences: {
            nodeIntegration: true,
            contextIsolation: false
        }
    });
    mainWindow.loadFile('index.html');
    mainWindow.maximize(); // 确保全屏
    // 注册 Esc 键退出应用
    globalShortcut.register('Esc', () => {
        app.quit();
    });
    // 当所有窗口都被关闭时退出应用
    app.on('window-all-closed', () => {
        app.quit();
    });
}
app.whenReady().then(createWindow);
```

7.3 控制状态栏

状态栏一直是各类程序争夺的主阵地之一，有很多主流程序都会在状态栏添加一个或多个图标，以及图标弹出菜单、对话气泡等功能。本节将详细讲解如何用 Electron 攻占这块主阵地。

7.3.1 在状态栏上添加图标

Windows、macOS 和 Linux 操作系统都有状态栏，而且都可以添加图标，只是添加图标的区域不同。Windows 称为通知区域，也就是任务栏右侧的部分，它包含了一些常用的图标和通知，比如电池、Wi-Fi、音量、时钟和日历等。macOS 称为菜单栏，在菜单栏左侧显示 macOS 菜单，右侧显示各种图标，单击这些图标，会有不同的动作。Linux 右上角显示图标的区域的称呼可能因不同的桌面环境而有所不同，但一般可以称为状态栏或者通知区域。为了统一，后面统称为状态栏。

Electron 的 Tray 模块允许在操作系统的系统托盘或菜单栏区域添加图标和上下文菜单。这对于需要在后台运行且用户可通过系统托盘快速访问的应用程序来说，是一个非常有用的功能。

Electron Tray 的标准用法如下。

1. 创建 Tray 实例

创建一个 Tray 实例通常需要一个图标路径。图标在系统托盘中显示,用来表示你的应用。

```
const { Tray } = require('electron');
const tray = new Tray('/path/to/icon.png');
```

2. 设置提示

通常你会设置一个提示(tooltip),当用户鼠标悬停在托盘图标上时显示。

```
tray.setToolTip('This is my application');
```

3. 创建菜单

为托盘图标添加一个上下文菜单,允许用户通过右击图标来访问选项。

```
const { Menu } = require('electron');
const contextMenu = Menu.buildFromTemplate([
    { label: 'Item1', type: 'radio' },
    { label: 'Item2', type: 'radio' }
]);
tray.setContextMenu(contextMenu);
```

由于 Tray 模块不能自动缩放图标尺寸,所以应该为不同操作系统准备不同尺寸的托盘图标,否则图标会显示过大或过小。

(1) Windows:16×16 像素,24×24 像素,32×32 像素,64×64 像素。

(2) macOS:22×22 像素(@2x for Retina display)。

(3) Linux:通常是 24×24 像素或 22×22 像素。

如果读者不想为每一个操作系统准备不同尺寸的图标,或者图标的尺寸比较大,可以使用 sharp 模块自动缩放图标尺寸。使用下面的命令可以安装 sharp 模块。

```
npm install sharp
```

下面的代码展示了如何使用 sharp 模块来调整图像的尺寸:

```
const sharp = require('sharp');
sharp('path/to/original/icon.png')
    .resize(16, 16)                                    // 调整图像尺寸为 16×16 像素
    .toFile('path/to/resized/icon.png', (err, info) => {
        if (err) throw err;                            // 处理可能的错误
        console.log('Image resized and saved.');       // 成功处理图像
    });
```

这段代码加载一个图像文件,调整其尺寸,并将调整后的图像保存到新的文件中。这对于准备适用于不同操作系统环境的系统托盘图标非常有用。

下面的例子完整地演示了如何使用 electron 和 sharp 模块在状态栏添加一个托盘图标,单击托盘图标会显示一个菜单,以及响应菜单项的单击动作。本例的菜单中有 2 个菜单项:Hello 和"退出"。单击 Hello 菜单项会在终端输出 Hello 字符串,单击"退出"菜单项,

会退出应用程序。

代码位置：src/interesting_gui/pystray_demo/index.js

```js
const { app, Tray, Menu } = require('electron');
const path = require('path');
const sharp = require('sharp');
let tray = null;
// 设置路径
const iconPath = path.join(__dirname, 'images', 'tray.png');
const resizedIconPath = path.join(__dirname, 'images', 'resized_tray.png');

function createTray() {
    // 创建系统托盘图标
    tray = new Tray(resizedIconPath);
    tray.setToolTip('Electron Tray Application');
    // 创建与托盘图标关联的菜单
    const contextMenu = Menu.buildFromTemplate([
        {
            label: 'Hello',
            click: () => console.log('Hello from tray')
        },
        {
            label: '退出',
            click: () => app.quit()
        }
    ]);
    // 设置图标的右键菜单
    tray.setContextMenu(contextMenu);
}
function resizeIconAndCreateTray() {
    // 使用 sharp 库调整图标尺寸并保存到新文件
    sharp(iconPath)
        .resize(16, 16)
        .toFile(resizedIconPath, (err, info) => {
            if (err) {
                console.error('Error resizing icon:', err);
                return;
            }
            // 图标调整大小并保存后,创建系统托盘
            createTray();
        });
}
app.whenReady().then(resizeIconAndCreateTray);
app.on('window-all-closed', () => {
    // 在 macOS 中,应用常见的行为是继续运行,直到用户使用 Cmd + Q 快捷键显式退出
    if (process.platform !== 'darwin') {
        app.quit();
    }
});
```

运行程序,会看到在状态栏上显示一个绿色的图标,在图标上右击,会弹出一个菜单,图 7-6 是 Windows 的效果,图 7-7 是 macOS 的效果,图 7-8 是 Ubuntu Linux 的效果。

图 7-6　Windows 的效果

图 7-7　macOS 的效果

图 7-8　Ubuntu Linux 的效果

7.3.2　显示消息框

本节的例子会显示一个托盘图标,单击托盘图标,会显示一个通知,单击 Show Message 菜单项也会显示通知。本例使用 Notification 显示消息框,实现代码如下:

代码位置:src/interesting_gui/toast_demo/index.js

```js
const { app, Tray, Menu, Notification } = require('electron');
const path = require('path');
let tray = null;
app.on('ready', () => {
    // 创建系统托盘图标
    tray = new Tray(path.join(__dirname, 'images', 'tray.png'));
    tray.setToolTip('This is a tray icon');
    // 创建托盘图标的上下文菜单
    const contextMenu = Menu.buildFromTemplate([
        { label: 'Show Message', click: showNotification },
        { label: 'Quit', click: () => app.quit() }
    ]);
    tray.setContextMenu(contextMenu);
    tray.on('click', showNotification); // 在图标上单击时显示通知
    function showNotification() {
        const notification = new Notification({
            title: 'Hello World',
            body: 'This is a message from Electron',
            icon: path.join(__dirname, 'images', 'tray.png')
        });
        notification.show();
        notification.on('click', () => {
            console.log('Notification clicked');
        });
    }
});
app.on('window-all-closed', () => {
    app.quit();
});
```

运行程序,单击托盘图标,会显示如图 7-9 所示的消息框(macOS),其他操作系统下的消息框也有类似的效果。

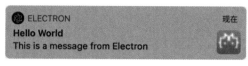
图 7-9　macOS 下的消息框

如果在 macOS 中没有显示消息框，需要打开显示消息框权限。打开"系统偏好设置"窗口，单击"通知"，打开"通知"窗口。首先关闭"勿扰模式"，如图 7-10 所示。

图 7-10　关闭勿扰模式

接下来单击左侧的 Electron，打开如图 7-11 所示的"允许通知"开关。

图 7-11　允许 Electron 显示通知

7.4 小结

本章介绍的内容相当有意思，尽管这些功能对于大多数应用程序不是必需的，但如果自己的应用程序有这些功能，会显得更酷、更专业。尤其是在状态栏中添加图标，读者可以将一些常用的功能添加到图标菜单中，这样用户就可以很方便地使用这些功能了。本章的很多内容使用了第 5 章介绍的 Electron，所以如果读者对 Electron 不了解，请先阅读第 5 章的内容。

第 8 章 动画

Web 前端可以利用 CSS 的特性以及众多第三方库实现各种有趣的动画,如属性动画、缓动动画、GIF 动画等。利用这些第三方库,可以设计出堪比专业动画制作软件的系统。本章会选一些非常流行的第三方库,用来展示 JavaScript 到底有多强大。

8.1 属性动画

在前端开发(Electron 的 UI 也属于前端开发的范畴)中,属性动画是一种通过改变元素的样式属性来创建视觉动画效果的技术。通过逐渐变化元素的一个或多个 CSS 属性,开发者能够制作出平滑的动态效果,增强用户体验。在 CSS 中,transition 属性是实现这种动画的关键技术之一。

1. 什么是 transition?

CSS 中的 transition 属性允许元素在状态之间过渡时改变属性值的方式变得平滑。它主要用于在元素的某个属性值变化时自动应用动画效果,而无须通过 JavaScript 来手动控制每个动画帧。transition 属性可以指定动画的持续时间、动画函数(如何变化)、延迟时间以及要过渡的 CSS 属性。

2. 如何通过设置 CSS 属性实现动画?

设置元素的 transition 属性后,任何被指定为过渡的 CSS 属性的改变都将产生动画效果。这些属性的值变化将不再是瞬间发生的,而是按照定义的时间和动画函数缓慢变化。

```
#animatedButton {
    transition: background-color 3s, width 2s, height 2s;
}
```

这段代码意味着背景颜色、宽度和高度的变化将分别在 3 秒、2 秒内平滑过渡,而不是瞬间变化。这就产生了动画效果。

3. 动画的原理

当通过 JavaScript 或用户交互(如:hover 状态)改变一个元素的 CSS 属性时,如果这个属性被包含在 transition 属性中,浏览器就会自动在旧值和新值之间创建一个平滑的过渡。浏览器内部实现这一点是通过在指定的时间内计算属性的中间值,并在多个帧中逐步应用这些值，从而形成视觉上的连续动画。

4. transition 支持的 CSS 属性

除了背景色和尺寸（宽度和高度）外，transition 属性几乎可以应用于任何 CSS 属性。包括但不限于：

（1）opacity：元素的透明度。

（2）transform：用于旋转、缩放、倾斜或移动元素。

（3）margin 和 padding：元素的外边距和内边距。

（4）border 相关属性：边框颜色、宽度和样式等。

（5）color：文本颜色。

（6）font-size：字体大小。

（7）left、right、top、bottom：定位属性。

几乎所有可以通过数值或颜色变化描述的属性都可以通过 transition 来实现动画效果。

通过合理使用 transition，开发者可以在不增加额外脚本处理负担的情况下，实现丰富而流畅的动画效果，大幅提升应用的用户体验。

下面的例子通过在 transition 属性中指定 background-color、width 和 height，在单击按钮时，会让按钮从小逐渐变大，并且背景色也会逐渐变化。再次单击按钮，按钮会从大逐渐变小，同时伴随着背景色的逐渐变化。不断单击按钮，会不断重复这一过程。图 8-1 是动画开始前的样式，图 8-2 是动画结束后的样式。

图 8-1 动画开始前的样式

图 8-2 动画结束后的样式

代码位置：src/animations/property_animation/index.html

```
<!DOCTYPE html>
<html>
<head>
```

```
        <title>Animated Button Example</title>
        <style>
        /* 定义按钮的初始样式 */
        #animatedButton {
            width: 100px;
            height: 100px;
            background-color: red; /* 初始颜色为红色 */
            transition: background-color 3s, width 2s, height 2s; /* 定义颜色和尺寸变化的过渡时间 */
            position: absolute;
            top: 50%;
            left: 50%;
            transform: translate(-50%, -50%);
        }
        </style>
    </head>
    <body>
        <button id="animatedButton">单击我</button>
        <script>
            document.addEventListener('DOMContentLoaded', function() {
                const button = document.getElementById('animatedButton');
                let isExpanded = false; // 初始状态:未扩展
                // 监听按钮的单击事件
                button.addEventListener('click', function() {
                    if (isExpanded) {
                        // 如果按钮已扩展,则缩小并改变背景色为红色
                        button.style.width = '100px';
                        button.style.height = '100px';
                        button.style.backgroundColor = 'red';
                    } else {
                        // 如果按钮未扩展,则放大并改变背景色为绿色
                        button.style.width = '300px';
                        button.style.height = '300px';
                        button.style.backgroundColor = 'green';
                    }
                    // 切换状态
                    isExpanded = !isExpanded;
                });
            });
        </script>
    </body>
</html>
```

本例涉及的 index.js,其实就是一个标准的 Electron 入口文件,没有添加任何附加的代码。直接使用 5.1.3 节的 index.js 即可,如果有差异,就是窗口的尺寸不同而已。在本书后面的章节,如果没有提到 index.js,就说明案例中涉及的逻辑与 index.js 没有任何关系,使用默认的 index.js 文件即可。

现在使用 npm start 命令运行程序,然后单击"单击我"按钮,就会开始运行动画。

8.2 缓动动画

缓动动画是一种动画技术,其核心在于模拟现实世界中物体的自然运动,使动画流程显

得更加平滑和自然。在不使用缓动的情况下，动画从起始点到终点的速度是恒定的，这往往会显得生硬且不自然。缓动动画通过变化动画的速度——加速或减速——来改善这一点，让动画开始和结束时速度较慢，中间过程速度较快，或者根据特定的动作需求调整速度变化曲线。

1. 在 Electron 中如何实现缓动动画

缓动函数可以是简单的线性变化，也可以是更复杂的数学函数，如二次、三次方程或正弦、指数等函数，每种都有不同的速度曲线，适用于不同的动画效果需求。在 Electron 中，可以使用 Anime.js 库实现缓动动画。读者可以从 Anime.js 官网下载 Anime.js 的最新代码。

https://animejs.com

2. 什么是 Anime.js？

Anime.js 是一个轻量级的 JavaScript 动画库，它允许开发者快速创建复杂的动画效果。这个库的主要优点是其简单的 API 和对各种 CSS 属性、SVG 属性以及 JavaScript 对象的动画支持。Anime.js 特别适合创建具有缓动效果的动画，能够处理多个元素、属性和值的同步变化。

3. Anime.js 的主要功能

（1）多属性动画：可以同时为一个或多个元素的多个属性添加动画。

（2）缓动函数：支持多种缓动函数，如 linear、easeIn、easeOut、easeInOut 等，使动画看起来更加自然。

（3）时间线控制：可以创建复杂的动画序列，通过时间线控制动画的具体执行时刻。

（4）SVG 动画：能够动画化 SVG 属性，使其能够制作高质量的矢量图形动画。

（5）响应式动画：可以根据窗口大小或其他变量来调整动画参数。

（6）自定义函数：在动画过程中调用自定义的 JavaScript 函数或事件。

4. Anime.js 如何支持缓动动画

Anime.js 内置了多种缓动函数，这些函数允许开发者为动画指定不同的速度变化模式。通过指定 easing 属性的值，开发者可以控制动画的加速、减速过程，以达到期望的视觉效果。

5. 支持的缓动动画类型

Anime.js 支持多种类型的缓动函数，这些函数分为以下几个主要类别。

（1）标准缓动：linear，无加速或减速，动画以均匀速度执行。easeInQuad、easeOutQuad、easeInOutQuad，基于二次方程的缓动，适用于大多数标准的加速和减速需求。

（2）高级缓动：easeInCubic、easeOutCubic、easeInOutCubic，基于三次方程，动画开始或结束时的加速/减速更加明显。easeInQuart、easeOutQuart、easeInOutQuart，四次方程缓动，变化更加剧烈。

（3）特殊缓动：easeInElastic、easeOutElastic、easeInOutElastic，弹性缓动，动画具有超过终点然后回弹的效果。easeInBounce、easeOutBounce、easeInOutBounce，弹跳缓动，模拟物体落地后的弹跳效果。

（4）自然缓动：easeInSine、easeOutSine、easeInOutSine，正弦波缓动，模仿更自然的动态变化，如物体摆动。

6. 如何与 Anime.js 结合使用缓动函数

在 Anime.js 中使用缓动函数非常简单，只需在动画定义中指定 easing 属性即可。下面是一个示例代码片段，展示如何为背景色变化动画指定缓动函数：

```
anime({
  targets: '#myElement',
  backgroundColor: '#FFF',
  easing: 'easeInOutQuad',       // 指定缓动函数
  duration: 2000                 // 动画持续时间
});
```

这段代码将使得元素的背景色在 2000 毫秒内按照 easeInOutQuad 缓动函数（开始和结束时速度较慢，中间速度较快）变化，将 myElement 指定元素的背景色从当前颜色变为白色。

下面的例子通过 Anime.js 的 easeInOutQuad 缓动函数控制按钮背景色的颜色变化。当鼠标移入按钮时，按钮背景色会从红色逐渐变为蓝色，当鼠标移除按钮时，按钮背景色会从蓝色逐渐变为红色。

代码位置：src/animations/tweening/index.html

```
<!DOCTYPE html>
<html>
<head>
    <title>Color Tween Button in Electron</title>
    <script src="../libs/anime.min.js"></script>
    <style>
        #colorButton {
            width: 200px;
            height: 100px;
            background-color: rgb(255, 0, 0); /* 初始为红色 */
            color: white;
            font-size: 24px;
            border: none;
            outline: none;
            cursor: pointer;
            transition: background-color 0.3s linear; /* 平滑颜色过渡 */
            transform: translate(-50%, -50%);
            position: absolute;
            top: 50%;
            left: 50%;
        }
    </style>
</head>
<body>
    <button id="colorButton">Hello</button>
```

```
<script>
    document.addEventListener('DOMContentLoaded', function() {
        const button = document.getElementById('colorButton');
        button.addEventListener('mouseenter', function() {
            animateColor(true);      // 鼠标进入时从红变蓝
        });
        button.addEventListener('mouseleave', function() {
            animateColor(false);     // 鼠标离开时从蓝变红
        });
        function animateColor(isEntering) {
            // anime.js 用于创建缓动动画
            anime({
                targets: button,
                backgroundColor: isEntering ? 'rgb(0, 0, 255)' : 'rgb(255, 0, 0)',
                                         // 目标颜色
                easing: 'easeInOutQuad',     // 缓动函数
                duration: 1000               // 动画持续时间
            });
        }
    });
</script>
</body>
</html>
```

运行程序,会显示如图 8-3 所示的窗口,将鼠标移入移出按钮,会看到按钮的背景色会逐渐改变。

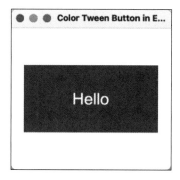

图 8-3　缓动动画

8.3　制作 GIF 动画

本节会使用 gif.js 库制作 GIF 动画,其中包括展示正弦曲线运动的动画(正弦波);如何将静态图片转换为 GIF 动画文件;模拟自由落体和粒子爆炸的 GIF 动画。

8.3.1　正弦波动画

本节会制作一个正弦波的 GIF 动画,并在 Electron 窗口中显示,下面是实现的步骤与核心原理。

(1) 制作正弦波 GIF 动画的步骤如下。

① 绘制静态图形：首先在 canvas 上绘制出一个静态的数学图形（在本例中是正弦曲线）。

② 动画制作：通过改变某些参数（如正弦曲线的相位）逐帧绘制每一个变化的状态，创建动画的感觉。

③ GIF 制作：使用 gif.js 库[①]将这些连续的帧组合成一个动画 GIF 文件。

④ 显示 GIF：最后在 Electron 窗口中显示这个生成的 GIF 动画。

(2) 如何将正弦曲线绘制在 canvas 上。

在前端开发中，通常使用 HTML5 的<canvas>元素来绘制图像和图形。<canvas>提供了一个二维渲染上下文（通过 getContext('2d')访问），这使得我们能够在 canvas 上绘制像正弦波这样的复杂形状。

(3) 如何绘制多帧正弦曲线静态图，并调整正弦曲线。

为了制作动画，需要绘制多帧图像，每一帧都有微小的变化。在这个例子中，通过逐渐改变正弦曲线的相位来实现：

```
const phaseIncrement = (2 * Math.PI) / numFrames;
for (let i = 0; i < numFrames; i++) {
    drawSineWave(i * phaseIncrement);
}
```

在每次循环中，正弦曲线的相位会根据总帧数均匀增加，从而在动画中创建连续移动的效果。

(4) 使用 gif.js 制作动画 GIF，并在 Electron 窗口上显示。

gif.js 是一个强大的 JavaScript 库，用于在浏览器端生成 GIF 动画。它的主要功能如下。

① 多线程处理：使用 Web Workers 来并行处理数据，加快 GIF 的生成速度。

② 高度可配置：可以设置 GIF 的质量、延迟时间、重复次数等。

③ 简易的 API：提供了简单的方法来添加帧、渲染 GIF 以及处理完成事件。

这样，通过上述步骤，我们可以在 Electron 或任何支持 HTML5 的浏览器中制作并展示数学动画 GIF。下面的例子演示了如何用前面介绍的库和 API 生成一个正弦波 GIF 动画（并没有保存为文件，直接将生成的二进制转换为 URI，赋给了<img>标签的 src 属性）。会看到正弦波不断从右向左运动，效果如图 8-4 所示。

代码位置：src/animations/sine_wave/index.html

```
<!DOCTYPE html>
<html lang="en">
<head>
    <meta charset="UTF-8">
```

[①] 读者可以从 https://github.com/jnordberg/gif.js 下载 gif.js。本书源代码已经带了本书写作时最新版的 gif.js 文件。

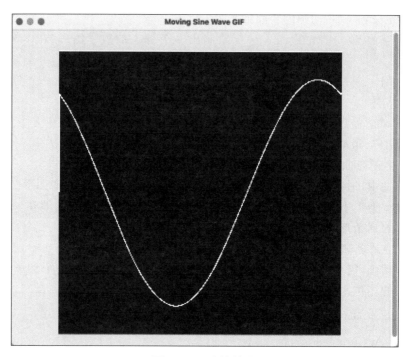

图 8-4　正弦波效果

```html
<meta name="viewport" content="width=device-width, initial-scale=1.0">
<title>Moving Sine Wave GIF</title>
<style>
    body {
        font-family: Arial, sans-serif;       /* 设置字体样式为 Arial,无衬线 */
        display: flex;                         /* 使用弹性盒模型 */
        justify-content: center;               /* 内容水平居中 */
        align-items: center;                   /* 内容垂直居中 */
        height: 100vh;                         /* 高度为视口的 100% */
        flex-direction: column;                /* 主轴方向为垂直方向 */
        background-color: #f0f0f0;             /* 背景颜色设置为灰色 */
    }
    canvas {
        border: 1px solid black;               /* 画布边框为黑色 */
        display: none;                         /* 默认不显示画布 */
    }
</style>
</head>
<body>
    <canvas id="sineCanvas" width="500" height="500"></canvas> <!-- 定义一个画布用于绘图 -->
    <script src="../libs/gif.js"></script> <!-- 引入 gif.js 库 -->
    <script>
        // 定义绘制正弦波的函数
        function drawSineWave(phaseShift) {
            const canvas = document.getElementById('sineCanvas'); // 获取画布元素
            const ctx = canvas.getContext('2d');                  // 获取 2D 渲染上下文
```

```
            const width = canvas.width;                      // 画布宽度
            const height = canvas.height;                    // 画布高度
            const scale = 200;                               // 振幅缩放因子
            ctx.clearRect(0, 0, width, height);              // 清除画布
            ctx.beginPath();                                 // 开始新路径
            ctx.moveTo(0, height / 2);                       // 起点设置在中央
            for (let x = 0; x < width; x++) {
                // 计算每个点的 y 值并绘制线段
                const y = Math.sin((x / width) * 2 * Math.PI + phaseShift) * scale + (height / 2);
                ctx.lineTo(x, y);
            }
            ctx.strokeStyle = '#ff0000';                     // 设置线条颜色为红色
            ctx.lineWidth = 2;                               // 设置线条宽度
            ctx.stroke();                                    // 绘制路径
        }
        // 定义生成 GIF 的函数
        function generateGIF() {
            const numFrames = 30;                            // 定义总帧数
            const phaseIncrement = (2 * Math.PI) / numFrames;  // 每帧相位增量
            const gif = new GIF({
                workers: 2,                                  // 使用两个工作线程
                quality: 10,                                 // GIF 质量设置
                workerScript: '../libs/gif.worker.js',       // 工作线程的脚本路径
                repeat: 0                                    // GIF 无限循环
            });
            for (let i = 0; i < numFrames; i++) {
                drawSineWave(i * phaseIncrement);            // 绘制当前帧的正弦波
                gif.addFrame(document.getElementById('sineCanvas'), {copy: true, delay: 50});
                                                             // 添加帧到 GIF
            }
            gif.on('finished', function(blob) {
                // GIF 生成完成后的操作
                const outputGif = document.createElement('img');   // 创建图片元素
                outputGif.src = URL.createObjectURL(blob);   // 设置图源为生成的 GIF
                document.body.appendChild(outputGif);        // 将图片添加到页面中
            });

            gif.render();                                    // 开始生成 GIF
        }
        generateGIF();                                       // 调用生成 GIF 的函数
    </script>
</body>
</html>
```

8.3.2 使用静态图像生成动画 GIF 文件

在本节的例子中,使用 Electron 框架结合 gif.js 库来实现一个可以从用户选择的多个图像文件生成动画 GIF 并保存的应用。这个过程涉及前端页面与 Electron 的主进程之间的交互,以及如何在前端页面处理图像文件和生成 GIF。以下是详细的步骤。

1. 在前端页面选择多个图像文件

(1)用户界面:在前端页面(HTML)设置两个按钮:一个用于选择图像文件,另一个用

于生成 GIF 文件。这提供了一个用户友好的界面，使用户能够轻松地进行操作。

（2）调用主进程功能：当用户单击"选择图像"按钮时，通过预先定义的 electronAPI（这是在 preload.js 中通过 contextBridge 暴露给渲染进程的安全方式），渲染进程会发起一个 IPC 调用到主进程，请求打开一个文件选择对话框。

（3）Electron dialog API：在主进程中，使用 dialog.showOpenDialog 方法弹出一个对话框，让用户可以选择多个图像文件。这个对话框通过 properties 设置为支持多选和打开文件，通过 filters 限制用户只能选择图像文件（如 JPG、PNG、GIF）。

（4）返回文件路径：用户选择文件后，路径会被返回到渲染进程。这些路径会被用于后续的 GIF 生成步骤。

2. 保存动画 GIF 文件

（1）生成 GIF 后保存：在 GIF 成功生成后，前端会再次通过 electronAPI 调用主进程的功能，这次是为了保存生成的 GIF。

（2）使用 dialog.showSaveDialog：同样在主进程中，使用 dialog.showSaveDialog 弹出保存文件对话框，用户可以指定保存 GIF 的位置和文件名。

（3）写入文件：主进程接收到渲染进程传来的 GIF 文件数据（作为 buffer），并使用 Node.js 的 fs 模块相关 API 创建文件并写入数据。

3. 利用 gif.js 生成动画 GIF

（1）加载和处理图像：在用户选择了图像文件后，前端 JavaScript 将为每个选定的图像路径创建一个 Image 对象，并监听其 onload 事件。当图像加载完成后，它会被添加到 gif.js 的 GIF 实例中。

（2）设置 GIF 参数：在创建 GIF 实例时，可以设置多个参数，例如工作线程的数量、质量和每帧的延迟等。

（3）监听完成事件：使用 gif.js 的事件监听功能，当所有图像都加载并添加到 GIF 后，调用 gif.render() 开始生成 GIF。生成完成后，onfinished 事件会触发，并将 GIF 数据（通常是一个 Blob）转换为可以通过 IPC 传递的 ArrayBuffer。

下面的代码完整地演示了这个应用的实现过程。

代码位置：src/animations/make_anim_gif/index.html

```html
<!DOCTYPE html>
<html>
<head>
    <title>GIF Creator</title>
    <style>
        body { padding: 20px; }
        #buttons { margin-top: 20px; }
    </style>
</head>
<body>
    <h1>GIF Creator</h1>
    <button id="selectImages">选择图像</button>
    <button id="createGif">生成动画 GIF 文件</button>
```

```html
        <script src="../libs/gif.js"></script>
        <script>
            let images = [];              // 初始化一个数组来存储用户选择的图像路径
            // 给选择图像按钮添加单击事件监听器
            document.getElementById('selectImages').addEventListener('click', async () => {
                // 使用 electronAPI 调用主进程函数选择图像,并存储路径
                images = await window.electronAPI.selectImages();
            });
            // 给生成 GIF 按钮添加单击事件监听器
            document.getElementById('createGif').addEventListener('click', () => {
                // 如果没有选择任何图像,弹出警告并返回
                if (images.length === 0) {
                    alert("请先选择图像!");
                    return;
                }
                // 初始化 gif.js 的 GIF 实例
                let gif = new GIF({
                    workers: 2,        // 使用两个工作线程来处理 GIF 生成
                    workerScript: '../libs/gif.worker.js',  // 指定 worker 脚本的路径
                    quality: 10,       // 设置生成 GIF 的质量
                });
                let loadCount = 0;    // 记录已加载完成的图像数量
                // 遍历每一个图像路径,为每个图像创建 Image 对象并加载
                images.forEach(imagePath => {
                    let img = new Image();
                    img.onload = () => {
                        // 图像加载完成后,将其添加为 GIF 帧
                        gif.addFrame(img, { delay: 1000, copy: true });  // 帧延迟 1000 毫秒,使用
                                                                          // 图像数据的副本
                        // 增加已加载图像的计数
                        loadCount++;
                        // 如果所有图像都加载完成,开始生成 GIF
                        if (loadCount === images.length) {
                            gif.on('finished', async function(blob) {
                                // 当 GIF 生成完成,读取生成的 Blob 数据
                                const reader = new FileReader();
                                reader.onload = async function() {
                                    // 转换 Blob 为 ArrayBuffer 后转为 Uint8Array
                                    const buffer = new Uint8Array(reader.result);
                                    // 通过 IPC 发送数据到主进程保存文件
                                    await window.electronAPI.saveGif(buffer);
                                };
                                reader.readAsArrayBuffer(blob);
                            });
                            gif.render();          // 开始渲染 GIF
                        }
                    };
                    img.onerror = () => {
                        // 如果图像加载失败,输出错误信息
                        console.error("Error loading image: " + imagePath);
                    };
                    img.src = imagePath;          // 设置图像源路径开始加载图像
                });
            });
        </script>
    </body>
```

```
</html>
```

代码位置：src/animations/make_anim_gif/index.js

```javascript
const { app, BrowserWindow, ipcMain, dialog } = require("electron");
const path = require("path");
const fs = require("fs");
function createWindow() {
  const win = new BrowserWindow({
    width: 800,
    height: 600,
    webPreferences: {
      preload: path.join(__dirname, "preload.js"),
    },
  });
  win.loadFile("index.html");
}
app.whenReady().then(createWindow);
app.on("window-all-closed", () => {
  if (process.platform !== "darwin") {
    app.quit();
  }
});
app.on("activate", () => {
  if (BrowserWindow.getAllWindows().length === 0) {
    createWindow();
  }
});
// 处理从渲染进程发送来的 'select-images' 事件,异步函数
ipcMain.handle("select-images", async () => {
  // 弹出一个文件选择对话框,允许用户选择多个文件
  const { filePaths } = await dialog.showOpenDialog({
    properties: ["openFile", "multiSelections"], // 弹出"打开文件"对话框,并允许用户选择多个文件
    filters: [{ name: "Images", extensions: ["jpg", "png", "gif"] }], // 文件过滤器,只显示图像文件
  });
  // 返回选择的文件路径数组
  return filePaths;
});
// 处理从渲染进程发送来的 save-gif 事件,接收事件和一个缓冲区(buffer)作为参数
ipcMain.handle("save-gif", async (event, buffer) => {
  // 弹出保存文件对话框,让用户选择保存 GIF 的位置和文件名
  const { filePath } = await dialog.showSaveDialog({
    filters: [{ name: "GIF", extensions: ["gif"] }], // 文件过滤器,只允许保存为 GIF 格式
  });
  // 检查是否有有效的文件路径返回
  if (filePath) {
    // 创建一个写入流,用于将数据写入文件
    const stream = fs.createWriteStream(filePath);
    stream.write(buffer);          // 将传入的缓冲区写入文件
    stream.end();                  // 完成写入操作,关闭流
  }
});
```

代码位置：src/animations/make_anim_gif/preload.js

```javascript
const { contextBridge, ipcRenderer } = require('electron');
```

```
contextBridge.exposeInMainWorld('electronAPI', {
    selectImages: () => ipcRenderer.invoke('select-images'),
    saveGif: (blob) => ipcRenderer.invoke('save-gif', blob)
});
```

使用 npm start 运行程序，会看到如图 8-5 所示的窗口。单击"选择图像"按钮，会弹出对话框让用户选择多个图像文件，然后单击"生成动画 GIF 文件"按钮，会弹出一个保存对话框，用于保存动画 GIF 文件。

图 8-5　创建 GIF 动画

8.3.3　自由落体和粒子爆炸动画

本节会利用多个 js 库实现模拟小球自由落体和粒子爆炸动画，并保存为动画 GIF 文件。动画的具体细节是小球从上到下自由落体（受到重力影响），当落到地面时，小球会爆发出很多粒子（模拟爆炸的效果）。本例具体的实现原理和使用的相关技术如下。

1. 实现原理与技术细节

本项目通过 p5.js 和 gif.js 库在 Electron 环境中实现小球的自由落体和粒子爆炸动画，并生成及保存 GIF 动画文件。主要步骤和使用的技术如下。

（1）自由落体与爆炸模拟：使用 p5.js 库模拟小球自由落体和粒子爆炸效果。

（2）GIF 动画生成：使用 gif.js 库收集动画帧并生成 GIF 文件。

（3）文件保存：利用 Electron 的 fs 模块将生成的 GIF 保存到本地文件系统。

2. 如何判定爆炸结束

由于本例需要在爆炸结束后，生成 GIF 动画，并保存为文件，所以需要判断爆炸何时结束。爆炸结束判断需要通过监控所有粒子的 lifespan 属性，当所有粒子的 lifespan 递减到 0 时，视为爆炸结束，此时调用 gif.render() 生成 GIF，并停止动画循环。

3. p5.js 库介绍

p5.js 是一个 JavaScript 库，旨在使编程和数字绘画变得易于接触，主要用于学习、创作和表达。在本项目中，主要使用了以下 p5.js 功能。

（1）创建和操作画布（createCanvas）。

（2）帧率控制（frameRate）。

（3）图形绘制（如 ellipse 用于绘制圆形）。

（4）向量计算（createVector 和向量方法）。

4. 自由落体运动模拟

在 draw 函数中，使用 p5.js 提供的以下 API 模拟小球的自由落体运动。

（1）createVector()：创建一个向量对象，这里用于定义小球的初始位置和速度。

（2）applyForce()：自定义方法，应用力（如重力）到小球的速度向量上。

（3）update()：自定义方法，更新小球的位置，基于速度向量。

（4）display()：自定义方法，使用 ellipse() 绘制小球的当前位置。

5. 爆炸效果模拟

爆炸效果通过以下 p5.js API 在 draw 函数中实现。

（1）random2D()：生成一个具有随机方向的单位向量，用于初始化粒子的速度方向。

（2）mult()：用于放大向量，这里用来增加粒子的初始速度。

（3）ellipse()：绘制每个粒子。

6. 添加帧到 GIF

使用 gif.j 的 addFrame() 方法在动画的每个绘制周期中添加当前画布状态到 GIF。帧间延迟设置为 1000/60 毫秒，约 16.67 毫秒，这是根据 frameRate(60) 每秒 60 帧的设置来同步的。

7. 保存 GIF 文件

在 preload.js 文件中，使用 contextBridge 和 fs（文件系统）模块向渲染器进程暴露 saveGIF 方法。这个方法接收一个文件路径和一个 buffer（来自 gif.js 处理完的 blob），然后使用 fs.writeFile() 将其保存到本地文件系统。这一过程使用了 Node.js 的 Buffer.from() 来处理二进制数据。如遇错误，通过控制台输出错误信息。

下面的代码完整地实现了这个例子。

代码位置：src/animations/ball/index.html

```html
<!DOCTYPE html>
<html lang="en">
<head>
    <meta charset="UTF-8">
    <title>Ball Drop and Explosion Animation</title>
    <script src="../libs/p5.min.js"></script>
    <script src="../libs/gif.js"></script>
</head>
<body>
    <script>
        let gif;                            // 用于存储 gif 实例
        let ball;                           // 存储球的对象
        let particles = [];                 // 粒子数组,存储爆炸效果的粒子
        let gravity;                        // 重力向量
        let explosion = false;              // 爆炸状态标志
        function setup() {
            createCanvas(800, 600);         // 创建画布
            frameRate(60);                  // 设置每秒绘制帧数
```

```javascript
    // 初始化球对象,位置在画布中央上方,初始无速度
    ball = new Ball(createVector(width / 2, 30), createVector(0, 0));
    // 设定重力向量
    gravity = createVector(0, 0.3);
    // 初始化 gif 对象,配置工作线程和质量
    gif = new GIF({
        workers: 2,
        quality: 10,
        workerScript: '../libs/gif.worker.js'
    });
    // GIF 生成完成后的处理
    gif.on('finished', function(blob) {
        const reader = new FileReader();
        reader.onload = function(event) {
            // 使用 electronAPI 来保存生成的 GIF 文件
            window.electronAPI.saveGIF('ball.gif', new Uint8Array(event.target.result));
        };
        reader.readAsArrayBuffer(blob);
    });
}
function draw() {
    background(200);                                  // 设置背景颜色
    // 如果没有发生爆炸,处理球的运动
    if (!explosion) {
        ball.applyForce(gravity);                     // 应用重力
        ball.update();                                // 更新球的位置
        ball.display();                               // 显示小球
        // 检测球是否触地,触地则触发爆炸
        if (ball.position.y + ball.radius >= height) {
            explosion = true;
            explode(ball.position.x, ball.position.y);
        }
    } else {
        // 处理爆炸后的粒子效果
        for (let i = particles.length - 1; i >= 0; i--) {
            let p = particles[i];
            p.applyForce(gravity);                    // 应用重力到粒子
            p.update();                               // 更新粒子位置
            p.display();                              // 显示粒子
            if (p.lifespan <= 0) {
                particles.splice(i, 1);               // 粒子生命周期结束则移除
            }
        }
        // 如果所有粒子都消失,停止绘制并生成 GIF
        if (particles.length === 0 && explosion) {
            noLoop();                                 // 停止绘制循环
            gif.render();                             // 生成 GIF
        }
    }
    // 向 GIF 中持续添加当前帧
    gif.addFrame(canvas, {copy: true, delay: 1000 / 60});
}
// 触发爆炸时生成大量粒子
function explode(x, y) {
    for (let i = 0; i < 200; i++) {
```

```
                    particles.push(new Particle(createVector(x, y - ball.radius)));
                }
            }
            // 球类
            class Ball {
                constructor(pos, vel) {
                    this.position = pos;                    // 位置向量
                    this.velocity = vel;                    // 速度向量
                    this.radius = 20;                       // 球的半径
                }
                applyForce(force) {
                    this.velocity.add(force);               // 向速度添加力
                }
                update() {
                    this.position.add(this.velocity);       // 根据速度更新位置
                }
                display() {
                    fill(255, 0, 0);                        // 设置填充色
                    ellipse(this.position.x, this.position.y, this.radius * 2); // 绘制球
                }
            }
            // 粒子类
            class Particle {
                constructor(pos) {
                    this.position = pos.copy();             // 位置向量,深拷贝防止影响原始数据
                    this.velocity = p5.Vector.random2D();   // 随机方向的速度
                    this.velocity.mult(random(2, 10));      // 速度的随机大小
                    this.lifespan = 255;                    // 生命周期
                    this.color = color(random(255), random(255), random(255)); // 随机颜色
                }
                applyForce(force) {
                    this.velocity.add(force);               // 向速度添加力
                }
                update() {
                    this.position.add(this.velocity);       // 根据速度更新位置
                    this.lifespan -= 6;                     // 生命周期递减
                }
                display() {
                    noStroke();                             // 不显示轮廓
                    fill(this.color, this.lifespan);        // 设置填充色和透明度
                    ellipse(this.position.x, this.position.y, 12);  // 绘制粒子
                }
            }
        </script>
    </body>
</html>
```

代码位置: src/animations/ball/index.js

```
const { app, BrowserWindow } = require('electron');
const path = require('path');
function createWindow() {
    const mainWindow = new BrowserWindow({
        width: 800,
        height: 600,
        webPreferences: {
```

```
            preload: path.join(__dirname, 'preload.js'),
            contextIsolation: true,
            enableRemoteModule: true,  // 如果 Electron 版本小于 14
            nodeIntegration: true
        }
    });
    mainWindow.loadFile('index.html');
}

app.whenReady().then(createWindow);
```

代码位置：src/animations/ball/preload.js

```
const { contextBridge, ipcRenderer } = require('electron');
const fs = require('fs');
contextBridge.exposeInMainWorld('electronAPI', {
    saveGIF: (filePath, buffer) => {
        fs.writeFile(filePath, Buffer.from(buffer), (err) => {
            if (err) {
                console.error('Save file failed:', err);
            } else {
                console.log('File saved successfully.');
            }
        });
    }
});
```

使用 npm start 运行程序，过一会，在爆炸完成后，会调用 render() 方法生成 GIF 动画，生成完后，会调用 finished 事件，将 GIF 动画的二进制数据通过 finished 事件回调函数的 blob 参数传入该函数，然后可以做进一步的处理。但要注意，如果帧数过多，或者每一帧之间的差异较大，则需要较长时间生成 GIF 动画，因此，finished 事件并不会在调用 render() 方法后立刻调用，而会延迟调用。在调用 render() 方法和触发 finished 事件之间有一个时间差，这个时间差就是 gif.js 用于生成 GIF 动画的时间。

图 8-6 是小球正在下落的效果。图 8-7 是粒子爆炸的效果。

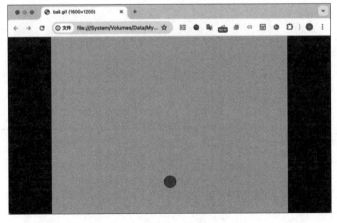

图 8-6 小球正在下落的效果

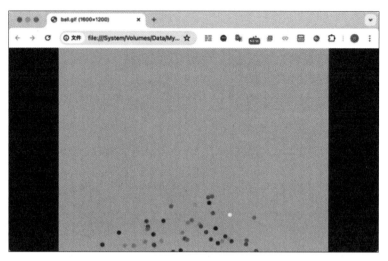

图 8-7 粒子爆炸的效果

8.4 小结

可能读者读完本章的内容后,感觉信息量有点大。其实,本章的内容也只不过介绍了 JavaScript 动画功能的沧海一粟。本章涉及 CSS 关于动画的特性,以及多个第三方库,如 anime.js、gif.js、p5.js 等,这些库中任何一个的功能都非常强大,甚至可以写一本非常厚的书,所以这些库的功能,根本不可能通过一章介绍完。本章的目的只是抛砖引玉,当你了解到 JavaScript 到底有多强大时,就会不知不觉想拥有这种力量,如果读者有这样的想法,那么互联网会成为你最好的老师。

第 9 章 音 频

JavaScript 给人的印象一直是用于做 Web 应用、服务器端应用(node.js)以及桌面应用(Electron)。其实,JavaScript 远比你想象的强大。利用其强大的第三方模块,可以实现很多以前只有 C++ 才能实现的软件,例如,音频就是 JavaScript 比较擅长的领域之一。不光是非常基础的播放音频和录制音频,还可以进行任意音频格式的转换,以及音频编辑。相信通过对本章的学习,读者会对 JavaScript 有一个全新的认识。

9.1 音乐播放器

本例会实现一个基于 Electron 的音乐播放器。包括音乐播放器的基础功能,如播放、暂停、停止、播放进度展示和调整,以及播放事件的捕捉。

基于 Electron(Web)的音频播放解决方案有很多,下面将详细介绍本例的解决方案以及相关技术的使用。

1. Web 中的音频播放解决方案有哪些

在 Web 应用中,常见的音频播放解决方案主要包括如下几种。

(1) HTML5 Audio API:提供基本的音频播放功能,如播放、暂停和停止。通过<audio>标签实现,支持大部分现代浏览器。

(2) Web Audio API:提供更复杂的音频处理能力,包括音频效果、音频分析和音频数据处理。适合需要高级音频功能的应用。

(3) 第三方库(如 Howler.js、Tone.js 等):这些库构建于 HTML5 Audio API 或 Web Audio API 之上,提供更易用的接口和额外的功能,如更好的跨浏览器支持和复杂的音频控制功能。

2. 为什么选择 Howler.js 而不是 HTML5 Audio API

尽管 HTML5 Audio API 为音频播放提供了基础功能,但 howler.js 提供了以下几个关键优势。

(1) 简化 API:Howler.js 提供一个统一和简化的 API,使得音频操作更加简单,尤其是在处理多个声音和复杂的播放控制时。

(2) 跨浏览器兼容性：自动处理各种浏览器的兼容性问题，减少开发者的工作量。

(3) 高级功能：如音量控制、音轨混合、循环播放、声音分组等，这些在 HTML5 Audio API 中不是直接可用的。

3. Howler.js 的核心功能

(1) 自动缓存：自动管理音频文件的加载和缓存。

(2) 声音精细控制：控制音量、静音、循环、淡入淡出等。

(3) 多声源处理：同时处理多个音频源，每个源都可以独立控制。

(4) 富事件系统：如 load、play、end 等事件，可以轻松地管理音频的生命周期。

(5) 3D 空间音效：利用 Web Audio API 支持 3D 音效。

4. 如何使用 Howler.js

使用 Howler.js 进行音频播放包括以下几个基本步骤。

(1) 初始化 Howler 对象。

使用 Howl 对象加载音频文件，并设置初始配置。

```
var sound = new Howl({
  src: ['sound.mp3']
});
```

(2) 播放音频。

调用 play() 方法开始播放。

```
sound.play();
```

(3) 暂停音频。

调用 pause() 方法暂停正在播放的音频。

```
sound.pause();
```

(4) 停止播放。

调用 stop() 方法停止音频。

```
sound.stop();
```

(5) 定位音频播放位置。

通过 seek() 方法改变或查询音频的当前播放位置。

```
sound.seek(10); // 跳转到第 10 秒
```

(6) 事件捕捉。

使用事件监听器捕获音频的各种状态，例如播放完成事件。

```
sound.on('end', function(){
  alert('音频播放完成');
});
```

下面的代码完整地演示了这个音乐播放器的实现过程。如果没有安装 Howler.js，可以从 https://howlerjs.com 下载 Howler.js 的最新版。

代码位置：src/audio/player/index.html

```html
<!DOCTYPE html>
<html lang="en">
<head>
    <meta charset="UTF-8">
    <meta name="viewport" content="width=device-width, initial-scale=1.0">
    <title>Audio Player</title>
</head>
<body>
    <button id="open">打开</button>
    <button id="play">播放</button>
    <button id="pause">暂停</button>
    <button id="stop">停止</button>
    <p></p>
    <input type="range" id="seeker" min="0" value="0" style="width: 185px;">
    <script src="../libs/howler.min.js"></script>
    <script>
        let sound; // 定义一个变量来存储音频对象
        let duration = 0; // 定义一个变量来存储音频的总时长
        // 监听'打开'按钮的单击事件
        document.getElementById('open').addEventListener('click', async () => {
            // 调用预加载脚本中定义的打开文件对话框功能
            const { canceled, filePaths } = await window.electronAPI.openFileDialog();
            if (!canceled) {          // 如果用户未取消对话框
                // 创建一个新的 Howl 对象,加载选定的音频文件
                sound = new Howl({
                    src: [filePaths[0]],    // 音频文件的路径
                    html5: true,     // 使用 HTML5 Audio,这样可以更好地处理较大的文件
                    onplay: () => {          // 在音频开始播放时执行的函数
                        duration = sound.duration();    // 获取音频的总时长
                        document.getElementById('seeker').max = duration * 1000; // 设置
                                                                              // 滑块的最大值
                    },
                    onend: () => {           // 在音频播放完成时执行的函数
                        alert('音频播放完成');    // 弹出提示
                    }
                });
            }
        });
        // 监听"播放"按钮的单击事件
        document.getElementById('play').addEventListener('click', () => {
            if (sound) sound.play();           // 如果音频对象存在,播放音频
        });
        // 监听"暂停"按钮的单击事件
        document.getElementById('pause').addEventListener('click', () => {
            if (sound) sound.pause();          // 如果音频对象存在,暂停音频
        });

        // 监听"停止"按钮的单击事件
        document.getElementById('stop').addEventListener('click', () => {
            if (sound) {
                sound.stop();                  // 如果音频对象存在,停止音频
            }
        });
        // 获取滑块对象,并监听滑块的输入事件
```

```javascript
        const seeker = document.getElementById('seeker');
        seeker.addEventListener('input', () => {
            if (sound) sound.seek(seeker.value / 1000); // 如果音频对象存在,根据滑块的值设
                                                       // 置音频的当前播放位置
        });
        // 设置定时器,每 100 毫秒更新一次滑块的位置,以反映当前音频的播放进度
        setInterval(() => {
            if (sound && sound.playing()) {        // 如果音频对象存在且正在播放
                seeker.value = sound.seek() * 1000;   // 更新滑块的值
            }
        }, 100);
    </script>
</body>
</html>
```

代码位置:src/audio/player/index.js

```javascript
const { app, BrowserWindow, ipcMain, dialog } = require('electron');
const path = require('path');
function createWindow() {
    const win = new BrowserWindow({
        width: 220,
        height: 120,
        webPreferences: {
            preload: path.join(__dirname, 'preload.js'),
            contextIsolation: true
        }
    });
    win.loadFile('index.html');
}
app.whenReady().then(createWindow);
app.on('window-all-closed', () => {
    if (process.platform !== 'darwin') app.quit();
});

app.on('activate', () => {
    if (BrowserWindow.getAllWindows().length === 0) createWindow();
});
// 监听来自渲染进程的文件打开请求
ipcMain.handle('open-file-dialog', async () => {
    const { canceled, filePaths } = await dialog.showOpenDialog({
        properties: ['openFile'],
        filters: [{ name: 'Audio', extensions: ['mp3', 'wav', 'ogg'] }]
    });
    return { canceled, filePaths };
});
```

代码位置:src/audio/player/preload.js

```javascript
const { contextBridge, ipcRenderer } = require('electron');
contextBridge.exposeInMainWorld('electronAPI', {
    openFileDialog: () => ipcRenderer.invoke('open-file-dialog'),
    sendNotification: (message) => ipcRenderer.send('notify', message)
});
```

使用 npm start 运行程序,会看到如图 9-1 所示的界面。

单击"打开"按钮,会弹出一个打开文件对话框,打开一个音频文件,然后单击"播放"按钮开始播放,也可以暂停和停止播放。下面的滑块控件可以用来展示音频播放的进度,也可以通过拖动改变播放的进度。

图 9-1　音乐播放器

9.2　录音机

本节会使用 Electron 以及 MediaRecorder API 实现一个录音机程序,在窗口上有两个按钮:"录音"和"停止",单击"录音"按钮开始录音,单击"停止"按钮停止录音,并将录制的音频保存为 record1.wav、record2.wav 等,文件名的数字后缀会按顺序递增。下面将对本例涉及的技术做一个详细的讲解。

1. 录音使用的技术:MediaRecorder API

MediaRecorder API 是一个强大的 Web API,允许网页应用录制媒体内容,如音频和视频。这个 API 提供了一个简单的方式来直接从媒体输入设备(例如麦克风)捕获媒体数据。主要特点如下。

(1) 简单的 API 接口:MediaRecorder 提供几个关键方法,如 start、stop、pause 和 resume,用来控制录制过程。

(2) 事件驱动:通过事件如 dataavailable 和 stop,开发者可以处理录制过程中生成的数据。

(3) 格式支持:支持的具体格式取决于浏览器,常见的有 WebM 和 Ogg。通过设置不同的 MIME 类型,可以控制录制内容的编码格式。

2. 如何使用 MediaRecorder API 录制和停止录音

1) 录制音频

(1) 使用 navigator.mediaDevices.getUserMedia()方法请求用户授权访问音频输入设备(麦克风)。

(2) 获取授权后,获得一个媒体流(MediaStream),并用它实例化一个 MediaRecorder 对象。

(3) 调用 mediaRecorder.start()开始录音。可以设定时间片来控制 dataavailable 事件的触发频率,该事件在每个时间片结束时触发。

2) 停止录音

调用 mediaRecorder.stop()停止录音。这会触发 stop 事件,同时最后一次 dataavailable 事件也会被触发,以确保所有录音数据都被捕获。

3. 如何将录音保存为 WAV 文件

虽然 MediaRecorder API 不直接支持 WAV 格式,但可以在 dataavailable 事件函数中先将收集到的音频数据保存为 webm 格式的音频文件,再通过 ffmpeg 命令将 webm 格式的音频文件转换为 WAV 格式的音频文件。

4. 什么是FFmpeg

FFmpeg是一款强大、高度灵活的开源软件工具集，用于处理视频和音频文件。它提供了一系列广泛的库和程序，用于录制、转换、流处理和播放音视频。FFmpeg是跨平台的，支持Linux、macOS、Windows和其他操作系统。

FFmpeg工具集的主要组件如下。

（1）ffmpeg：这是一个命令行工具，用于快速转换音视频格式。它支持几乎所有的音视频编解码器，并允许用户进行高度自定义的转换过程。

（2）ffplay：一个简单的媒体播放器，它使用SDL（Simple DirectMedia Layer）和FFmpeg库的功能。它非常适合用作播放和测试视频文件的工具。

（3）ffprobe：用于收集关于视频和音频文件的信息的工具。它非常有用，可以分析媒体文件并获取格式、编码、时长等详细数据。

（4）libavcodec：一个包含所有FFmpeg音视频编解码器的库。为FFmpeg提供广泛的编解码支持。

（5）libavformat：一个负责各种音视频格式封装和解封装的库，可以读写多种不同媒体格式。

（6）libavfilter：提供了各种音视频过滤功能的库。

（7）libavdevice：提供了一个接口来处理捕获和渲染常见的多媒体输入输出设备的库。

（8）libswscale：用于处理图像颜色和比例转换的库。

（9）libswresample：用于音频重采样、格式转换和混音的库。

FFmpeg工具集的主要功能如下。

（1）格式转换：FFmpeg可以读取各种不同的音视频格式，并能转换为几乎任何其他现代格式。

（2）编码和解码：支持广泛的编解码器，包括流行的H.264、H.265、VP8、VP9以及AAC、MP3等。

（3）流媒体：支持多种网络协议，可以用于流式传输音视频内容。

（4）视频处理：包括但不限于剪切、拼接、滤镜效果、帧速率转换、尺寸调整等。

（5）音频处理：包括音量调整、音频合并、声道分离、音频效果等。

5. 将WebM格式的音频文件转换为WAV格式的音频文件

用ffmpeg命令可以实现这个转换，命令行如下：

ffmpeg -i input.webm -ar 44100 -acodec pcm_s16le -ac 2 output.wav

命令行参数的含义如下。

（1）-i参数指定输入文件。在这里，input.webm是要被转换的源文件名。它的格式是WebM，这是一种常用的视频和音频容器格式。

（2）-ar 44100：指定音频的采样率（audio rate）。44100（Hz）是CD质量的标准采样率，也是许多音频处理场合的标准选择，确保良好的音质。

（3）pcm_s16le：是指定的音频编码器类型，表示使用"PCM signed 16-bit little-endian"

格式。这是一种标准的、未压缩的音频数据格式,通常用于 CD 质量的音频。

(4) -ac 2:指定音频的通道数(audio channels)。2 代表立体声,即有两个音频通道(左和右)。这是大多数音乐和视频文件常用的配置。

(5) output.wav:输出的音频文件,output.wav 表示转换后的文件将保存为 WAV 格式,这是一种常用的无损音频文件格式,支持多种音频编码。

下面的代码是这个录音机程序的完整实现:

代码位置:src/recorder/index.html

```html
<!DOCTYPE html>
<html>
<head>
    <title>Record Audio</title>
</head>
<body>
    <button id="start">录音</button>
    <button id="stop">停止</button>

    <script>
        let mediaRecorder;              // 定义一个 MediaRecorder 对象用于音频录制
        let audioChunks = [];           // 定义一个数组用来存储录制过程中的音频数据块
        // 监听"录音"按钮的单击事件
        document.getElementById('start').addEventListener('click', () => {
            // 请求用户授权使用麦克风
            navigator.mediaDevices.getUserMedia({ audio: true })
                .then(stream => {
                    // 成功获取音频流后,创建 MediaRecorder 实例
                    mediaRecorder = new MediaRecorder(stream);
                    mediaRecorder.start();      // 开始录音
                    audioChunks = [];           // 初始化音频数据块数组

                    // 当有音频数据可用时,将数据添加到数组中
                    mediaRecorder.addEventListener('dataavailable', event => {
                        audioChunks.push(event.data);
                    });
                });
        });
        // 监听"停止"按钮的单击事件
        document.getElementById('stop').addEventListener('click', () => {
            mediaRecorder.stop();               // 停止录音
            // 录音停止后,处理录制的音频数据
            mediaRecorder.addEventListener('stop', () => {
                const audioBlob = new Blob(audioChunks);    // 将音频数据块合并成一个 Blob 对象
                const reader = new FileReader();            // 创建一个 FileReader 来读取 Blob 数据
                reader.readAsArrayBuffer(audioBlob);        // 将 Blob 对象读取为 ArrayBuffer
                // 文件读取完成后执行
                reader.onloadend = () => {
                    // 通过 Electron 的 preload 脚本暴露的 API 将 ArrayBuffer 保存为文件
                    window.electronAPI.saveAudioFile(reader.result)
                        .then(savedPath => {
                            // 输出保存的文件路径
                            console.log(`Saved file path: ${savedPath}`);
                        });
```

```
            });
        });
    </script>
</body>
</html>
```

代码位置:src/recorder/index.js

```javascript
const { app, BrowserWindow, ipcMain } = require('electron');
const path = require('path');
const fs = require('fs');
const { exec } = require('child_process');
function createWindow() {
    const mainWindow = new BrowserWindow({
        width: 120,
        height: 100,
        webPreferences: {
            preload: path.join(__dirname, 'preload.js')
        }
    });
    mainWindow.loadFile('index.html');
}
app.whenReady().then(createWindow);
app.on('window-all-closed', () => {
    if (process.platform !== 'darwin') {
        app.quit();
    }
});
// 监听来自渲染进程的文件打开请求
ipcMain.handle('save-audio', async (event, buffer, filePath) => {
    const tempDir = app.getPath('temp'); // 获取系统临时文件夹路径
    const tempFilePath = path.join(tempDir, 'temp_audio.webm'); // 创建临时文件路径
    const args = '-ar 44100 -acodec pcm_s16le -ac 2';
    fs.writeFileSync(tempFilePath, Buffer.from(buffer));          // 写入临时文件
    // 创建唯一的 WAV 文件路径
    let counter = 1;
    let finalPath = path.join(__dirname, `record${counter}.wav`);
    while (fs.existsSync(finalPath)) {
        counter++;
        finalPath = path.join(__dirname, `record${counter}.wav`);
    }
    // 构造 ffmpeg 命令来转换格式
    const ffmpegCommand = `ffmpeg -i "${tempFilePath}" ${args} "${finalPath}"`;
    // 执行 ffmpeg 命令
    exec(ffmpegCommand, (error, stdout, stderr) => {
        if (error) {
            console.error(`exec error: ${error}`);
            return;
        }
        console.log(`stdout: ${stdout}`);
        console.error(`stderr: ${stderr}`);
        // 删除临时文件,可选
        fs.unlinkSync(tempFilePath);
    });
```

```
        return finalPath;        // 返回最终的 WAV 文件路径
    });
```

代码位置：src/recorder/preload.js

```
const { contextBridge, ipcRenderer } = require('electron');
contextBridge.exposeInMainWorld('electronAPI', {
    saveAudioFile: (buffer, filePath) => ipcRenderer.invoke('save-audio', buffer, filePath)
});
```

使用 npm start 命令运行程序，会显示如图 9-2 所示的窗口，单击"录音"按钮，会开始录音，单击"停止"按钮，会在当前目录生成录音文件，如 record1.wav、record2.wav 等。

图 9-2 录音机

9.3 音频分析

本节主要介绍如何通过将 FFmpeg 与 Electron 结合实现强大的音频处理应用。在 Electron 中可以直接调用 FFmpeg 中的命令行程序，也可以使用 fluent-ffmpeg 模块来调用 FFmpeg。本节的例子主要使用 fluent-ffmpeg 模块让 Electron 与 FFmpeg 集成，因为 fluent-ffmpeg 模块比起直接调用 FFmpeg 中的命令更直观，代码更容易维护。

9.3.1 获取基本的音频信息

获得音频信息可以直接使用 ffmpeg 命令，如果不想组合各种命令行参数，以及解析 ffmpeg 命令的输出信息，也可以使用 fluent-ffmpeg 模块，可以使用下面的命令安装这个模块：

npm install fluent-ffmpeg

注意：使用 fluent-ffmpeg，要正确安装 FFmpeg，并将 ffmpeg 命令的路径添加到 PATH 环境变量中。

fluent-ffmpeg 是一个基于 Node.js 的库，它提供了一个高级接口来控制 FFmpeg，FFmpeg 是一个非常强大的多媒体框架，能够解码、编码、转码、混流、提取和播放几乎任何已被发现的音频或视频格式。通过使用 fluent-ffmpeg，开发者可以在 Node.js 应用程序中轻松地实现这些功能，无须深入了解 FFmpeg 的复杂命令行语法。

fluent-ffmpeg 抽象了 FFmpeg 的命令行工具，使得在 JavaScript 中工作更加直观和方便。它的主要功能如下。

（1）转码和编码视频和音频：可以将媒体文件从一种格式转换成另一种格式，同时允许调整编解码器、比特率、最大文件大小等。

（2）提取媒体信息：能够读取视频和音频文件的详细信息，包括流信息、格式、持续时间等。

（3）截取视频和音频：可以从一个更长的媒体文件中截取指定长度的片段。

（4）合并媒体文件：能够将多个视频或音频文件合并为一个文件。

(5）添加过滤器：支持对视频和音频流应用多种过滤效果，例如调整亮度、对比度、音量等。

(6）生成缩略图：能够从视频文件中生成一系列的缩略图。

(7）实时流处理：支持读取和转码实时视频和音频流。

下面的例子获取指定音频文件的时长（以时分秒形式显示）和采样率，并输出这些信息。

代码位置：src/audio/audio_info.js

```javascript
const ffmpeg = require('fluent-ffmpeg');
const path = require('path');
// 从命令行参数获取音频文件路径
const audioFile = process.argv[2];
// 使用 fluent-ffmpeg 获取音频文件信息
ffmpeg.ffprobe(audioFile, function(err, metadata) {
    if (err) {
        console.error("Error reading audio file", err);
        return;
    }
    // 获取音频流信息
    const audioStream = metadata.streams.find(s => s.codec_type === 'audio');
    if (!audioStream) {
        console.error('No audio stream found');
        return;
    }
    // 计算音频时长
    const duration = audioStream.duration;
    const sr = audioStream.sample_rate;
    // 将时长从秒转换为时分秒格式
    const hours = Math.floor(duration / 3600);
    const minutes = Math.floor((duration % 3600) / 60);
    const seconds = Math.floor(duration % 60);
    // 输出音频信息
    console.log(`音频文件：${path.basename(audioFile)}`);
    console.log(`采样率：${sr}`);
    console.log(`时长：${hours}小时${minutes}分${seconds}秒`);
});
```

使用下面的命令运行程序。

```
node audio_info.js ./mp3/声声慢.mp3
```

如果 audio.mp3 文件存在，会输出类似下面的信息：

```
音频文件：声声慢.mp3
采样率：48000
时长：0 小时 0 分 55 秒
```

9.3.2 音频波形图

音频波形图又称振幅图，是音频的振幅（或能量）维度的图形表达。波形图的横坐标一般为时间，纵坐标一般为 dB（分贝）。图 9-3 是一个标准的音频波形图。

本节的例子会使用 Electron、fluent-ffmpeg 和 chart.js 编写一个可以显示音频文件波

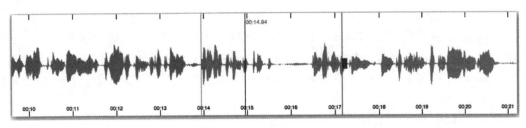

图 9-3 音频波形图

形图的应用,下面是其核心实现原理的详细描述。

1. 如何获取音频文件的波形数据

获取音频文件的波形数据通常涉及音频处理和解码技术。在 Electron 应用中,我们可以使用 fluent-ffmpeg 库来处理音频文件。这个库基于 FFmpeg,是处理视频和音频的强大工具,支持转换音频格式、抽取音频流、修改采样率等多种操作。

以下是如何使用 fluent-ffmpeg 提取音频数据的步骤。

(1) 设置音频通道:为确保数据的一致性和处理的简化,通常将音频转换为单声道。

(2) 调整采样率:设置一个较低的采样率,如 8000Hz,这有助于减少数据量,从而简化后续处理。

(3) 指定输出格式:选择一个适合处理的音频格式,如有符号 16 位整数格式(s16le),这是因为它易于在 JavaScript 中读取和操作。

```
fluentFfmpeg(filePath)
    .audioChannels(1)
    .audioFrequency(8000)
    .outputFormat('s16le')
    .output(outputFilePath)
    .run();
```

2. 如何将波形数据从主进程(index.js)传给渲染进程(index.html)

在数据提取完毕后,需要将这些数据传递给渲染进程(前端 index.html 页面)以便展示。在 Electron 中,通常需要使用 IPC(Inter-Process Communication,进程间通信)机制完成。主进程处理音频数据后,使用 mainWindow.webContents.send 方法将数据发送到渲染进程。步骤如下。

(1) 监听处理结束事件:一旦 FFmpeg 处理完成,读取生成的音频文件,将文件数据转换为数组。

(2) 发送数据:通过 send()方法发送数据,渲染进程需要注册监听这些数据的处理器。

```
.on('end', () => {
    const buffer = fs.readFileSync(outputFilePath);
    const samples = new Int16Array(buffer.buffer);
    const waveform = Array.from(samples);
    mainWindow.webContents.send('file-processed', waveform);
})
```

3. chart.js 是什么

chart.js 是一个开源的 JavaScript 库,用于在网页上创建漂亮的、响应式的图表。它基于 HTML5 的 Canvas 元素,提供了简单且易于使用的 API,使开发者能够轻松地将数据可视化。chart.js 适用于需要嵌入图表和图形的各种 Web 应用程序,是一个轻量级但功能强大的工具。

chart.js 的主要功能如下。

(1)多种图表类型,包括折线图、柱状图、条形图、雷达图、饼图、极地区域图、气泡图、散点图、混合图等。

(2)响应式设计:图表可以自动适应不同屏幕大小,无论是在桌面设备还是移动设备上,都能完美显示。

(3)动画效果:提供流畅的动画效果,使数据展示更加生动和易于理解。

(4)交互功能:支持工具提示(tooltip)、悬停效果(hover effect)和单击事件,使图表更加互动。

(5)定制化选项:提供丰富的配置选项,可以自定义图表的外观和行为。例如,可以定制颜色、字体、刻度、标签等。

(6)插件支持:可以通过插件扩展功能,例如自定义的图表类型、图表控件等。

(7)数据更新:支持动态更新数据,能够实时刷新图表内容。

4. 如何取样并使用 chart.js 绘制波形图

由于直接绘制每一个音频样本可能导致性能问题(尤其是数据量大时),因此通常需要对数据进行取样。通常可以通过选择每第 N 个样本来简化数据,这种方法称为下采样。例如,每 100 个样本中取一个样本。

```
const downsampled = waveform.filter((_, index) => index % 100 === 0);
```

然后就是使用 chart.js 将波形采样数据以图标的形式绘制到 canvas 上。需要先创建一个新的 Chart 实例,然后将处理过的数据设置到图表的数据对象中。chart.js 会将这些数据渲染到< canvas >元素上。

```
const ctx = document.getElementById('waveform').getContext('2d');
new Chart(ctx, {
    type: 'line',
    data: {
        labels: downsampled.map((_, i) => i.toString()),
        datasets: [{
            label: 'Audio Waveform',
            data: downsampled,
            borderColor: 'rgb(75, 192, 192)',
            borderWidth: 1
        }]
    }
});
```

通过这种方法,我们可以有效地从音频文件中提取波形数据,并在前端以图形的形式展示出来。这不仅提高了应用的交互性,也使得音频内容的分析更直观。

下面的代码展示了如何实现这个显示音频文件波形图的应用。单击 Open Audio File 按钮,会弹出一个打开文件对话框,打开一个音频文件(如 MP3 文件),过一会儿,会将该音频文件的波形图绘制到按钮下方的 canvas 上,如图 9-4 所示。

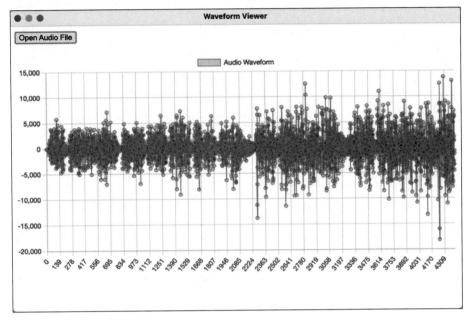

图 9-4　音频文件的波形图

代码位置：src/audio/waveform/index.html

```
<!DOCTYPE html>
<html>
<head>
  <title>Waveform Viewer</title>
  <style>
    #waveformContainer {
      width: 100%;
      height: 400px; /* 或更高,根据需要调整 */
      margin-top: 20px;
    }
    canvas {
      width: 100%;
      height: 100%;
    }
  </style>
  <script src="../libs/chart.js"></script>
</head>
<body>
  <button id="openFile">Open Audio File</button>
  <div id="waveformContainer">
    <canvas id="waveform"></canvas>
  </div>
```

```html
<script>
  document.getElementById('openFile').addEventListener('click', async () => {
    const filePath = await window.electronAPI.selectFile();
    if (!filePath) return;

    window.electronAPI.onFileProcessed((waveform) => {
      if (Array.isArray(waveform)) {
        const downsampled = waveform.filter((_, index) => index % 100 === 0); // 下采样，每 100 个点取一个点
        const ctx = document.getElementById('waveform').getContext('2d');
        if (window.myChart) {
          window.myChart.destroy(); // 销毁现有图表实例
        }
        window.myChart = new Chart(ctx, {
          type: 'line',
          data: {
            labels: downsampled.map((_, i) => i.toString()),
            datasets: [{
              label: 'Audio Waveform',
              data: downsampled,
              borderColor: 'rgb(75, 192, 192)',
              borderWidth: 1
            }]
          }
        });
      } else {
        console.error('Waveform is not an array:', waveform);
      }
    });
  });
</script>
</body>
</html>
```

代码位置：src/audio/waveform/index.js

```js
const { app, BrowserWindow, ipcMain, dialog } = require('electron');
const fluentFfmpeg = require('fluent-ffmpeg');
const path = require('path');
const fs = require('fs');
let mainWindow;
function createWindow() {
    mainWindow = new BrowserWindow({
        width: 800,
        height: 600,
        webPreferences: {
            preload: path.join(__dirname, 'preload.js'),
            nodeIntegration: true,
            contextIsolation: true,
            enableRemoteModule: true
        }
    });
    mainWindow.loadFile('index.html');
    mainWindow.webContents.openDevTools();
}
ipcMain.handle('select-file', async () => {
```

```js
        const { canceled, filePaths } = await dialog.showOpenDialog({
            properties: ['openFile'],
            filters: [{ name: 'Audio', extensions: ['mp3', 'wav', 'ogg', 'm4a'] }]
        });
        if (canceled || filePaths.length === 0) {
            return null;
        } else {
            extractWaveform(filePaths[0]);
            return filePaths[0];
        }
});
//从给定的音频文件路径中提取音频波形数据
function extractWaveform(filePath) {
    // 使用 path.join 和 app.getPath('temp') 来构造输出文件的路径,输出文件将存储在系统的临
    // 时目录下
    const outputFilePath = path.join(app.getPath('temp'), 'output.pcm');
    // 使用 fluent-ffmpeg 对指定的音频文件进行处理
    fluentFfmpeg(filePath)
        .audioChannels(1)           // 设置音频通道为 1,即将音频转为单声道
        .audioFrequency(8000)       // 设置音频的采样率为 8000Hz
        .outputFormat('s16le')      // 设置输出格式为 s16le,即有符号的 16 位小端格式
        .output(outputFilePath)     // 设置输出文件的路径
        .on('end', () => {          // 监听处理结束的事件
            console.log('Audio processing completed.');   // 在控制台输出处理完成的信息
            // 读取输出文件得到 Buffer
            const buffer = fs.readFileSync(outputFilePath);
            // 将 Buffer 转换为 Int16Array,这是因为音频数据是以 16 位整数形式存储的
            const samples = new Int16Array(buffer.buffer);
            // 将 Int16Array 转换为普通数组,便于后续处理
            const waveform = Array.from(samples);

            // 通过 mainWindow.webContents.send 将处理得到的波形数据发送到渲染进程
            mainWindow.webContents.send('file-processed', waveform);
        })
        .on('error', (err) => {   // 监听处理过程中出现的错误
            console.error('Error processing audio file:', err);  // 在控制台输出错误信息
            // 如果处理过程中出现错误,发送 null 到渲染进程表示处理失败
            mainWindow.webContents.send('file-processed', null);
        })
        .run();                  // 开始执行 ffmpeg 命令
}
app.whenReady().then(createWindow);

app.on('window-all-closed', function () {
    if (process.platform !== 'darwin') app.quit();
});
```

代码位置:src/audio/waveform/preload.js

```js
const { contextBridge, ipcRenderer } = require('electron');
contextBridge.exposeInMainWorld('electronAPI', {
    selectFile: () => ipcRenderer.invoke('select-file'),
    onFileProcessed: (callback) => ipcRenderer.on('file-processed', (event, data) => callback(data))
});
```

9.4 音频格式转换

本节的例子使用 fluent-ffmpeg 模块和 node.js 实现一个 MP3 和 WAV 互相转换的命令行程序。

代码位置：src/audio/convert.js

```javascript
// 导入所需的模块
const ffmpeg = require('fluent-ffmpeg');
const path = require('path');
// 获取命令行参数
const inputFile = process.argv[2];
const outputFile = process.argv[3];
// 获取输入文件的扩展名
const inputExtension = path.extname(inputFile).slice(1).toLowerCase();
// 获取输出文件的扩展名
const outputExtension = path.extname(outputFile).slice(1).toLowerCase();
// 定义支持的文件格式
const supportedFormats = ['mp3', 'wav'];
// 检查输入文件格式是否受支持
if (!supportedFormats.includes(inputExtension)) {
  console.error('不支持的输入文件格式：${inputExtension}');
  process.exit(1);
}
// 检查输出文件格式是否受支持
if (!supportedFormats.includes(outputExtension)) {
  console.error('不支持的输出文件格式：${outputExtension}');
  process.exit(1);
}
// 使用 fluent-ffmpeg 进行音频格式转换
ffmpeg(inputFile)
  .toFormat(outputExtension)
  .on('end', () => {
    console.log('转换完成：${inputFile} -> ${outputFile}');
  })
  .on('error', (err) => {
    console.error('转换过程中出错：${err.message}');
    process.exit(1);
  })
  .save(outputFile);
```

MP3 文件和 WAV 文件通过命令行参数传入，如执行下面的命令可以将 audio.mp3 文件转换为 audio.wav 文件。

```
node convert.js ./audio.mp3 ./audio.wav
```

9.5 音频编辑

各种音频编辑软件一直是音乐爱好者硬盘中的常客。不过这些软件往往都是别人做的。其实,读者完全可以使用 JavaScript 强大的第三方模块,实现音频编辑自由,而且可以完全自动化,不像很多音频编辑软件,尽管功能非常强大,但不能编程,功能再强大,也需要我们手工去操作,很是麻烦。通过对本节的学习,读者完全可以用 JavaScript 做一个相当专业的音频编辑软件。

9.5.1 音频裁剪

本节的例子会使用 fluent-ffmpeg 模块实现一个可以裁剪音频的命令行程序。要实现这个功能,首先要使用 ffprobe 获取音频文件的长度,然后使用 ffmpeg 截取指定长度的音频文件,并将裁剪后的音频保存为另外的音频文件。

下面的代码演示了如何裁剪音频文件中的中间 10 秒时长,然后将裁剪结果保存为 cutting.mp3 文件。例如,1 分钟的视频,会裁剪第 25 秒到第 35 秒的音频。

代码位置:src/audio/audio_cutting.js

```
// 导入所需的模块
const ffmpeg = require('fluent-ffmpeg');
const ffprobe = require('fluent-ffmpeg').ffprobe;
// 定义输入和输出文件的路径
const inputFile = './mp3/声声慢.mp3';
const outputFile = './mp3/cutting.mp3';
// 使用 ffprobe 获取音频文件的长度
ffprobe(inputFile, (err, metadata) => {
  if (err) {
    console.error('获取音频文件信息时出错: ${err.message}');
    process.exit(1);
  }

  // 获取音频文件的长度(秒)
  const length = metadata.format.duration;
  // 计算中间 10 秒的起始和结束时间(秒)
  const start = (length / 2) - 5;
  const end = start + 10;
  // 使用 fluent-ffmpeg 进行音频裁剪
  ffmpeg(inputFile)
    .setStartTime(start)
    .setDuration(10)
    .on('end', () => {
      console.log('成功裁剪');
    })
    .on('error', (err) => {
      console.error('裁剪过程中出错: ${err.message}');
      process.exit(1);
    })
    .save(outputFile);
});
```

执行 node audio_cutting.js 命令,会执行程序,并在 ./mp3 目录中生成一个长为 10 秒的 cutting.mp3 文件。

9.5.2 音频合并

音频合并就是将音频文件首尾相接。可以使用 input 方法将待合并的音频文件添加到 FFmpeg 中,然后使用 mergeToFile 方法合并音频文件,并将合并结果保存为一个新的音频文件。

下面的例子合并了 ./mp3/audio.mp3 和 ./mp3/声声慢.mp3,并将合并后的数据保存为 ./mp3/merged_audio.mp3 文件。

代码位置:src/audio/merge_audio.js

```javascript
// 导入所需的模块
const ffmpeg = require('fluent-ffmpeg');
// 定义一个函数,用于合并多个音频文件
function mergeAudioFiles(audioFiles, outputFile) {
  // 初始化 ffmpeg 命令
  let command = ffmpeg();
  // 遍历所有音频文件
  audioFiles.forEach(file => {
    // 将每个音频文件添加到 ffmpeg 输入中
    command = command.input(file);
  });
  // 使用 ffmpeg 合并音频文件
  command
    .on('end', () => {
      console.log('成功混合音频');
    })
    .on('error', err => {
      console.error('混合过程中出错: ${err.message}');
      process.exit(1);
    })
    // 设置输出文件
    .mergeToFile(outputFile, './tempDir'); // 指定临时文件目录
}
// 定义要合并的音频文件列表
const audioFiles = ['./mp3/audio.mp3', './mp3/声声慢.mp3'];
// 定义输出文件名
const outputFile = './mp3/merged_audio.mp3';
// 调用函数,合并音频文件
mergeAudioFiles(audioFiles, outputFile);
```

使用 node merge_audio.js 命令运行程序,会在 ./mp3 目录生成一个合并后的 merged_audio.mp3 文件。

9.5.3 音频混合

音频混合就是将两个或多个音频文件叠加在一起,形成混音。最典型的应用就是为某个音频文件(如诗朗诵或一些语言类节目)加上背景音乐,可以通过调整背景音乐的音量,得到更好的混合效果。

1. 混合音频的原理

混合音频的过程包括以下几个步骤。

(1) 读取音频文件：加载多个音频文件到内存中。

(2) 调整音量（可选）：根据需要调整各音频文件的音量，以确保它们在最终混合文件中有适当的响度。

(3) 叠加音轨：将各音频文件的音轨同步叠加在一起。

(4) 导出混合文件：将混合后的音轨导出为一个新的音频文件。

2．使用 fluent-ffmpeg 模块实现混合音频

(1) 读取和调整音频文件。

使用 FFmpeg 读取音频文件，并应用音量调整（如果需要）。例如：

```
ffmpeg('input.mp3')
    .audioFilters('volume=0.5') // 将音量降低一半
    .save('output_adjusted.mp3');
```

(2) 处理多个音频文件并保存为临时文件。

对所有音频文件进行处理（例如调整音量），并将它们保存为临时文件：

```
const tempFiles = [];
audioFiles.forEach((file, index) => {
  let tempFile = 'temp_${index}.mp3';
  tempFiles.push(tempFile);
  ffmpeg(file)
    .audioFilters('volume=${volumeChanges[file]}dB')
    .save(tempFile);
});
```

(3) 叠加音轨。

将所有临时文件的音轨叠加在一起：

```
let command = ffmpeg();
tempFiles.forEach(file => {
  command = command.input(file);
});
command.complexFilter('amix=inputs=' + tempFiles.length)
       .save('mixed_audio.mp3');
```

(4) 清理临时文件。

混合完成后，删除临时文件：

```
tempFiles.forEach(file => {
  fs.unlinkSync(file);
});
```

3．如何调整音频的分贝（dB）

分贝（dB）是一个对数单位，用于表示两个音量值之间的比例。在 FFmpeg 中使用 volume 滤镜时，可以指定分贝值来增大或减小音量。

(1) 增大音量：使用正的分贝值。例如，volume=5dB 表示增大音量 5dB。

(2) 减小音量：使用负的分贝值。例如，volume=-10dB 表示减小音量 10dB。

除了分贝，还可以使用线性倍数来调整音量。例如：

(1) volume=2 表示音量增大一倍（即 200%）。

(2) volume=0.5 表示音量减小为一半（即 50%）。

通过上述步骤，可以实现多个音频文件的混合处理，并调整各音轨的音量以达到最佳效果。

下面的代码混合 ./mp3/audio.mp3 和 ./mp3/声声慢.mp3 文件，并生成混合后的 ./mp3/mixed_audio.mp3 文件。

代码位置：src/audio/mixed_audio.js

```javascript
// 导入所需的模块
const ffmpeg = require('fluent-ffmpeg');
const fs = require('fs');
// 定义一个函数，用于混合多个音频文件
function mixAudioFiles(audioFiles, outputFile, volumeChanges = {}) {
    // 临时存储每个音频调整音量后的文件路径
    const tempFiles = [];
    // 创建一个 Promise 数组，用于处理所有音频文件
    const promises = audioFiles.map((file, index) => {
        return new Promise((resolve, reject) => {
            const tempFile = `temp_${index}.mp3`; // 临时文件名
            tempFiles.push(tempFile);
            // 初始化 ffmpeg 命令
            let command = ffmpeg(file);
            // 如果需要调整音量
            if (volumeChanges[file] !== undefined) {
                command = command.audioFilters(`volume=${volumeChanges[file]}dB`);
            }
            // 导出处理后的音频到临时文件
            command
                .on('end', () => {
                    resolve(tempFile);
                })
                .on('error', (err) => {
                    reject(err);
                })
                .save(tempFile);
        });
    });
    // 处理所有音频文件后进行混合
    Promise.all(promises)
        .then((tempFiles) => {
            // 初始化 ffmpeg 命令进行混合
            let command = ffmpeg();
            tempFiles.forEach((file) => {
                command = command.input(file);
            });
            // 合成混合音频文件
            command
                .on('end', () => {
                    console.log('成功混合音频');
                    // 删除临时文件
                    tempFiles.forEach((file) => fs.unlinkSync(file));
                })
```

```
            .on('error', (err) => {
              console.error('混合过程中出错: ${err.message}');
              // 删除临时文件
              tempFiles.forEach((file) => fs.unlinkSync(file));
            })
            .complexFilter('amix=inputs=' + audioFiles.length)
            .save(outputFile);
        })
        .catch((err) => {
          console.error('处理音频文件时出错: ${err.message}');
        });
}
// 定义要混合的音频文件列表
const audioFiles = ['./mp3/audio.mp3', './mp3/声声慢.mp3'];
// 定义输出文件名
const outputFile = './mp3/mixed_audio.mp3';
// 定义需要调整音量的音频文件及其调整值(单位为分贝)
const volumeChanges = { './mp3/声声慢.mp3': -10 }; // 将第 2 个音频文件降低 10dB
// 调用函数,混合音频文件
mixAudioFiles(audioFiles, outputFile, volumeChanges);
```

执行 node mixed_audio.js 命令,会在 ./mp3 目录生成一个 mixed_audio.mp3 文件,我们会发现第 2 个音频文件(声声慢.mp3)的声音变小了,因为在混合时将该音频文件的音量降低了 10dB。

9.6 小结

本节介绍了一些与音频相关的 JavaScript 模块,当然,这些模块在音频领域中仍然是沧海一粟。就算是本章介绍的 Howler、MediaRecorder API、fluent-ffmpeg 和 chart.js,它们的功能不止于此。尤其是 fluent-ffmpeg 模块,由于该模块底层是基于 FFmpeg 的,FFmpeg 相信大家就算没用过,也一定听说过,它是一个开源的音频和视频处理库,目前有很多音频或视频软件在底层都是基于 FFmpeg 的。而 fluent-ffmpeg 作为对 FFmpeg 的封装,理论上,可以拥有 FFmpeg 的全部功能,也就是说,我们可以利用 fluent-ffmpeg 制作出堪比专业级的音视频软件,非常期望广大读者利用本章所学的知识,使用 JavaScript 开发出和射手播放器、各种音视频处理软件一样的高端应用。

第 10 章 图像与视频

音频和视频向来不分家,在第 9 章介绍了 JavaScript 与音频的相关操作,我们已经体验到了 JavaScript 的强大,对于处理视频来说,JavaScript 也不在话下。在这一章,就让我们来体验一下如何利用 JavaScript 及其强大的第三方模块来操控视频,这些操作主要包括获取视频信息、播放视频、截屏、拍照、录制视频、格式转换和视频编辑,利用这些功能,足以实现一款非常强大的视频软件。

10.1 获取视频信息

可以使用 ffprobe 命令(FFmpeg 的一部分)获取视频信息,命令行如下:

ffprobe -v error -show_entries format=duration -show_entries stream=width,height,r_frame_rate -of default=noprint_wrappers=1 ./video/video.mp4

命令行参数含义如下。

(1) -v error:仅输出错误信息,忽略其他日志信息。

(2) -show_entries format=duration:显示格式信息中的持续时间。

(3) -show_entries stream=width,height,r_frame_rate:显示流信息中的宽度、高度和帧率。

(4) -of default=noprint_wrappers=1:以默认格式输出结果,并且不显示包装器信息。

(5) ./video/video.mp4:输入视频文件路径。

执行这行命令,会输出如下信息:

```
r_frame_rate=0/0
width=1920
height=1080
r_frame_rate=30/1
duration=3.433000
```

如果使用 fluent-ffmpeg 模块获取视频信息就简单多了,只需要使用 ffprobe 方法,就可以获取与视频相关的元数据,然后根据元数据的格式,解析出我们需要的信息即可。下面是本例的完整实现。在这个例子中,会获取 ./video/video.mp4 文件的分辨率、帧率和持续时间。

代码位置：src/photo_video/video_info.js

```js
// 导入 fluent-ffmpeg 模块，用于处理视频文件
const ffmpeg = require('fluent-ffmpeg');

// 指定要处理的视频文件的路径
const videoPath = './video/video.mp4';

// 使用 fluent-ffmpeg 的 ffprobe 方法加载视频文件并获取其元数据
ffmpeg.ffprobe(videoPath, function(err, metadata) {
    // 如果加载视频文件失败，输出错误信息并返回
    if (err) {
        console.error('无法加载视频文件:', err);
        return;
    }
    // 查找视频流（类型为'video'的流）
    const videoStream = metadata.streams.find(stream => stream.codec_type === 'video');
    if (videoStream) {
        // 获取视频的宽度和高度，组成分辨率字符串
        const width = videoStream.width;
        const height = videoStream.height;
        const resolution = `${width}x${height}`;
        // 获取视频的帧率，并计算实际的帧率值
        const rFrameRate = videoStream.r_frame_rate.split('/');
        const fps = rFrameRate.length === 2 ? (parseInt(rFrameRate[0], 10) / parseInt(rFrameRate[1], 10)) : parseFloat(videoStream.r_frame_rate);
        // 输出视频的分辨率和帧率
        console.log(`分辨率: ${resolution}`);
        console.log(`帧率: ${fps}`);
    } else {
        console.error('未找到视频流');
    }
    // 获取视频的持续时间，单位为秒
    const duration = metadata.format.duration;
    console.log(`持续时间: ${duration} 秒`);
});
```

执行 node video_info.js 命令运行程序，会输出如下内容：

分辨率：1920x1080
帧率：30
持续时间：3.433 秒

这段代码的关键是从视频的元数据（metadata）中解析出我们需要的信息。关键的一行代码如下：

```js
const videoStream = metadata.streams.find(stream => stream.codec_type === 'video');
```

对这行代码的详细解释如下。

（1）metadata.streams。

① metadata：从 ffprobe 方法返回的元数据对象，其中包含视频文件的各种信息。

② metadata.streams 是一个数组，包含了视频文件中所有的流（streams）。一个视频文件可以包含多个流，例如视频流、音频流和字幕流等。

(2) stream.codec_type。

① 每个流对象中都有一个 codec_type 属性,表示流的类型。

② codec_type 可以是 video、audio、subtitle 等,分别表示视频流、音频流和字幕流。

(3) Array.prototype.find。

① find 方法在数组中查找第一个满足提供的测试函数的元素,并返回该元素的值。如果没有找到满足条件的元素,则返回 undefined。

② 在这个例子中,find 方法用于在 metadata.streams 数组中查找第一个 codec_type 为 video 的流。

(4) metadata.streams.find(stream => stream.codec_type === 'video')。

① 这是一个箭头函数,用于测试每个流的 codec_type 是否为"video"。

② stream => stream.codec_type === 'video':箭头函数接收每个流对象 stream,然后检查 stream.codec_type 是否等于'video'。

③ 如果找到 codec_type 为'video'的流,则 find 方法返回该流对象,并将其赋值给 videoStream 变量。

10.2 播放视频

由于 Electron 窗口本质上是 Web 页面,所以可以直接使用 HTML5 的<video>标签播放视频,使用方式与 Web 页面完全相同。本节的例子会在页面放置两个按钮:"打开本地视频"和"打开网络视频","打开本地视频"按钮用于打开本地的 MP4 视频文件。"打开网络视频"按钮用于输入 MP4 文件的 Web 地址进行播放。效果如图 10-1 所示。

图 10-1 播放视频

代码位置：src/photo_video/player/index.html

```html
<!DOCTYPE html>
<html lang="en">
<head>
    <meta charset="UTF-8">
    <meta name="viewport" content="width=device-width, initial-scale=1.0">
    <title>Electron Video Player</title>
    <style>
        body {
            font-family: Arial, sans-serif;
            display: flex;
            flex-direction: column;
            align-items: center;
            justify-content: center;
            height: 100vh;
            margin: 0;
        }
        #videoContainer {
            width: 80%;
            max-width: 800px;
        }
        video {
            width: 100%;
            height: auto;
        }
        button {
            margin: 10px;
        }
        dialog {
            padding: 20px;
            border: none;
            box-shadow: 0 0 10px rgba(0, 0, 0, 0.5);
        }
        dialog::backdrop {
            background-color: rgba(0, 0, 0, 0.5);
        }
    </style>
</head>
<body>
    <div id="videoContainer">
        <video id="videoPlayer" controls>
            您的浏览器不支持 HTML5 视频标签。
        </video>
    </div>
    <button id="openLocalVideo">打开本地视频</button>
    <button id="openOnlineVideo">打开网络视频</button>
    <dialog id="urlInputDialog">
        <h3>请输入网络视频地址</h3>
        <input type="text" id="urlInput" />
        <button id="urlSubmitButton">确定</button>
        <button id="urlCancelButton">取消</button>
    </dialog>
    <script>
        // 获取 DOM 元素
        const videoPlayer = document.getElementById('videoPlayer');
```

```js
        const openLocalVideoButton = document.getElementById('openLocalVideo');
        const openOnlineVideoButton = document.getElementById('openOnlineVideo');
        const urlInputDialog = document.getElementById('urlInputDialog');
        const urlInput = document.getElementById('urlInput');
        const urlSubmitButton = document.getElementById('urlSubmitButton');
        const urlCancelButton = document.getElementById('urlCancelButton');
        // 打开本地视频文件
        openLocalVideoButton.addEventListener('click', () => {
            window.electronAPI.openFileDialog().then(filePath => {
                if (filePath) {
                    videoPlayer.src = filePath;
                    videoPlayer.play();
                }
            }).catch(err => {
                console.log(err);
            });
        });
        // 打开网络视频文件
        openOnlineVideoButton.addEventListener('click', () => {
            urlInputDialog.showModal();
        });

        // 提交 URL
        urlSubmitButton.addEventListener('click', () => {
            const url = urlInput.value;
            if (url) {
                videoPlayer.src = url;
                videoPlayer.play();
            }
            urlInputDialog.close();
        });
        // 取消输入
        urlCancelButton.addEventListener('click', () => {
            urlInputDialog.close();
        });
    </script>
</body>
</html>
```

代码位置:src/photo_video/player/preload.js

```js
const { contextBridge, ipcRenderer } = require('electron');
contextBridge.exposeInMainWorld('electronAPI', {
    openFileDialog: () => ipcRenderer.invoke('dialog:openFile')
});
```

代码位置:src/photo_video/player/index.js

```js
const { app, BrowserWindow, ipcMain, dialog } = require('electron');
const path = require('path');
function createWindow() {
    const mainWindow = new BrowserWindow({
        width: 800,
        height: 600,
        webPreferences: {
            preload: path.join(__dirname, 'preload.js'),
```

```
            contextIsolation: true,
            enableRemoteModule: false,
            nodeIntegration: false,
        }
    });
    mainWindow.loadFile('index.html');
}
app.on('ready', createWindow);
app.on('window-all-closed', () => {
    if (process.platform !== 'darwin') {
        app.quit();
    }
});
app.on('activate', () => {
    if (BrowserWindow.getAllWindows().length === 0) {
        createWindow();
    }
});
// 处理文件选择对话框
ipcMain.handle('dialog:openFile', async () => {
    const result = await dialog.showOpenDialog({
        properties: ['openFile'],
        filters: [
            { name: 'Videos', extensions: ['mp4'] }
        ]
    });
    if (result.canceled) {
        return null;
    } else {
        return result.filePaths[0];
    }
});
```

10.3 截屏

本节介绍如何用 desktopCapturer 模块截屏，以及如何使用 puppeteer 模块调用 Chrome 浏览器截取 Web 页面。

10.3.1 截取屏幕

在 Electron 应用中实现屏幕截取功能，涉及几个关键步骤：首先是确定要截取的屏幕或窗口（即获取源），然后捕获该源的图像，最后保存这个图像到文件系统中。具体描述如下。

1. 如何截取屏幕

截取屏幕的过程首先需要通过 Electron 的 desktopCapturer 模块来获得可用的屏幕或窗口源。这个模块可以列出所有可用的屏幕和窗口，并允许应用根据需要选择其中的一个进行捕获。在获取源的过程中，可以指定想要捕获的类型，比如整个屏幕或特定的窗口，并且可以设置缩略图的尺寸，这个尺寸决定了捕获图像的分辨率。

2. 获得 Source

使用 desktopCapturer.getSources() 函数，传入想要捕获的资源类型和缩略图大小，函数将返回一个包含所有匹配源的列表。从这个列表中，可以根据源的名称或其他属性选择一个合适的源进行捕获。例如，如果需要捕获整个屏幕，可以选择名字包含"Screen"的源，也可能是"整个屏幕"，读者可以输出所有的 Source，然后再确定名字。

3. 保存屏幕截屏图像

一旦选择了合适的源，就可以使用该源的缩略图数据来生成图像文件。缩略图数据通常以 PNG 格式的 Blob 存在，可以直接将这个 Blob 写入文件系统，从而保存成一个 PNG 图像文件。这一过程通常涉及 Node.js 的 fs 模块，使用 fs.writeFile() 函数可以将图像数据保存到指定路径的文件中。

下面的例子使用 desktopCapturer 模块的相关 API 实现了一个截屏的应用。单击"截屏"按钮，截屏应用的窗口会最小化（防止截取截屏应用的窗口），然后开始截屏，并将屏幕截图保存为 screen1.png、screen2.png 等，screen 后的序号会依次递增。截完屏后，截屏应用的窗口会恢复原状。

代码位置：src/photo_video/screenshot/index.js

```javascript
const { app, BrowserWindow, ipcMain, screen, desktopCapturer } = require('electron');
const fs = require('fs');
const path = require('path');
let win;
let screenshotIndex = 1;                                      // 开始截屏编号
function createWindow() {
    win = new BrowserWindow({
        width: 200,
        height: 120,
        webPreferences: {
            nodeIntegration: true,
            contextIsolation: false
        }
    });
    win.loadFile('index.html');
    win.on('closed', () => {
        win = null;
    });
}
app.on('ready', createWindow);
ipcMain.on('capture-screen', async () => {
    win.minimize();                                            // 最小化窗口
    setTimeout(async () => {
        const sources = await desktopCapturer.getSources({
            types: ['screen', 'window'],
            thumbnailSize: { width: 1920, height: 1080 }       // 根据需要调整尺寸
        });
        // 打印所有捕获源的详细信息
        console.log("Available sources:");
        sources.forEach(source => console.log(`${source.id}: ${source.name}`));
        // 尝试找到屏幕捕获源
        let screenSource = sources.find(source => source.name === "整个屏幕" || source.
```

```
            name.includes("Screen") || source.name.includes("screen"));
        if (!screenSource) {
            console.error("No screen source found!");
            win.restore();                              // 恢复窗口
            return;
        }
        const image = screenSource.thumbnail.toPNG();   // 获取全尺寸 PNG 图像
        const filePath = path.join(__dirname, 'screen${screenshotIndex++}.png');
        fs.writeFile(filePath, image, (err) => {
            if (err) {
                console.error('Failed to save screenshot', err);
            } else {
                console.log('Screenshot saved as ${filePath}');
            }
            win.restore();                              // 恢复窗口
        });
    }, 500);
});
app.on('window-all-closed', () => {
    if (process.platform !== 'darwin') {
        app.quit();
    }
});
```

代码位置：src/photo_video/screenshot/index.html

```
<!DOCTYPE html>
<html>
<head>
    <meta charset="UTF-8">
    <title>Electron Screenshot</title>
</head>
<body>
    <button onclick="takeScreenshot()" style="font-size:50px;width:100%;">截屏</button>
    <script>
        const { ipcRenderer } = require('electron');
        function takeScreenshot() {
            ipcRenderer.send('capture-screen');
        }
    </script>
</body>
</html>
```

使用 npm start 命令运行程序，会显示如图 10-2 所示的窗口，单击"截屏"按钮，窗口会最小化，然后截取屏幕后，窗口又会恢复原状。在当前目录会生成一个名为 screen1.png 的图像文件，再次截取屏幕，会生成 screen2.png 文件，以此类推。

图 10-2　截取屏幕

注意，如果读者使用的是 macOS 系统，需要打开截屏权限，否则只能截取桌面壁纸的图像。打开权限的步骤如下：打开"系统偏好设置"→"安全性与隐私"窗口，切换到"隐私"标签页，在左侧列表中单击"屏幕录制"，然后单击窗口左下角小锁头按钮，输入系统密码后，打开允许修改权限，最后在右侧列表中找到相应的项,如图 10-3 所示。将左侧复选框选中即可。如果在 VSCode 中运行程序,需要选中 Code,如果在终端运行程序,需要选中"终端"。

图 10-3　运行程序录屏

10.3.2　截取 Web 页面

可以使用 Puppeteer 控制 Chrome 浏览器截取 Web 页面。Puppeteer 是一个由 Google Chrome 团队开发的 Node.js 库,提供了一套高层次的 API,用于通过 DevTools 协议控制 Chrome 或 Chromium 浏览器。它主要用于自动化浏览器操作,如网页抓取、生成截图、生成 PDF、测试网页应用等。

1. Puppeteer 的功能

Puppeteer 具备以下主要功能。

（1）网页抓取：从网页中提取数据,类似于网络爬虫。

（2）生成截图和 PDF：可以截取网页的全屏或特定部分,并生成 PDF 文件。

（3）自动化表单提交：模拟用户在网页上填写表单并提交。

（4）捕捉浏览器日志和网络活动：可以监控和分析网页的网络请求和日志。

（5）模拟用户交互：模拟用户在网页上的操作,如单击、输入文本、导航等。

（6）测试 Web 应用：可以用来编写端到端的测试脚本。

2. 安装 Puppeteer

要在项目中使用 Puppeteer,需要先安装它。可以使用 npm 进行安装:

```
npm install puppeteer
```

3. Puppeteer 与 Selenium WebDriver 的区别

Puppeteer 和 Selenium WebDriver 都是用于自动化浏览器操作的工具，但它们有以下一些显著的区别。

（1）开发团队：Puppeteer 是由 Google Chrome 团队开发的，Selenium WebDriver 是一个开源项目，由多个贡献者开发和维护。

（2）主要用途：Puppeteer 主要用于与 Chrome 或 Chromium 的高效交互，提供了专门的 API 来控制这些浏览器。Selenium WebDriver 支持多种浏览器（如 Chrome、Firefox、Safari、Edge 等），更适用于跨浏览器测试。

（3）控制方式：Puppeteer 通过 Chrome DevTools 协议直接与浏览器进行通信。Selenium WebDriver 通过 WebDriver 协议与浏览器驱动程序（如 chromedriver、geckodriver）进行通信。

（4）功能和性能：Puppeteer 的 API 更加现代化和简洁，特别适合生成截图、PDF 和进行高效的网页抓取。Selenium WebDriver 由于其广泛的浏览器支持，更适合需要跨浏览器兼容性的测试场景。

（5）依赖和安装：Puppeteer 自带一个特定版本的 Chromium，但也可以指定本地的 Chrome 路径。Selenium WebDriver 需要单独安装浏览器驱动程序（如 chromedriver）。

4. Chrome 版本的考虑

使用 Puppeteer 时，一般不需要特别考虑 Chrome 的版本，因为 Puppeteer 会自带一个经过测试的 Chromium 版本。如果需要使用本地安装的 Chrome 版本，可以在 puppeteer.launch 中指定 executablePath，需要确保该版本的 Chrome 与 Puppeteer 兼容。

下面的例子使用 Puppeteer 控制 Chrome 浏览器访问京东商城的首页，并截取首页的图像，将图像保存为 jd.png。

代码位置：src/photo_video/capture_web/capture.js

```javascript
// 引入 puppeteer 库
const puppeteer = require('puppeteer');
(async () => {
    // 启动浏览器实例，并指定 Chromium 或 Chrome 浏览器的路径
    const browser = await puppeteer.launch({
        executablePath: '/Applications/Google Chrome.app/Contents/MacOS/Google Chrome', // 在这
                                                // 里指定你的 Chrome 或 Chromium 的路径
        headless: false // 如果希望看到浏览器的实际操作，可以将 headless 设为 false
    });
    // 创建一个新的页面
    const page = await browser.newPage();
    // 定义要访问的网址
    const url = 'https://www.jd.com/';
    // 定义要保存的截图文件名
    const filename = 'jd.png';
    // 打开网址
    await page.goto(url, { waitUntil: 'networkidle2' }); // 等待页面完全加载
    // 保存可见的浏览器窗口的截图
```

```
        await page.screenshot({ path: filename });
        // 关闭浏览器
        await browser.close();
})();
```

在运行程序之前,要确保当前机器安装了 Chrome 浏览器,并设置 executablePath 为自己机器上 Chrome 浏览器可执行文件的路径。Chrome 浏览器会自动打开,然后自动填入网址并显示页面,接下来会截取网页,最后会关闭浏览器。在当前目录会看到生成了一个 jd.png 文件,效果如图 10-4 所示。

图 10-4　截取京东商城首页

10.4　拍照

在 Web 应用中可以启动摄像头采集图像,并获取采集后的图像 URL(可以显示在 img 标签上,或做其他处理)。Electron 应用与 Web 应用的实现方式完全相同,只是如果想将采集到的图像保存为本地图像,需要使用 IPC 技术将图像 URL 传给主进程再保存到本地。

1. 在页面中显示摄像头的采集画面

显示采集画面需要使用<video>标签,该标签会接收从摄像头传过来的视频流,就像播放视频影像一样。需要使用下面代码定义一个<video>标签。

```
<video id="video" width="640" height="480" autoplay></video>
```

2. 获取和显示摄像头图像

使用 HTML5 的 MediaDevices API 访问用户的摄像头。通过调用 navigator.mediaDevices.getUserMedia,请求访问摄像头并将视频流设置为视频元素的源,从而在网页上显示实时的摄像头图像。

3．实现拍照功能

当用户单击"拍照"按钮时，捕捉当前视频元素的画面并绘制到画布元素上。然后，将画布内容转换为图片数据URL，并将其设置为图片元素的源，从而显示拍照的图片。

4．具体的实现流程

（1）在HTML中包含一个视频元素(<video>)。

（2）使用JavaScript，通过navigator.mediaDevices.getUserMedia()方法请求访问摄像头。

（3）如果访问成功，将返回的视频流设置为视频元素的源，从而在页面上显示实时的摄像头画面。

（4）在HTML中包含一个按钮元素，用于触发拍照。

（5）为按钮添加单击事件监听器。

（6）在单击事件中，获取画布元素的2D绘图上下文。

（7）使用drawImage方法将当前视频画面绘制到画布上。

（8）使用toDataURL()方法将画布内容转换为图片数据URL(base64编码的图像数据)。

（9）将图片数据URL设置为图片元素的源，从而在页面上显示拍照后的图像。

通过上述步骤，可以在Web应用中实现启动摄像头、拍照以及显示拍照图片的功能。下面的代码给出了在Web应用中实现拍照和显示拍照图片的完整实现。

代码位置：src/photo_video/take_a_picture.html

```html
<!DOCTYPE html>
<html lang="en">
<head>
    <meta charset="UTF-8">
    <title>Web Camera Capture</title>
</head>
<body>
    <h1>Camera Capture</h1>
    <button id="capture">拍照</button>
    <p></p>
    <video id="video" width="640" height="480" autoplay></video>
    <canvas id="canvas" width="640" height="480" style="display:none;"></canvas>
    <p></p>
    <img id="photo" width="640" height="480" />
    <script>
        document.addEventListener("DOMContentLoaded", function() {
            const video = document.getElementById('video');          // 获取视频元素
            const canvas = document.getElementById('canvas');        // 获取画布元素
            const captureButton = document.getElementById('capture');// 获取拍照按钮
            const context = canvas.getContext('2d');                 // 获取画布的2D上下文
            // 访问摄像头
            navigator.mediaDevices.getUserMedia({ video: true })
                .then((stream) => {
                    video.srcObject = stream; // 将视频流设置为视频元素的源
                })
                .catch((err) => {
```

```
                    console.error("访问摄像头时出错: ", err); // 如果访问摄像头失败,打印错
                                                              // 误信息
                });
            // 拍照
            captureButton.addEventListener('click', () => {
                context.drawImage(video, 0, 0, canvas.width, canvas.height); // 将视频画面绘
                                                                              // 制到画布上
                const dataURL = canvas.toDataURL('image/png');    // 将画布内容转换为
                                                                   // 图片数据 URL
                document.getElementById('photo').src = dataURL;  // 将图片数据 URL 设置为
                                                                  // img 元素的源
                console.log(dataURL);                             // 打印数据 URL
            });
        });
    </script>
</body>
</html>
```

在浏览器中输入 take_a_picture.html 的地址(不需要 HTTP 服务器,直接输入本地地址即可),首先会显示如图 10-5 所示的授权对话框,单击"允许"按钮,授权 Web 应用使用相机(摄像头)。

然后在 Web 页面中就会显示从摄像头采集到的画面,单击"拍照"按钮,会将当前采集到的图像显示在<img>标签中,如图 10-6 所示。上面的图像是摄像头采集图像窗口,下面的图像是在<img>标签中显示的拍照图片。

图 10-5 授权对话框

图 10-6 拍照

5. 显示尺寸

在 < video id="video" width="640" height="480" autoplay ></video >中的 width 和 height 属性指定了视频元素在网页上的显示尺寸。具体解释如下。

1) width 和 height 的作用

（1）指定显示尺寸：width="640"和 height="480"定义了视频元素在页面上的显示尺寸为 640×480 像素。

（2）比例：如果不指定 width 和 height 属性,视频将按照其原始分辨率显示。指定了尺寸后,视频会按照指定的尺寸进行缩放,但默认情况下会保持其原始宽高比。

2) 尺寸和比例

（1）保持比例：默认情况下,视频元素会保持其原始的宽高比例。如果指定的宽高比例与视频源的比例不同,视频会被等比例缩放以适应指定的尺寸,可能会有黑边出现。

（2）任意设置：可以任意设置 width 和 height,但如果与视频源的比例不一致,可能导致视频显示失真(拉伸或压缩)。

6. 拍照后显示在 img 元素中

拍照后的图像可以显示在 img 元素中,以下是几种情况。

（1）相同尺寸：如果 img 元素的尺寸与 video 元素的尺寸相同,那么拍照后显示的图片将不会失真。代码示例：

< img id="photo" width="640" height="480" />

（2）等比例缩放：如果 img 元素的尺寸与 video 元素的比例相同但尺寸不同,浏览器会自动等比例缩放图片以适应 img 元素的尺寸。代码示例：

< img id="photo" width="320" height="240" />

（3）不一样的尺寸：如果 img 元素的尺寸与 video 元素的比例不同,图片会被拉伸或压缩以适应 img 元素的尺寸,可能会导致失真。代码示例：

< img id="photo" width="800" height="600" />

10.5 录制带声音的视频

使用 ffmpeg 命令,以及选择不同的视频源和音频源,可以录制带声音的各种视频,如从摄像头采集到的视频,以及录制屏幕。

如果直接用 ffmpeg 命令行工具录制带声音的视频,可以使用下面的命令。

ffmpeg -f avfoundation -framerate 30 -i "3:2" -vf scale=iw/2:ih/2 out.avi

其中,avfoundation 是 macOS 下的设备,用来捕获集成的 iSight 摄像头以及通过 USB 或 FireWire 连接的摄像头。

在 Windows 系统中,可以使用 dshow(DirectShow)输入设备,或者使用内置的 GDI 屏幕捕获器（gdigrab）。在 Linux 系统中，可以使用 video4linux2（或简称为 v4l2）输入设备来捕获实时输入，例如来自网络摄像头的输入。

上面命令行中的 30 表示帧率是 30 帧。"3:2"表示视频设备和音频设备的索引。3 表示视频设备索引，2 表示音频设备索引。如果机器上有多个视频设备和多个音频设备，那么就需要使用下面的命令查询每个设备的索引。iw/2:ih/2 表示将屏幕尺寸缩放到原来的 50%，这一点非常重要，如果屏幕分辨率过大，FFmpeg 可能不支持这么大分辨率的视频，所以需要等比例缩放屏幕尺寸。

1. macOS

使用下面的命令查询 macOS 下的视频和音频设备。

```
ffmpeg -f avfoundation -list_devices true -i ""
```

如果执行这行命令，可能输出如下内容：

```
AVFoundation indev @ 0x7ffdc9705b40] AVFoundation video devices:
[AVFoundation indev @ 0x7ffdc9705b40] [0] USB 2.0 Camera
[AVFoundation indev @ 0x7ffdc9705b40] [1] FaceTime 高清摄像头（内建）
[AVFoundation indev @ 0x7ffdc9705b40] [2] EpocCam
[AVFoundation indev @ 0x7ffdc9705b40] [3] Capture screen 0
[AVFoundation indev @ 0x7ffdc9705b40] AVFoundation audio devices:
[AVFoundation indev @ 0x7ffdc9705b40] [0] WeMeet Audio Device
[AVFoundation indev @ 0x7ffdc9705b40] [1] Splashtop Remote Sound
[AVFoundation indev @ 0x7ffdc9705b40] [2] Built-in Microphone
[AVFoundation indev @ 0x7ffdc9705b40] [3] USB Digital Audio
```

方括号中的数字就是索引。本例使用的"3:2"，表示视频使用了 Capture screen 0，音频使用了 Built-in Microphone（内建麦克风）。如果使用"0:2"，那么就会用名为 USB 2.0 Camera 的摄像头采集图像。

2. Windows

使用下面的命令查询 Windows 下的视频和音频设备。

```
ffmpeg -list_devices true -f dshow -i dummy
```

3. Linux

使用下面的命令查询 Linux 下的视频和音频设备。

```
v4l2-ctl --list-devices
```

如果未安装 v4l2-ctl 命令，可以使用下面的命令安装。

```
sudo apt install v4l-utils
```

下面的代码使用直接调用 ffmpeg 命令的方式录制屏幕视频（分辨率为 1920×1080），并同时采集音频。按 Enter 键，会停止录制视频，然后将录制的视频保存为 output_video.avi。

代码位置：src/photo_video/screen_recording_audio.js

```javascript
const { exec } = require('child_process');
```

```js
// 设置录屏参数
const screenResolution = '1920×1080';
const outputVideoFormat = 'avi';
const outputVideoName = 'output_video.${outputVideoFormat}';
// 录屏命令
const screenRecordCommand = 'ffmpeg -f avfoundation -framerate 30 -i "3:2" -vf scale=iw/2:ih/2 ${outputVideoName}';
// 开始录屏和录音
const screenRecordProcess = exec(screenRecordCommand, (error, stdout, stderr) => {
    if (error) {
        console.error('录制过程中出现错误: ${error.message}');
        return;
    }
    if (stderr) {
        console.error('录制过程中的标准错误输出: ${stderr}');
        return;
    }
    console.log('录制过程中的标准输出: ${stdout}');
});
// 等待用户输入停止录制的指令
console.log('按下 Enter 键以停止录制...');
process.stdin.once('data', () => {
    // 停止录屏
    screenRecordProcess.kill('SIGINT');
    console.log('录制已完成并保存为', outputVideoName);
});
```

10.6 图像和视频的格式转换

可以使用 ffmpeg 命令实现图像和视频格式的转换。ffmpeg 命令主要根据图像/视频文件的数据确定文件的格式，所以即使图像/视频文件的扩展名不正确，也不影响图像/视频格式的转换。例如，本来是 PNG 格式的图像，但命名为 abc.jpg，ffmpeg 同样会将 abc.jpg 作为 PNG 格式图像进行处理，下面是 ffmpeg 命令进行图像和视频格式转换的命令行：

```
ffmpeg -i input.jpg output.png
ffmpeg -i input.avi output.mp4
```

其中，-i input.jpg 和 -i input.avi 表示输入的图像和视频文件，output.png 和 output.mp4 表示转换后输出的图像和视频文件。

下面的代码会使用 fluent-ffmpeg 模块利用 ffmpeg 命令进行图像和视频格式的转换。待转换的图像或视频文件，以及转换后输出的图像或视频文件，需要通过命令行参数输入。

代码位置：src/photo_video/convert.js

```js
const ffmpeg = require('fluent-ffmpeg');
const fs = require('fs');
const readline = require('readline');
// 定义一个函数用于图像格式转换
function convert(sourceFile, targetFile) {
    // 检查目标文件是否存在
```

```javascript
            if (fs.existsSync(targetFile)) {
                const rl = readline.createInterface({
                    input: process.stdin,
                    output: process.stdout
                });
                rl.question('目标文件已存在,是否覆盖?(Y/N) ', (answer) => {
                    if (answer.toLowerCase() === 'y') {
                        performConversion(sourceFile, targetFile);
                    } else {
                        console.log('转换已取消。');
                    }
                    rl.close();
                });
            } else {
                performConversion(sourceFile, targetFile);
            }
}
// 实际执行转换的函数
function performConversion(sourceFile, targetFile) {
    ffmpeg(sourceFile)
        .save(targetFile)
        .on('end', () => {
            console.log('转换成功!');
        })
        .on('error', (err) => {
            console.error('无法转换文件:', err.message);
        });
}
// 检查命令行参数
if (process.argv.length < 4) {
    console.log('请提供源文件名和目标文件名。');
} else {
    const sourceFile = process.argv[2];
    const targetFile = process.argv[3];
    convert(sourceFile, targetFile);
}
```

使用下面的命令执行程序,会将 jd.png 转换为 jd.jpg。

```
node convert_image.js jd.png jd.jpg
```

使用下面的命令执行程序,会将 video.mp4 转换为 video.avi。

```
node convert.js video/video.mp4 video/video.avi
```

10.7 视频编辑

本节会介绍如何对视频进行各种编辑操作,这些操作包括裁剪视频、合并视频、提取视频中的音频、混合音频和视频以及制作画中画视频。

10.7.1 视频裁剪

使用 ffmpeg 命令可以裁剪视频,下面是用于裁剪视频的命令行。

```
ffmpeg -i video.mp4 -ss 10 -to 20 -c copy clip_video.mp4
```

这行命令裁剪 video.mp4 从第 10 秒到第 20 秒，保存为 clip_video.mp4。

下面的代码使用 fluent-ffmpeg 模块的相关 API 截取 source.mp4 中的第 2 秒到第 5 秒的一段视频，并将截取的部分保存为 clip_video.mp4。

代码位置：src/photo_video/clip_video.js

```
const ffmpeg = require('fluent-ffmpeg');
// 定义视频裁剪函数
function cropVideo(inputFile, outputFile, startTime, endTime) {
    // 使用 fluent-ffmpeg 进行视频裁剪
    ffmpeg(inputFile)
        .setStartTime(startTime)              // 设置裁剪的开始时间(单位:秒)
        .setDuration(endTime - startTime)     // 设置裁剪的持续时间(结束时间 - 开始时间)
        .output(outputFile)                   // 指定输出文件
        .on('end', () => {
            console.log('视频裁剪完毕');
        })
        .on('error', (err) => {
            console.error('视频裁剪过程中发生错误:', err.message);
        })
        .run();
}
const inputFile = './video/source.mp4';
const outputFile = './video/clip_video.mp4';
const startTime = 2;                          // 裁剪开始时间(单位:秒)
const endTime = 5;                            // 裁剪结束时间(单位:秒)
cropVideo(inputFile, outputFile, startTime, endTime);
```

使用 node clip_video.js 命令运行上面的程序，会在 video 目录生成一个 clip_video.mp4 文件。

10.7.2 视频合并

使用 ffmpeg 可以将多个视频合并到一起。由于不同的视频可能编码不同，所以最好统一先将所有待合并的视频进行转码，然后再进行合并。转码也可以使用 ffmpeg 命令完成：

```
ffmpeg -i input.mp4 -c:v libx264 -c:a aac -strict -2 output.mp4
```

命令行参数的详细解释如下。

(1) -i input.mp4：指定输入文件。

(2) -c:v libx264：使用 libx264 编码器重新编码视频流。

(3) -c:a aac：使用 aac 编码器重新编码音频流。

(4) -strict -2：允许使用实验性的 AAC 编码器。

(5) output.mp4：指定输出文件。

下面是合并视频的命令：

```
ffmpeg -f concat -safe 0 -i filelist.txt -c copy output.mp4
```

命令行参数的详细解释如下。

(1) -f concat：使用 concat 复合格式。

(2) -safe 0：禁用安全检查。

(3) -i filelist.txt：指定包含要合并文件列表的文本文件。

(4) -c copy：直接复制编解码器数据，而不重新编码。

(5) output.mp4：指定输出文件。

filelist.txt 是一个文本文件，用于指定待合并的视频文件路径，如下：

```
file 'video1.mp4'
file 'video2.mp4'
file 'video3.mp4'
```

这行命令的作用是将 video1.mp4、video2.mp4 和 video3.mp4 合并为 final_video.mp4。

下面的例子使用 Node.js 直接执行转码和合并视频的命令，并输出合并后的结果（final_video.mp4）。

代码位置：src/photo_video/merge_video.js

```javascript
const { exec } = require('child_process');
const fs = require('fs');
const path = require('path');
// 待合并的视频
const videoFiles = ['./video/video.mp4', './video/source.mp4'];
const tempDir = './tempdir';
const outputFile = 'final_video.mp4';
if (fs.existsSync(tempDir)) {
    clearDirectory(tempDir);
} else {
    fs.mkdirSync(tempDir);
}
if(fs.existsSync(outputFile)){
    fs.unlinkSync(outputFile);
}
function clearDirectory(directory) {
    if (fs.existsSync(directory)) {
        fs.readdirSync(directory).forEach((file) => {
            const filePath = path.join(directory, file);
            if (fs.lstatSync(filePath).isDirectory()) {
                clearDirectory(filePath);
            } else {
                fs.unlinkSync(filePath);
            }
        });
    }
}
// 重新编码视频文件
function reencodeVideo(inputFile, outputFile, callback) {
    const command = 'ffmpeg -i ${inputFile} -c:v libx264 -c:a aac -strict -2 ${outputFile}';
    exec(command, (err, stdout, stderr) => {
        if (err) {
            console.error('重新编码过程中发生错误：${err.message}');
            console.error('ffmpeg stderr: ${stderr}');
```

```javascript
                callback(err);
            } else {
                console.log(`重新编码完成: ${outputFile}`);
                callback(null);
            }
        });
    }
    // 创建文件列表
    function createFileList(files, listPath) {
        const fileList = files.map(file => `file '${file}'`).join('\n');
        fs.writeFileSync(listPath, fileList);
    }
    // 合并视频文件
    function mergeVideos(fileListPath, outputFile, callback) {
        const command = `ffmpeg -f concat -safe 0 -i ${fileListPath} -c copy ${outputFile}`;
        exec(command, (err, stdout, stderr) => {
            if (err) {
                console.error(`合并视频过程中发生错误: ${err.message}`);
                console.error(`ffmpeg stderr: ${stderr}`);
                callback(err);
            } else {
                console.log(`视频合并完成: ${outputFile}`);
                callback(null);
            }
        });
    }
    // 主函数
    function processVideos(videoFiles, outputFile) {
        const reencodedFiles = videoFiles.map(file => {
            const ext = path.extname(file);
            const base = path.basename(file, ext);
            return path.join(tempDir, `${base}_reencoded${ext}`);
        });
        let index = 0;
        function reencodeNext() {
            if (index < videoFiles.length) {
                reencodeVideo(videoFiles[index], reencodedFiles[index], (err) => {
                    if (err) return;
                    index++;
                    reencodeNext();
                });
            } else {
                // 创建文件列表并合并视频
                const fileListPath = 'filelist.txt';
                createFileList(reencodedFiles, fileListPath);
                mergeVideos(fileListPath, outputFile, (err) => {
                    if (!err) {
                        fs.unlinkSync(fileListPath); // 删除文件列表
                    }
                });
            }
        }
        reencodeNext();
    }
    // 执行处理
    processVideos(videoFiles, outputFile);
```

执行 node merge_video.js 命令运行程序,会在当前目录生成一个 final_video.mp4 文件,这是合并 2 个视频后的文件。

10.7.3 提取视频中的音频

使用 ffmpeg 命令可以提取视频中的音频,命令如下:

```
ffmpeg -i video.mp4 -q:a 0 -map a audio.mp3
```

命令行参数含义如下。

(1) -i video.mp4:-i 选项指定输入文件。这里,video.mp4 是输入视频文件的路径。

(2) -q:a 0:-q:a 选项用于设置音频质量。0 表示最高质量。这个选项实际上控制的是音频的比特率,但比特率具体值会根据编码器自动选择以确保指定的质量。

(3) -map a:-map 选项用于选择流。a 表示选择所有音频流。这个选项确保只提取音频流而忽略视频流。

(4) audio.mp3:输出文件的路径和名称。这里,audio.mp3 是输出音频文件的路径和名称,格式为 MP3。

我们可以在终端或命令提示符中运行上述命令行来提取视频中的音频并保存为 MP3 文件。

下面的代码使用 fluent-ffmpeg 模块相关 API 提取了 video.mp4 中的音频,并将其保存为 audio.mp3。

代码位置:src/photo_video/extract_audio.js

```javascript
const ffmpeg = require('fluent-ffmpeg');
// 输入视频文件的路径
const inputVideoPath = './video/video.mp4';
// 输出音频文件的路径
const outputAudioPath = 'audio.mp3';
// 使用 fluent-ffmpeg 加载视频文件并提取音频
ffmpeg(inputVideoPath)
  // 提取音频
  .noVideo()
  // 设置输出音频文件的格式为 MP3
  .format('mp3')
  // 保存音频为 MP3 文件
  .save(outputAudioPath)
  // 处理过程中出现错误时的回调函数
  .on('error', (err) => {
    console.error('提取音频时出错: ' + err.message);
  })
  // 处理完成时的回调函数
  .on('end', () => {
    console.log('音频提取并保存成功: ' + outputAudioPath);
  });
```

执行 node extract_audio.js 命令运行程序,会在当前目录下生成一个 audio.mp3 文件。

10.7.4 混合音频和视频

混合音频和视频有很多应用场景，例如，一个典型的应用场景是为视频加上背景音乐。使用 ffmpeg 命令可以混合音频和视频：

ffmpeg -i video.mp4 -i audio.mp3 -filter_complex "[1:a]volume=0.2[a1];[0:a][a1]amix=inputs=2:duration=longest:dropout_transition=2[aout]" -map 0:v -map "[aout]" -c:v copy -c:a aac -strict experimental new_video.mp4

命令行参数含义如下。

(1) -i video.mp4：-i 选项指定输入文件。这里，video.mp4 是输入视频文件的路径。

(2) -i audio.mp3：-i 选项再次指定另一个输入文件。这里，audio.mp3 是输入音频文件的路径。

(3) -filter_complex：指定一个复杂过滤器。

(4) [1:a]volume=0.2[a1]：调整第 2 个输入（audio.mp3）的音量为原来的 20%，并将其标记为 [a1]。

(5) [0:a][a1]amix=inputs=2:duration=longest:dropout_transition=2[aout]：将第 1 个输入（video.mp4）的音频流和调整后的音频流 [a1] 混合。使用 duration=longest 选项确保混合的音频长度与较长的流匹配，这样即使音频和视频长度不同也可以正确处理。dropout_transition=2 选项则指定在音频切换时的平滑过渡，并将输出标记为 [aout]。

(6) -map 0:v：-map 选项指定要使用的视频流。0:v 表示第 1 个输入文件（video.mp4）的视频流。

(7) -map "[aout]"：-map 选项再次指定要使用的音频流。"[aout]" 表示复杂过滤器输出的混合音频流。

(8) -c:v copy：-c:v 选项指定视频编解码器。copy 表示直接复制视频流而不重新编码。

(9) -c:a aac：-c:a 选项指定音频编解码器。aac 是一种常用的音频编解码器。

(10) -strict experimental：由于某些 FFmpeg 版本对 AAC 编码的支持是实验性的，-strict experimental 选项告诉 FFmpeg 使用实验性功能。

(11) new_video.mp4：输出文件的路径和名称。这里，new_video.mp4 是输出视频文件的路径和名称。

处理音频和视频不同长度的问题：使用 duration=longest 选项，可以确保混合的音频长度与较长的流匹配。如果视频较长，音频会循环播放（通过 dropout_transition 平滑过渡）直到视频结束。如果音频较长，视频结束后音频会继续播放，这种情况下可以通过剪辑音频或重复视频来处理。

下面的代码使用 fluent-ffmpeg 模块的相关 API 混合了 source.mp4 和 audio.mp3，并生成了混合后的结果（new_video.mp4）。

代码位置：src/photo_video/mixed_audio_video.js

```
const ffmpeg = require('fluent-ffmpeg');
```

```javascript
// 输入视频文件的路径
const inputVideoPath = './video/source.mp4';
// 输入音频文件的路径
const inputAudioPath = 'audio.mp3';
// 输出视频文件的路径
const outputVideoPath = 'new_video.mp4';
// 混合音频和视频的函数
function mixAudioVideo(videoPath, audioPath, outputPath, audioVolume) {
  ffmpeg()
    .input(videoPath)
    .input(audioPath)
    // 使用复杂过滤器调整音量和混合音频
    .complexFilter([
      '[1:a]volume=${audioVolume}[a1]',
      '[0:a][a1]amix=inputs=2:duration=longest:dropout_transition=2[a]'
    ])
    .outputOptions('-map 0:v')           // 保留视频流
    .outputOptions('-map [a]') // 使用混合的音频流
    .output(outputPath)
    // 处理过程中出现错误时的回调函数
    .on('error', (err) => {
      console.error('混合音频和视频时出错: ' + err.message);
    })
    // 处理完成时的回调函数
    .on('end', () => {
      console.log('音频和视频混合并保存成功: ' + outputPath);
    })
    // 开始处理
    .run();
}
// 调用函数,混合音频和视频,并将音量设置为原来的20%
mixAudioVideo(inputVideoPath, inputAudioPath, outputVideoPath, 0.2);
```

执行 node mixed_audio_video.js 命令运行程序,会在当前目录生成一个 new_video.mp4 文件,这是混合后的结果。

10.7.5 制作画中画视频

画中画视频在直播中被广泛使用。视频画面大部分播放与直播相关的内容,在视频画面的右下角或左上角(也可能在其他位置)会显示一个小视频画面,在小视频画面中显示主播的画面。这是非常典型的画中画应用场景。

以下是使用 ffmpeg 制作画中画的命令行:

```
ffmpeg -i ./video/source.mp4 -i ./video/video.mp4 -filter_complex "[1:v]scale=-1:200[pip];[0:v][pip]overlay=main_w-overlay_w-10:main_h-overlay_h-10[v];[0:a][1:a]amix=inputs=2:duration=longest[a]" -map "[v]" -map "[a]" -c:v libx264 -c:a aac -b:a 192k -strict experimental -shortest output.mp4
```

命令行参数含义如下。

(1) -i ./video/source.mp4:-i 选项指定第 1 个输入文件,这里是主视频文件 ./video/source.mp4。

(2) -i ./video/video.mp4:-i 选项再次指定第二个输入文件,这里是画中画视频文件

./video/video.mp4。

（3）-filter_complex：指定一个复杂过滤器，进行多步骤的过滤处理。

（4）[1:v]scale=-1:200[pip]：将第 2 个输入（画中画视频）的高度缩放为 200 像素，宽度按比例自动调整，缩放后的结果标记为[pip]。

（5）[0:v][pip]overlay=main_w-overlay_w-10:main_h-overlay_h-10[v]：将标记为[pip]的画中画视频叠加到第 1 个输入（主视频）上，位置为右下角，结果标记为[v]。

（6）[0:a][1:a]amix=inputs=2:duration=longest[a]：将两个输入文件的音频混合，使用持续时间最长的输入，结果标记为[a]。

（7）-map "[v]"：-map 选项用于选择要输出的流。[v]表示使用复杂过滤器处理后的视频流。

（8）-map "[a]"：-map 选项用于选择要输出的流。[a]表示使用复杂过滤器处理后的音频流。

（9）-c:v libx264：-c:v 选项指定视频编解码器。这里使用 libx264 编码视频流为 H.264 格式。

（10）-c:a aac：-c:a 选项指定音频编解码器。这里使用 aac 编码音频流。

（11）-b:a 192k：-b:a 选项设置音频比特率为 192 kbps。

（12）-strict experimental：启用实验性功能，允许使用 AAC 编码。

（13）-shortest：使输出文件的持续时间与最短的输入流匹配。

（14）output.mp4：指定输出文件的路径和名称，这里是 output.mp4。

下面的例子将 video.mp4 和 source.mp4 组合在一起，并且重新设置了 video.mp4 尺寸，然后将 video.mp4 放到 source.mp4 的右下角播放，最后将组合后的视频保存为 output.mp4，效果如图 10-7 所示。右下角的视频窗口就是 video2.mp4 的内容。

图 10-7 画中画视频

代码位置：src/photo_video/pip_video.js

```javascript
const ffmpeg = require('fluent-ffmpeg');
// 输入主视频文件和画中画视频文件的路径
const mainVideoPath = './video/source.mp4';
const pipVideoPath = './video/video.mp4';
// 输出视频文件的路径
const outputVideoPath = 'output.mp4';
// 设置画中画视频的高度和位置
const pipHeight = 200; // 画中画视频的高度
const pipPosition = 'main_w-overlay_w-10:main_h-overlay_h-10'; // 画中画视频的位置(右下角)
// 创建画中画视频效果的函数
function createPipVideo(mainPath, pipPath, outputPath, pipHeight, pipPosition) {
  ffmpeg()
    .input(mainPath)
    .input(pipPath)
    // 使用复杂过滤器设置画中画视频的位置和大小
    .complexFilter([
      '[1:v]scale=-1:${pipHeight}[pip]',          // 调整画中画视频的高度,并保持宽高比
      '[0:v][pip]overlay=${pipPosition}[v]',      // 将画中画视频叠加到主视频上
      '[0:a][1:a]amix=inputs=2:duration=longest[a]'  // 混合两个视频的音频
    ])
    .map('[v]')
    .map('[a]')
    .outputOptions([
      '-c:v libx264',              // 重新编码视频流为 H.264
      '-c:a aac',                  // 使用 AAC 编码音频
      '-b:a 192k',                 // 设置音频比特率
      '-strict experimental',      // 启用实验性 AAC 编码
      '-shortest'                  // 确保输出视频长度与最短输入长度匹配
    ])
    .output(outputPath)
    // 处理过程中出现错误时的回调函数
    .on('error', (err) => {
      console.error('创建画中画视频时出错: ' + err.message);
    })
    // 处理完成时的回调函数
    .on('end', () => {
      console.log('画中画视频创建并保存成功: ' + outputPath);
    })
    // 输出调试信息
    .on('start', (commandLine) => {
      console.log('Spawned Ffmpeg with command: ' + commandLine);
    })
    .on('progress', (progress) => {
      console.log('Processing: ' + progress.percent + '% done');
    })
    // 开始处理
    .run();
}
// 调用函数,创建画中画视频
createPipVideo(mainVideoPath, pipVideoPath, outputVideoPath, pipHeight, pipPosition);
```

执行 node pip_video.js 命令运行程序,会在当前目录生成一个 output.mp4 文件,这是一个带画中画效果的视频文件。

10.8 小结

本章介绍了一些与图像和视频相关技术用法，这些技术包括 fluent-ffmpeg 模块、<video>标签、desktopCapturer 模块、puppeteer 模块、MediaDevices API、ffprobe 命令 和 ffmpeg 命令。这里要重点提一下 fluent-ffmpeg 模块。这个模块是对 FFmpeg 的封装，利用这个模块，几乎可以处理任何与图像和视频相关的问题，也为 JavaScript 处理图像和视频提供了无限可能。读者可以利用 fluent-ffmpeg 模块以及其他技术做出非常强大的图像和视频处理软件。

第 11 章 图 像 特 效

JavaScript 通过大量的第三方模块，可以实现非常酷的图像特效，效果并不亚于 Photoshop。例如，可以使用 JavaScript 实现各种图像的滤镜、裁剪图像、翻转图像、混合图像、锐化、油画、扭曲、模糊等。本章将结合多个第三方模块详细讲解如何通过 JavaScript 对图像完成这些复杂的处理工作。

11.1 常用的图像滤镜

本节会实现一个将各种滤镜应用到图像上的应用，这些滤镜包括模糊、轮廓、细节、浮雕、查找边缘、锐化、平滑、反转颜色、灰度、颜色变换和像素化。实现这些滤镜效果，需要使用两个第三方模块：Jimp 和 Canvas。下面会详细介绍这两个模块的功能和使用方法。

1. Jimp 模块

Jimp 是一个用于处理图像的纯 JavaScript 库，主要用于 Node.js 环境。该模块提供了丰富的图像处理功能，例如裁剪、缩放、滤镜效果等。读者可以使用下面的命令安装 Jimp 模块。

```
npm install jimp
```

基本使用方法如下：

```javascript
const jimp = require('jimp');
// 读取图像
jimp.read('path/to/image.jpg').then(image => {
    // 应用模糊效果
    image.blur(5)
        // 保存处理后的图像
        .write('path/to/output.jpg');
}).catch(err => {
    console.error(err);
});
```

2. Canvas 模块

Canvas 模块提供了一组类似于 HTML5 Canvas 的 API，用于在服务器端进行图像处理。它在 Node.js 环境中非常有用，可以进行图像绘制、合成等操作。读者可以使用下面的命令安装 Canvas 模块。

```
npm install canvas
```

基本使用方法如下：

```
const { createCanvas, loadImage } = require('canvas');
const fs = require('fs');
// 创建一个画布
const canvas = createCanvas(800, 600);
const ctx = canvas.getContext('2d');
// 加载图像并绘制到画布上
loadImage('path/to/image.jpg').then(image => {
    ctx.drawImage(image, 0, 0, 800, 600);

    // 保存处理后的图像
    const out = fs.createWriteStream('path/to/output.jpg');
    const stream = canvas.createJPEGStream();
    stream.pipe(out);
});
```

3. Jimp 模块支持的滤镜效果

Jimp 支持多种滤镜效果，部分滤镜使用简单的方法调用，如 blur 方法；而一些高级滤镜效果是通过应用卷积核来实现的。

模糊效果是通过 blur 方法实现的，它会使图像看起来更加柔和和模糊。

```
image.blur(5);
```

卷积核处理是一种图像处理技术，通过一个矩阵（卷积核）与图像进行卷积运算，来实现各种效果，如边缘检测、锐化、浮雕等。

```
// 应用卷积核实现边缘检测
image.convolute([
    [-1, -1, -1],
    [-1,  8, -1],
    [-1, -1, -1]
]);
```

4. 本例的实现原理

本例使用 Jimp 模块将滤镜应用到图像上，然后使用 Canvas 模块将原图和应用滤镜后的图像水平放到一起，并保存到图像文件中。基本实现原理如下。

（1）读取图像：使用 Jimp 的 read 方法读取输入的图像文件。

（2）定义滤镜：创建一个对象 filters，包含不同的滤镜效果及其对应的处理函数。部分滤镜效果通过 Jimp 的内置方法实现，如 blur；其他效果通过应用卷积核实现。

（3）用户选择滤镜：使用 readline 模块从命令行读取用户选择的滤镜选项。

（4）应用滤镜：根据用户选择的滤镜，克隆图像并应用相应的滤镜处理函数。

（5）拼接图像：使用 Canvas 模块创建一个新的画布，将原图和处理后的图像水平拼接在一起。

（6）保存图像：将拼接后的图像保存为新的文件，并提示用户处理完成。

下面的代码使用 Jimp 和 Canvas 模块在终端显示一个菜单,每一个菜单项是一个滤镜,用户选择某个菜单项后,就会使用该菜单项对应的滤镜处理程序,并将原图和处理后的结果水平排列保存在 xxx_filter.png 文件中,其中 xxx 是要处理的图像文件名。例如,要处理的图像文件名是 girl.png,那么,处理后的图像文件名就是 girl_filter.png。

代码位置:src/image_effects/filters.js

```javascript
const Jimp = require('jimp');
const { createCanvas, loadImage } = require('canvas');
const readline = require('readline');
const fs = require('fs');
// 创建读取命令行输入的接口
const rl = readline.createInterface({
    input: process.stdin,
    output: process.stdout
});
// 定义滤镜函数
async function applyFilter(imageFilename) {
    // 读取图像文件
    const image = await Jimp.read(imageFilename);

    // 列出所有支持的滤镜
    const filters = {
        1: ["模糊", (img) => img.blur(5)],
        2: ["轮廓", (img) => img.convolute([
            [-1, -1, -1],
            [-1,  8, -1],
            [-1, -1, -1]
        ])],
        3: ["细节", (img) => img.convolute([
            [ 0, -1,  0],
            [-1,  5, -1],
            [ 0, -1,  0]
        ])],
        4: ["浮雕", (img) => img.convolute([
            [-2, -1,  0],
            [-1,  1,  1],
            [ 0,  1,  2]
        ])],
        5: ["查找边缘", (img) => img.convolute([
            [-1, -1, -1],
            [-1,  8, -1],
            [-1, -1, -1]
        ])],
        6: ["锐化", (img) => img.convolute([
            [ 0, -1,  0],
            [-1,  5, -1],
            [ 0, -1,  0]
        ])],
        7: ["平滑", (img) => img.convolute([
            [1/9, 1/9, 1/9],
            [1/9, 1/9, 1/9],
            [1/9, 1/9, 1/9]
        ])],
```

```javascript
        8: ["反转颜色", (img) => img.invert()],
        9: ["灰度", (img) => img.grayscale()],
        10: ["颜色变换", (img) => img.color([{ apply: 'red', params: [100] }])],
        11: ["像素化", (img) => img.pixelate(10)]
    };

    // 打印菜单
    console.log("请选择一个滤镜:");
    for (let key in filters) {
        console.log('${key}. ${filters[key][0]}');
    }

    // 获取用户输入
    rl.question("请输入序号:", async (choice) => {
        choice = parseInt(choice);

        if (filters[choice]) {
            // 获取选择的滤镜函数
            const filterFunction = filters[choice][1];
            // 克隆图像并应用滤镜
            const newImage = image.clone();
            filterFunction(newImage);
            // 水平拼接原图和处理后的图像
            const canvas = createCanvas(image.bitmap.width * 2, image.bitmap.height);
            const ctx = canvas.getContext('2d');
            // 加载原图和处理后的图像
            const imgBuffer = await image.getBufferAsync(Jimp.MIME_PNG);
            const newImgBuffer = await newImage.getBufferAsync(Jimp.MIME_PNG);
            const originalImg = await loadImage(imgBuffer);
            const filteredImg = await loadImage(newImgBuffer);
            // 绘制原图和处理后的图像到 Canvas 上
            ctx.drawImage(originalImg, 0, 0);
            ctx.drawImage(filteredImg, image.bitmap.width, 0);
            // 将 Canvas 保存为图片文件
            const out = fs.createWriteStream(imageFilename.split(".")[0] + "_filter.png");
            const stream = canvas.createPNGStream();
            stream.pipe(out);
            out.on('finish', () => {
                console.log('特效 "${filters[choice][0]}" 已应用并保存到 ${imageFilename.split(".")[0]}_filter.png');
            });
        } else {
            console.log("无效的选择,请输入有效的序号。");
        }
        rl.close();
    });
}
// 获取命令行参数
const imageFilename = process.argv[2] || "girl.png";
// 调用滤镜应用函数
applyFilter(imageFilename).catch(console.error);
```

执行 node filters.js 命令运行程序(命令行后面也可以指定图像文件的路径),会显示一个选择菜单,输入 11,按 Enter 键,会将图像像素化,效果如图 11-1 所示。

图 11-1　像素化效果

11.2　缩放图像与缩略图

本节主要介绍如何使用 Jimp 模块的相关 API 实现拉伸图像和等比例缩放图像,并保存图像处理结果。具体实现步骤和方式如下。

1. 打开图像文件

使用 Jimp.read()方法读取图像文件。Jimp 会自动处理多种图像格式,包括 PNG、JPEG、BMP、TIFF 和 GIF。

```
const image = await Jimp.read('girl.png');
```

2. 获取图像的原始尺寸

通过 image.bitmap.width 和 image.bitmap.height 获取图像的原始宽度和高度。

```
const originalWidth = image.bitmap.width;
const originalHeight = image.bitmap.height;
```

3. 拉伸图像

为了将图像拉伸到指定的宽度和高度,使用 resize()方法并提供目标宽度和高度。这将改变图像的纵横比(aspect ratio)。

```
const newWidth = 300;
const newHeight = 200;
const resizedImage = image.clone().resize(newWidth, newHeight);
```

在这里,resize()方法接收两个参数:目标宽度和目标高度,直接改变图像尺寸,不保持原始的纵横比。

4. 等比例缩放图像

如果希望保持图像的纵横比,可以使用 resize()方法,但只提供一个维度(宽度或高度),另一个维度可以传入 Jimp.AUTO,Jimp 会自动调整另一个维度以保持图像的比例。

```
const scaleFactor = 0.5;
const scaledWidth = Math.round(originalWidth * scaleFactor);
```

```
// 也可以传入 scaledHeight,或者 Jimp.AUTO
const scaledHeight = Math.round(originalHeight * scaleFactor);
const scaledImage = image.clone().resize(scaledWidth, Jimp.AUTO);
```

5. 保存处理后的图像

使用 writeAsync() 方法将处理后的图像保存到文件中。

```
await resizedImage.writeAsync('resized_image.png');
await scaledImage.writeAsync('scaled_image.png');
```

下面的代码完整地演示了如何使用 Jimp 模块相关 API 调整图像的尺寸（拉伸图像和等比例缩放图像），将处理结果保存为 resized_image.png（拉伸图像）和 scaled_image.png（等比例缩放图像）。

代码位置：src/image_effects/image_resize_scale.js

```
const Jimp = require('jimp');
// 定义调整图像尺寸的函数
async function resizeImage() {
    try {
        // 打开一个图像文件
        const image = await Jimp.read('girl.png');
        // 获取图像的原始尺寸
        const originalWidth = image.bitmap.width;
        const originalHeight = image.bitmap.height;
        // 设置新的图像尺寸
        const newWidth = 300;
        const newHeight = 200;
        // 使用 resize 方法调整图像大小
        const resizedImage = image.clone().resize(newWidth, newHeight);
        // 保存调整后的图像
        await resizedImage.writeAsync('resized_image.png');
        console.log('调整大小后的图像已保存为 resized_image.png');
        // 设置缩放比例
        const scaleFactor = 0.5;
        // 计算缩放后的图像尺寸
        const scaledWidth = Math.round(originalWidth * scaleFactor);
        // 也可以传入 scaledHeight 或者 Jimp.AUTO
        const scaledHeight = Math.round(originalHeight * scaleFactor);
        // 使用 scale 方法缩放图像
        const scaledImage = image.clone().resize(scaledWidth, Jimp.AUTO);
        // 保存缩放后的图像
        await scaledImage.writeAsync('scaled_image.png');
        console.log('缩放后的图像已保存为 scaled_image.png');
    } catch (error) {
        console.error('图像处理出错:', error);
    }
}
// 调用函数进行图像处理
resizeImage();
```

执行 node image_resize_scale.js 命令运行程序，会在当前目录生成 resized_image.png 和 scaled_image.png 文件。其中 resized_image.png 文件改变了原图的长宽比，如图 11-2 所示。

图 11-2　拉伸图像

11.3　生成圆形头像

制作圆形头像的原理是通过读取图像文件，计算其中心点和最小半径，然后生成一个与图像大小相同的圆形遮罩。接着，将这个圆形遮罩应用到图像上，使得图像的边缘部分变得透明，仅保留中间的圆形区域。最后，将处理后的圆形图像保存为新的文件。这个过程结合了 Jimp 模块的图像处理能力和 Canvas 模块的绘图功能，实现了精确且高效的图像裁剪。具体实现步骤如下。

1. 读取图像文件

首先，使用 Jimp 模块读取图像文件。Jimp 模块支持多种图像格式，并提供了简单易用的图像处理功能。读取图像文件后，可以访问图像的宽度、高度和像素数据。

```
const image = await Jimp.read('girl.png');
```

2. 设置图像背景为透明

在处理图像时，为了确保图像背景透明（尤其是 PNG 格式），可以使用 image.background()方法将图像背景设置为透明。

```
image.background(0x00000000);
```

3. 获取图像宽度和高度

通过 Jimp 提供的 image.bitmap.width 和 image.bitmap.height 属性，获取图像的宽度和高度。这些信息将在后续步骤中用于计算圆形遮罩的参数。

```
const width = image.bitmap.width;
const height = image.bitmap.height;
```

4. 计算中心点和半径

为了生成一个圆形遮罩，需要计算图像的中心点坐标和圆的半径。中心点坐标为图像宽度和高度的中点，半径取中心点坐标中的最小值，以确保圆形能完整包含在图像中。

```
const centerX = width / 2;
const centerY = height / 2;
```

```
const radius = Math.min(centerX, centerY);
```

5. 创建 Canvas 画布

使用 canvas 模块创建一个新的画布。Canvas 提供了强大的绘图功能,可以在服务器端进行复杂的图像操作。在画布上绘制图像和遮罩时,首先需要获取 2D 绘图上下文。

```
const canvas = createCanvas(width, height);
const ctx = canvas.getContext('2d');
```

6. 绘制圆形遮罩

在 Canvas 画布上绘制一个圆形遮罩。首先,使用 clearRect()方法清空画布,并将其背景设置为透明。然后,使用 arc()方法绘制一个圆形,并使用 fill()方法填充圆形区域。

```
ctx.clearRect(0, 0, width, height);
ctx.beginPath();
ctx.arc(centerX, centerY, radius, 0, Math.PI * 2, true);
ctx.closePath();
ctx.fillStyle = 'white';
ctx.fill();
```

7. 将遮罩转换为 Jimp 图像

Canvas 画布中的绘图可以转换为 Buffer 对象,然后使用 Jimp 的 Jimp.read()方法读取该 Buffer,将其转换为 Jimp 图像对象。这一步将 Canvas 中的圆形遮罩转化为可以与 Jimp 图像一起使用的遮罩图像。

```
const mask = await Jimp.read(canvas.toBuffer());
```

8. 应用遮罩并裁剪图像

使用 Jimp 的 mask()方法将圆形遮罩应用到原始图像上。这一步会将图像裁剪为圆形,使得圆形以外的部分变为透明。

```
image.mask(mask, 0, 0);
```

9. 保存裁剪后的图像

使用 Jimp 的 writeAsync()方法将裁剪后的图像保存为文件。这一步将最终处理后的圆形头像图像输出到指定的文件路径。

```
await image.writeAsync('cropped.png');
```

通过这些步骤,可以实现将矩形图像裁剪为圆形头像的效果。这一过程结合了 Jimp 和 Canvas 的功能,使得图像处理变得简单高效。

下面的代码将 images/girl10.png 文件裁剪成圆形图像,并保存为 cropped.png,效果如图 11-3 所示。

代码位置:src/image_effects/cropping_circle_image.js

图 11-3 圆形头像

```
const Jimp = require('jimp');
```

```javascript
const { createCanvas, loadImage } = require('canvas');
const fs = require('fs');
// 定义制作圆形头像的函数
async function createCircularAvatar() {
    try {
        // 打开图像文件
        const image = await Jimp.read('../images/girl10.png');
        image.background(0x00000000); // 设置图像背景为透明
        // 获取图像宽度和高度
        const width = image.bitmap.width;
        const height = image.bitmap.height;
        // 计算中心点坐标
        const centerX = width / 2;
        const centerY = height / 2;
        // 计算半径(取最小值)
        const radius = Math.min(centerX, centerY);
        // 创建一个 Canvas 画布,用于绘制圆形遮罩
        const canvas = createCanvas(width, height);
        const ctx = canvas.getContext('2d');
        // 填充整个画布为透明背景
        ctx.clearRect(0, 0, width, height);
        // 绘制圆形遮罩
        ctx.beginPath();
        ctx.arc(centerX, centerY, radius, 0, Math.PI * 2, true);
        ctx.closePath();
        ctx.fillStyle = 'white';
        ctx.fill();
        // 将圆形遮罩转换为 Jimp 图像
        const mask = await Jimp.read(canvas.toBuffer());
        // 将遮罩应用到原始图像上,裁剪出圆形部分
        image.mask(mask, 0, 0);
        // 保存裁剪后的图像
        await image.writeAsync('cropped.png');
        console.log('裁剪后的圆形头像已保存为 cropped.png');
    } catch (error) {
        console.error('图像处理出错:', error);
    }
}
// 调用函数制作圆形头像
createCircularAvatar();
```

执行 node cropping_circle_image.js 命令运行程序,会在当前目录生成一个 cropped.png,这是将图像制作成圆形头像的效果。

11.4 静态图像变旋转 GIF 动画

将静态图像变成旋转的 GIF 动画的基本原理就是将静态图像以某一个角度作为递增角度,每递增一次角度,就将图像逆时针或顺时针旋转这个角度,然后将每次的旋转结果保存成一个有规律的图像文件名。假设这个递增角度为 10°,那么图像旋转一周就会生成 36 张不同角度的图像。最后,将这 36 张图像生成一个动画 GIF 文件。

在这个例子中,除了要使用前面介绍的 Jimp 和 Canvas 模块外,还要使用一个

GIFEncoder 模块,用于创建和编码 GIF 动画。这个模块是专门为 Node.js 设计的,只能在 Node.js 中使用(也可以在 Electron 中使用)。该模块提供了多种与动画 GIF 相关的功能,如启动 GIF 编码、添加帧、设置循环次数和帧延迟、设置图像质量等。

读者可以使用下面的命令安装 GIFEncoder 模块:

```
npm install gifencoder
```

下面是实现本例的详细步骤。

1. 检查和创建 gif 目录

在处理图像之前,检查是否存在一个名为 gif 的目录,如果不存在则创建它。这样做是为了确保在保存临时文件时有一个存放的位置。这个 gif 目录用于存放动画 GIF 的帧图像(不同角度旋转的图像)。

```
if (!fs.existsSync('gif')) {
    fs.mkdirSync('gif');
}
```

2. 读取图像文件

使用 Jimp 的 read()方法读取图像文件 cropped.png。Jimp 支持多种图像格式,并且可以方便地进行各种图像操作。

```
const image = await Jimp.read('cropped.png');
```

3. 创建 GIFEncoder 实例

创建一个 GIFEncoder 实例,并设置 GIF 的宽度和高度与读取的图像相同。GIFEncoder 将负责编码和创建 GIF 文件。

```
const encoder = new GIFEncoder(image.bitmap.width, image.bitmap.height);
```

4. 创建可写流

创建一个可写流,将编码后的 GIF 输出到 image.gif 文件。通过流的方式写入文件,可以逐步将数据写入硬盘,避免内存占用过多。

```
const gifStream = fs.createWriteStream('image.gif');
encoder.createReadStream().pipe(gifStream);
```

5. 开始 GIF 编码

使用 encoder.start()开始 GIF 编码,设置 GIF 动画的重复播放次数、每帧的持续时间和图像质量。设置重复播放次数为 0,表示无限循环,帧持续时间为 100 毫秒,图像质量为最高。

```
encoder.start();
encoder.setRepeat(0);        // 无限循环播放
encoder.setDelay(100);       // 每帧持续时间 100 毫秒
encoder.setQuality(10);      // 最高质量
```

6. 创建画布和绘制图像

使用 Canvas 模块创建一个画布,并获取 2D 绘图上下文。画布的大小与图像大小相同。

```
const canvas = createCanvas(image.bitmap.width, image.bitmap.height);
const ctx = canvas.getContext('2d');
```

7. 按每 10°旋转一次,共旋转 36 次

在循环中,每次旋转图像 10°,共 36 次,生成每一帧 GIF 动画。在每次旋转后,使用 Canvas 的 ctx 方法绘制旋转后的图像到画布上,并将画布内容添加为 GIF 的一帧。

(1) 清除画布并绘制背景为透明:

```
ctx.clearRect(0, 0, canvas.width, canvas.height);
ctx.fillStyle = 'rgba(0,0,0,0)';
ctx.fillRect(0, 0, canvas.width, canvas.height);
```

(2) 旋转图像并绘制到画布:

先将画布的原点移动到图像中心,然后旋转画布,再绘制图像。最后恢复画布的状态。

```
ctx.save();
ctx.translate(canvas.width / 2, canvas.height / 2);
ctx.rotate(i * 10 * Math.PI / 180);
const imgBuffer = await image.clone().getBufferAsync(Jimp.MIME_PNG);
const img = new Image();
img.src = imgBuffer;
ctx.drawImage(img, -image.bitmap.width / 2, -image.bitmap.height / 2);
ctx.restore();
```

(3) 添加帧到 GIF:

```
encoder.addFrame(ctx);
```

8. 结束 GIF 编码

使用 encoder.finish()结束 GIF 编码,完成 GIF 文件的创建。

```
encoder.finish();
```

图 11-4 旋转 GIF 动画(某一帧画面)

9. 删除临时 PNG 图像和 gif 目录

在创建完 GIF 文件后,清理临时文件和目录。首先读取 gif 目录下的所有文件,删除所有 PNG 文件,然后删除 gif 目录。

下面的代码将 cropped.png 图像生成可以顺时针旋转的动画 GIF,并将动画保存为 image.gif。读者可以使用支持动画 GIF 的软件或浏览器打开 image.gif 文件,会看到如图 11-4 所示的旋转效果。本例将生成的不同角度的 PNG 图像文件都放在 gif 目录中,但生成完动画 GIF 后,就将这些 PNG 文件和 gif 目录都删除了,如果读者想保留这些文件,可以将程序最后删除文件和目录的代码注释掉。

代码位置：src/image_effects/rotate_gif.js

```js
const Jimp = require('jimp');
const GIFEncoder = require('gifencoder');
const { createCanvas, loadImage, Image } = require('canvas');
const fs = require('fs');
const path = require('path');
// 定义制作旋转动画 GIF 的函数
async function createRotatingGif() {
    try {
        // 检查 gif 目录是否存在，如果不存在则创建它
        if (!fs.existsSync('gif')) {
            fs.mkdirSync('gif');
        }
        // 打开图像文件
        const image = await Jimp.read('cropped.png');
        // 创建一个 GIFEncoder 实例
        const encoder = new GIFEncoder(image.bitmap.width, image.bitmap.height);

        // 创建一个可写流，将 GIF 输出到文件
        const gifStream = fs.createWriteStream('image.gif');
        encoder.createReadStream().pipe(gifStream);
        // 开始 GIF 编码，设置重复播放和每帧持续时间
        encoder.start();
        encoder.setRepeat(0);         // 0 表示无限循环播放
        encoder.setDelay(100);        // 每帧的持续时间，单位为毫秒
        encoder.setQuality(10);       // 图片质量，10 是最高质量

        // 创建一个画布来绘制每一帧
        const canvas = createCanvas(image.bitmap.width, image.bitmap.height);
        const ctx = canvas.getContext('2d');
        // 按每 10°旋转一次，一共旋转 36 次
        for (let i = 0; i < 36; i++) {
            // 清除画布
            ctx.clearRect(0, 0, canvas.width, canvas.height);
            // 绘制背景为透明
            ctx.fillStyle = 'rgba(0,0,0,0)';
            ctx.fillRect(0, 0, canvas.width, canvas.height);
            // 旋转图像
            ctx.save();
            ctx.translate(canvas.width / 2, canvas.height / 2);
            ctx.rotate(i * 10 * Math.PI / 180);
            // 创建 Image 对象并加载 Jimp 图像数据
            const imgBuffer = await image.clone().getBufferAsync(Jimp.MIME_PNG);
            const img = new Image();
            img.src = imgBuffer;
            // 绘制图像到画布
            ctx.drawImage(img, -image.bitmap.width / 2, -image.bitmap.height / 2);
            ctx.restore();
            // 添加帧到 GIF
            encoder.addFrame(ctx);
        }
        // 结束 GIF 编码
        encoder.finish();
        // 删除 gif 目录下所有 png 图像并删除 gif 目录
        fs.readdir('gif', (err, files) => {
```

```
                if (err) throw err;
                for (const file of files) {
                    if (file.endsWith('.png')) {
                        fs.unlinkSync(path.join('gif', file));
                    }
                }
                fs.rmdirSync('gif');
            });
            console.log('旋转动画 GIF 已保存为 image.gif');
    } catch (error) {
        console.error('图像处理出错:', error);
    }
}
// 调用函数制作旋转动画 GIF
createRotatingGif().catch(console.error);
```

执行 node rotate_gif.js 命令运行程序,需要等一段时间,因为需要生成 36 张不同旋转角度的图像,然后会在当前目录生成 image.gif 文件,可以用浏览器或 VSCode 查看 GIF 动画的效果。

11.5 图像翻转

图像翻转是一种常见的图像处理操作,用于将图像沿某个轴进行镜像翻转。具体操作包括水平翻转、垂直翻转和水平垂直翻转。我们使用 Jimp 库来实现这些翻转效果,并使用 Canvas 来合并和保存结果。

在 Jimp 中,mirror 方法用于翻转图像。它接收两个布尔参数,分别表示水平翻转和垂直翻转。mirror 方法的原型如下:

```
image.mirror(horizontal, vertical);
```

图 11-5 图像翻转

参数含义如下。

(1) horizontal:布尔值。如果为 true,则进行水平翻转。

(2) vertical:布尔值。如果为 true,则进行垂直翻转。

下面的例子将图像进行水平翻转、垂直翻转和水平垂直翻转,并和原图放在一起,如图 11-5 所示。左上角是原图,右上角是水平翻转,左下角是垂直翻转,右下角是水平垂直翻转。本例会将翻转后的图像保存为 flipped_image.png。

代码位置:src/image_effects/flip_image.js

```
const Jimp = require('jimp');
const { createCanvas, loadImage, Image } = require('canvas'); // 确保导入 Image 类
const fs = require('fs');
```

```
const path = require('path');
// 定义图像翻转和旋转函数
async function transformAndCombineImages() {
    try {
        // 打开原始图像文件
        const image = await Jimp.read('../images/girl6.png');
        // 定义图像变换效果
        const transformations = [
            { name: '原图', img: image },
            { name: '水平翻转(FLIP_LEFT_RIGHT)', img: image.clone().mirror(true, false) },
            { name: '垂直翻转(FLIP_TOP_BOTTOM)', img: image.clone().mirror(false, true) },
            { name: '水平垂直翻转(旋转180°)(ROTATE_180)', img: image.clone().rotate(180) },
        ];
        // 创建一个画布来合并图像(2行4列)
        const rows = 2;
        const cols = 2;
        const width = image.bitmap.width;
        const height = image.bitmap.height;
        const canvas = createCanvas(cols * width, rows * height);
        const ctx = canvas.getContext('2d');
        // 将图像绘制到画布上
        for (let i = 0; i < transformations.length; i++) {
            const x = (i % cols) * width;                     // 计算当前图像的 x 坐标
            const y = Math.floor(i / cols) * height;          // 计算当前图像的 y 坐标
            const imgBuffer = await transformations[i].img.getBufferAsync(Jimp.MIME_PNG);
            const img = new Image();
            img.src = imgBuffer;
            ctx.drawImage(img, x, y);                         // 绘制图像到画布上
        }
        // 将最终合并的图像保存为文件
        const finalBuffer = canvas.toBuffer('image/png');
        fs.writeFileSync('flipped_image.png', finalBuffer);
        console.log('所有翻转和旋转效果已保存为 clipped_image.png');
    } catch (error) {
        console.error('图像处理出错:', error);
    }
}
// 调用函数执行图像变换和合并
transformAndCombineImages().catch(console.error);
```

执行 node flip_image.js 命令运行程序，会在当前目录生成一个 flipped_image.png 文件。

11.6 调整图像的亮度、对比度和饱和度

本节的例子会使用 Jimp 模块相关 API 调整图像的亮度、对比度和饱和度，实现它们的原理如下。

（1）图像亮度调整的原理。

亮度是指图像中像素的明暗程度。在数字图像处理中，亮度调整通常通过增加或减少

每个像素的 RGB 值来实现。简单来说,增加亮度就是将每个像素的 RGB 值增加一个常数,使图像变得更亮;减少亮度则是减少每个像素的 RGB 值,使图像变得更暗。

例如,如果一个像素的原始值是(R,G,B),调整后的值可以表示为(R+B,G+B,B+B),其中 B 是亮度调整的系数。

(2)图像对比度调整的原理。

对比度是指图像中亮暗区域的差异程度。增加对比度会使亮的区域更亮,暗的区域更暗。对比度调整通常通过改变每个像素相对于图像的平均亮度的距离来实现。

调整对比度的一种常见方法是通过线性变换,公式如下:

$$new\_pixel = \alpha \times (pixel - mean) + mean$$

其中,α 是对比度调整系数,mean 是图像的平均亮度。增加 α 会增加对比度,减少 α 会减少对比度。

(3)图像饱和度调整的原理。

饱和度是指颜色的鲜艳程度。增加饱和度会使图像中的颜色更鲜艳,减少饱和度会使图像变得更灰暗。饱和度调整通常通过改变每个像素的 RGB 值与其灰度值(图像的亮度值)之间的距离来实现。

调整饱和度的一种方法是将 RGB 值转化为 HSI(色调-饱和度-亮度)颜色空间,调整饱和度,然后再转换回 RGB 颜色空间。公式如下:

$$new\_pixel = gray + \beta \times (pixel - gray)$$

其中,β 是饱和度调整系数,gray 是像素的灰度值。增加 β 会增加饱和度,减少 β 会减少饱和度。

Jimp 支持调整图像的亮度、对比度和饱和度,具体方式如下。

(1)调整亮度。

在 Jimp 中,调整图像亮度可以使用 brightness 方法。该方法接收一个范围为 $-1 \sim 1$ 的参数,表示亮度调整的程度。正值增加亮度,负值减少亮度。例如,image.brightness(0.5) 会使图像亮度增加 50%。

```
const brightImage = image.brightness(0.5); // 亮度增加 50%
```

(2)调整对比度。

在 Jimp 中,调整图像对比度可以使用 contrast 方法。该方法也接收一个范围为 $-1 \sim 1$ 的参数,表示对比度调整的程度。正值增加对比度,负值减少对比度。例如,image.contrast(0.5) 会使图像对比度增加 50%。

```
const contrastImage = image.contrast(0.5); // 对比度增加 50%
```

(3)调整饱和度。

在 Jimp 中,调整图像饱和度可以使用 color 方法,通过 saturate 操作来实现。color 方法接收一个数组,包含操作的类型和参数。

```
const saturatedImage = image.color([{ apply: 'saturate', params: [60] }]); // 饱和度增加 60%
```
下面的代码将演示如何用 Jimp 模块的相关 API 调整 girl8.png 文件的亮度、对比度和饱和度,并将处理结果保存为 enhanced_image.png,效果如图 11-6 所示。从左到右分别是原图,调整亮度、对比度和饱和度后的效果。

图 11-6　调整亮度、对比度和饱和度后的效果

代码位置：src/image_effects/image_enhance.js

```
const Jimp = require('jimp');
const { createCanvas, Image } = require('canvas');       // 确保导入 Image 类
const fs = require('fs');
// 定义图像增强函数
async function enhanceImage() {
    try {
        // 打开原始图像文件
        const originalImage = await Jimp.read('../images/girl8.png');
        // 调整图像亮度
        const brightImage = originalImage.clone().brightness(0.5); // 亮度增加 50%
        // 调整图像对比度
        const contrastImage = originalImage.clone().contrast(0.5); // 对比度增加 50%
        // 调整图像饱和度
        const saturatedImage = originalImage.clone().color([{ apply: 'saturate', params: [60] }]);
                                                                   // 饱和度增加 60%
        // 获取图像的宽度和高度
        const width = originalImage.bitmap.width;
        const height = originalImage.bitmap.height;
        const combinedWidth = width * 4;                 // 原图 + 3 张增强后的图像

        // 创建一个画布来合并图像
        const canvas = createCanvas(combinedWidth, height);
        const ctx = canvas.getContext('2d');

        // 定义一个函数,用于将图像绘制到画布上的指定位置
        async function drawImage(image, x) {
            const imgBuffer = await image.getBufferAsync(Jimp.MIME_PNG);
            const img = new Image();
            img.src = imgBuffer;
            ctx.drawImage(img, x, 0);
        }
        // 绘制原图和增强后的图像
        await drawImage(originalImage, 0);
        await drawImage(brightImage, width);
        await drawImage(contrastImage, width * 2);
        await drawImage(saturatedImage, width * 3);
```

```
        // 将最终合并的图像保存为文件
        const finalBuffer = canvas.toBuffer('image/png');
        fs.writeFileSync('enhanced_image.png', finalBuffer);
        console.log('所有增强效果已保存为 enhanced_image.png');
    } catch (error) {
        console.error('图像处理出错:', error);
    }
}
// 调用函数执行图像增强和合并
enhanceImage().catch(console.error);
```

执行 node image_enhance.js 命令运行程序,会在当前目录生成一个 enhanced_image.png 文件。

11.7 图像色彩通道

Jimp 没有直接的拆分通道的 API,但可以通过克隆图像并手动操作像素数据来实现通道分离。具体做法如下。

(1)克隆原始图像,创建三个独立的图像,分别用于红色、绿色和蓝色通道。

(2)对于红色通道图像,将绿色和蓝色通道的像素值设置为零,从而只保留红色通道的数据。

(3)对于绿色通道图像,将红色和蓝色通道的像素值设置为零,只保留绿色通道的数据。

(4)对于蓝色通道图像,将红色和绿色通道的像素值设置为零,只保留蓝色通道的数据。

通过遍历某个通道的所有像素点,对其像素值进行修改。例如,可以降低红色通道的亮度。具体做法是:遍历红色通道图像的每个像素点,并将红色通道的值降低一半。这将使红色通道的亮度减半。

图 11-7　图像色彩通道

在修改完各个颜色通道后,需要将它们重新合并成一个完整的 RGB 图像。具体做法如下。

(1)创建一个新的空白图像。

(2)遍历每个像素点,从红、绿、蓝通道图像中分别获取对应的颜色值,并将这些值合并到新图像中。

为合并后的图像添加 Alpha 通道以实现透明效果。具体做法是:使用 opacity()方法设置图像的透明度。

下面的代码将红色通道的像素点值降低一半,然后再合并 3 个色彩通道,最后添加半透明层,效果如图 11-7 所示。

代码位置:src/image_effects/image_channel.js

```
const Jimp = require('jimp');
```

```javascript
const { Image } = require('canvas');        // 确保导入 Image 类
// 打开图像文件
Jimp.read('../images/girl7.png')
  .then(image => {
    // 获取图像的宽度和高度
    const width = image.bitmap.width;
    const height = image.bitmap.height;
    // 创建三个单独的通道图像(红、绿、蓝)
    const redChannel = image.clone();
    const greenChannel = image.clone();
    const blueChannel = image.clone();

    // 修改红色通道的像素值(像素值降低一半)
    redChannel.scan(0, 0, width, height, function (x, y, idx) {
      this.bitmap.data[idx] = this.bitmap.data[idx] * 0.5;   // 修改红色通道
    });
    // 合并图像的通道
    const mergedImage = new Jimp(width, height);
    mergedImage.scan(0, 0, width, height, function (x, y, idx) {
      // 获取每个通道的像素值
      const r = redChannel.bitmap.data[redChannel.getPixelIndex(x, y)];
      const g = greenChannel.bitmap.data[greenChannel.getPixelIndex(x, y) + 1];
      const b = blueChannel.bitmap.data[blueChannel.getPixelIndex(x, y) + 2];
      // 设置新的像素值
      this.bitmap.data[idx] = r;            // 红色通道
      this.bitmap.data[idx + 1] = g;        // 绿色通道
      this.bitmap.data[idx + 2] = b;        // 蓝色通道
      this.bitmap.data[idx + 3] = 255;      // Alpha 通道(全不透明)
    });
    // 添加 Alpha 通道(半透明)
    mergedImage.opacity(0.5);
    // 保存修改后的结果
    mergedImage.write('modified_image.png', () => {
      console.log('图像处理完成并保存为 modified_image.png');
    });
  })
  .catch(err => {
    console.error(err);
  });
```

执行 node image_channel.js 命令运行程序,会在当前目录生成一个 modified_image.png,这就是修改通道值后的图像。

11.8 在图像上添加和旋转文字

使用 Canvas 模块可以在图像上绘制文字,具体步骤包括加载图像、创建画布、设置文本属性、绘制文本和保存处理后的图像。以下是详细的步骤描述。

(1) 加载图像文件。使用 canvas 模块的 loadImage 方法加载图像文件。这一步是读取图像文件并准备在画布上进行绘制操作。

(2) 创建画布并获取绘图上下文。使用 createCanvas 方法创建一个与图像尺寸相同的画布。然后，通过 canvas.getContext('2d') 获取绘图上下文（context），在这个上下文中进行所有绘图操作。

（3）绘制原始图像。使用 drawImage 方法将加载的图像绘制到画布上。确保图像填满整个画布。

（4）设置文本属性。设置要绘制的文本的字体、大小和颜色等属性。这通常通过设置 context.font 和 context.fillStyle 来实现。

（5）绘制文本。使用 fillText 方法在指定位置绘制文本。可以根据需要测量文本的宽度和高度，并调整文本的位置，使其正确对齐和显示。

（6）保存处理后的图像。将处理后的图像保存到文件中。使用 canvas.createJPEGStream 或 canvas.createPNGStream 创建图像流，并使用文件系统模块（如 fs.createWriteStream）将图像流保存为文件。

下面的例子使用介绍的方式在图像上绘制了中英文文本，并将中文文字旋转 45°和 60°，如图 11-8 所示。

图 11-8　在图像上添加文字

代码位置：src/image_effects/image_text.js

```
const { createCanvas, loadImage } = require('canvas');
const fs = require('fs');
// 打开图像文件
loadImage('../images/panda.png').then(image => {
  // 创建画布并获取上下文
  const canvas = createCanvas(image.width, image.height);
  const ctx = canvas.getContext('2d');
  // 绘制原始图像
  ctx.drawImage(image, 0, 0);
  // 设置英文文字的字体和大小
  ctx.font = '36px Arial';
  ctx.fillStyle = 'red';
  // 在图像上添加英文文字
  ctx.fillText('Hello, World!', 10, 40);
  // 设置中文文字的字体和大小
  ctx.font = '36px "Microsoft YaHei"';
  ctx.fillStyle = 'blue';
  const text = '我爱 JavaScript';
  // 测量文字的宽度和高度
  const textMetrics = ctx.measureText(text);
  const textWidth = textMetrics.width;
  const textHeight = 36;           // 字号大小即文字高度
  // 创建新画布用于绘制待旋转的文字
  const textCanvas = createCanvas(textWidth * 2, textHeight * 2);
  const textCtx = textCanvas.getContext('2d');
  let angle = 45 * Math.PI / 180;// 将角度转换为弧度
  // 在新画布上绘制文字
  ctx.font = '36px "Microsoft YaHei"';
  ctx.fillStyle = 'blue';
```

```
    ctx.save();                    // 保存当前状态
    ctx.translate(50, 50);         // 平移到目标位置
    ctx.rotate(angle);             // 旋转 45°
    ctx.textAlign = 'left';
    ctx.textBaseline = 'top';
    ctx.fillText(text, 0, 0);      // 绘制文字
    ctx.restore();                 // 恢复状态
    // 将新画布内容旋转 45°
    const rotatedTextCanvas = createCanvas(textCanvas.width, textCanvas.height);
    const rotatedTextCtx = rotatedTextCanvas.getContext('2d');
    rotatedTextCtx.translate(textCanvas.width / 2, textCanvas.height / 2);
    rotatedTextCtx.rotate(angle);
    rotatedTextCtx.drawImage(textCanvas, -textCanvas.width / 2, -textCanvas.height / 2);

    // 计算旋转后文字的位置
    const x = 100;                 // 修改为合适的位置
    const y = 100;                 // 修改为合适的位置

    // 将旋转后的文字绘制到原始图像上
    ctx.drawImage(rotatedTextCanvas, x, y);
    angle = 60 * Math.PI / 180;    // 将角度转换为弧度
    // 在图像上添加绿色的 60 度中文文字
    ctx.font = '36px "Microsoft YaHei"';
    ctx.fillStyle = 'green';
    ctx.save();                    // 保存当前状态
    ctx.rotate(angle);             // 旋转 60°
    ctx.translate(750, -200);      // 平移到目标位置
    ctx.textAlign = 'left';
    ctx.textBaseline = 'top';
    ctx.fillText(text, 0, 0);      // 绘制文字
    ctx.restore();                 // 恢复状态
    // 将处理后的图像保存到文件
    const out = fs.createWriteStream('image_text.png');
    const stream = canvas.createJPEGStream();
    stream.pipe(out);
    out.on('finish', () => {
        console.log('The image was created.');
    });
});
```

执行 node image_text.js 命令运行程序,会在当前目录生成一个带文字的图像文件 image_text.png。

11.9 混合图像

图像混合是计算机图形学中的一个基本操作,指的是将两张或多张图像合并成一张新的图像。合并过程中会考虑每张图像的透明度,从而实现不同的视觉效果。使用 Jimp 进行图像混合的基本原理及实现步骤如下。

1. 图像混合的基本原理

(1)透明度(Alpha 值):每张图像的每个像素都有一个透明度值,称为 Alpha 值。这个

值决定了像素的透明程度。Alpha 值为 1 表示完全不透明，为 0 表示完全透明。其他值介于 0 和 1 之间表示部分透明。

（2）混合模式：混合模式决定了两张图像的像素如何结合。常见的混合模式有叠加、加法、减法等。在本例中，我们使用了 Jimp.BLEND_SOURCE_OVER 模式，即简单的叠加模式。

（3）图像混合计算：混合过程是根据每个像素的颜色值和透明度进行计算的。对于两张图像的每个像素，其结果颜色的表示如下：

$$C_{result} = \alpha_1 \cdot C_1 + (1 - \alpha_1) \cdot \alpha_2 \cdot C_2 + (1 - \alpha_1) \cdot (1 - \alpha_2) \cdot C_{background}$$

其中，C_{result} 是结果像素的颜色，α_1 和 α_2 分别是两个图像的透明度，C_1 和 C_2 分别是两张图像的像素颜色。

2. 使用 Jimp 进行图像混合

Jimp 是一个强大的图像处理库，提供了简单的方法来进行图像的加载、处理和保存。以下是使用 Jimp 进行图像混合的步骤。

（1）加载图像：使用 Jimp.read() 方法异步加载图像。

（2）设置透明度：使用 image.opacity() 方法设置图像的透明度。例如 image.opacity(0.6) 将图像的透明度设置为 0.6。

（3）叠加图像：使用 image.composite() 方法将一张图像叠加到另一张图像上。该方法接收几个参数，包括目标图像、叠加位置、混合选项等。

```
image1.composite(image2, 0, 0, {
  mode: Jimp.BLEND_SOURCE_OVER,
  opacitySource: 0.6
});
```

其中，mode 表示指定混合模式，这里使用 Jimp.BLEND_SOURCE_OVER；opacitySource 表示指定叠加图像的透明度（这里是 0.6）。

（4）保存图像：使用 image.write() 方法将混合后的图像保存到文件。

3. 为何调用 opacity 还需要使用 opacitySource

在 Jimp 中，opacity 和 opacitySource 的作用是相辅相成的。

（1）image.opacity(value)：设置整张图像的透明度。这是一个永久性的操作，直接改变图像的每个像素的透明度。例如 image.opacity(0.6) 将图像的所有像素的透明度设置为 0.6。

（2）opacitySource：在 composite 方法中指定叠加图像的透明度。这是一个临时性的操作，用于混合计算时。例如 opacitySource：0.6 表示在叠加过程中将该图像的透明度视为 0.6。

调用 opacity 是为了预先设置图像的透明度，而 opacitySource 是为了在混合过程中临时应用透明度。如果这两个值设置不同，则会影响最终混合结果。例如，如果图像的透明度已经通过 opacity 设置为 0.6，而在 composite 时又指定了 opacitySource 为 0.6，那么混合时该图像的有效透明度将会受到两个值的共同影响。

下面的代码使用 Jimp 模块的相关 API 混合了 3 张图像，并将混合结果保存为 blended_image.png，效果如图 11-9 所示。

代码位置：src/image_effects/blend_image.js

图 11-9 混合图像

```
const Jimp = require('jimp');
// 打开第 1 张图片
Jimp.read('../images/girl5.png')
  .then(image1 => {
    // 打开第 2 张图片
    return Jimp.read('../images/panda.png')
      .then(image2 => {
        // 设置 image2 的透明度
        image2.opacity(0.6);
        // 将第 2 张图片叠加到第 1 张图片上
        return image1.composite(image2, 0, 0, {
          mode: Jimp.BLEND_SOURCE_OVER,
          opacitySource: 0.6
        });
      })
      .then(image1 => {
        // 打开第 3 张图片
        return Jimp.read('../images/girl10.png')
          .then(image3 => {
            // 设置 image3 的透明度
            image3.opacity(0.4);

            // 将第 3 张图片叠加到已经混合的图像上
            return image1.composite(image3, 0, 0, {
              mode: Jimp.BLEND_SOURCE_OVER,
              opacitySource: 0.4
            });
          });
      })
      .then(blendedImage => {
        // 显示混合后的图片
        blendedImage.write('blended_image.png'); // 保存混合后的图片
        blendedImage.getBase64(Jimp.MIME_JPEG, (err, src) => {
          if (err) throw err;
          console.log("混合后的图片已保存为 blended_image.png");
        });
      });
  })
  .catch(err => {
    console.error(err);
  });
```

执行 node blend_image.js 命令运行程序，会在当前目录生成一个 blended_image.png 文件。

除了 Jimp.BLEND_SOURCE_OVER 混合效果外，Jimp 还提供了其他几种混合模式，用于在图像叠加过程中实现不同的效果。这些模式具体如下。

（1）Jimp.BLEND_MULTIPLY：将两张图像的颜色值相乘，结果图像会变暗。

（2）Jimp.BLEND_SCREEN：将两张图像的颜色值反转、相乘，再反转回来，结果图像会变亮。

（3）Jimp.BLEND_OVERLAY：结合乘法和屏幕模式，如果底图颜色较暗则使用乘法模式，如果底图颜色较亮则使用屏幕模式。

（4）Jimp.BLEND_DARKEN：选择两张图像中较暗的颜色值。

（5）Jimp.BLEND_LIGHTEN：选择两张图像中较亮的颜色值。

（6）Jimp.BLEND_HARDLIGHT：类似于overlay，但会根据上层图像的颜色来决定是使用multiply还是screen。

（7）Jimp.BLEND_DIFFERENCE：将两张图像的颜色值相减，并取其绝对值。

（8）Jimp.BLEND_EXCLUSION：产生类似于difference但对比度更低的效果。

11.10 油画

油画效果的实现主要依靠颜色聚类和邻域颜色统计，通过对图像中每个像素点周围的颜色进行统计和处理，模拟出油画的效果。以下是实现油画效果的详细步骤和原理描述。

1. 图像读取与预处理

（1）图像读取：首先需要读取原始图像。可以使用Jimp.read函数来加载图像数据。

（2）画布创建：创建一个空白的画布，用于绘制最终的油画效果图像。可以使用new Jimp来创建一个与原始图像尺寸相同的画布。

2. 颜色统计与邻域处理

（1）画笔半径和颜色区间：设置画笔的半径（如3或5像素）和颜色区间的数量（如16个颜色区间），这将决定油画效果的细腻程度。

（2）邻域颜色统计：对图像中的每个像素点，以该点为中心，取一个邻域范围内的所有像素点（由画笔半径决定）。对于每个邻域，统计该邻域内每种颜色出现的次数。

3. 颜色聚类与平均颜色计算

（1）颜色映射到区间：将邻域内每个像素点的颜色值映射到预定义的颜色区间中。颜色区间的数量（如16）决定了颜色的分类精度。

（2）统计颜色出现次数：统计每个颜色区间中颜色出现的次数，找到出现次数最多的颜色区间。

（3）计算平均颜色：对于找到的主要颜色区间，计算该区间内所有颜色的平均值。这个平均颜色将作为当前像素点的颜色值。

4. 颜色赋值与输出

（1）赋值平均颜色：将计算得到的平均颜色值赋给画布上对应的像素点。

（2）图像保存：最后，将处理后的画布图像保存为新的文件，形成最终的油画效果图像。

Jimp 中相关的 API 如下。

（1）Jimp.read(path)：用于读取图像文件，加载图像数据。

（2）new Jimp(width,height,color)：创建一个新的空白画布，用于绘制油画效果。

（3）img.getPixelColor(x,y)：获取指定像素点的颜色值。

（4）Jimp.intToRGBA(color)：将颜色值转换为 RGBA 格式，便于处理每个颜色通道。

（5）Jimp.rgbaToInt(r,g,b,a)：将 RGBA 格式的颜色值转换回整数格式，用于设置像素点颜色。

（6）canvas.setPixelColor(color,x,y)：将计算得到的平均颜色值赋给画布上对应的像素点。

（7）canvas.write(path)：将处理后的图像保存到文件。

5．使用 Jimp 实现优化效果的步骤

（1）读取原图像：使用 Jimp.read('image.png')读取图像。

（2）初始化画布：使用 new Jimp(width,height,0x000000FF)创建空白画布。

（3）遍历图像每个像素点：使用双层循环遍历图像的每个像素点，以当前像素点为中心，获取其周围邻域范围内的所有像素点颜色。

（4）颜色统计与处理：对邻域内每个像素点的颜色进行统计，将颜色值映射到预定义的颜色区间。统计每个颜色区间的颜色出现次数，找到出现次数最多的颜色区间，计算主要颜色区间的平均颜色值。

（5）赋值与保存：将计算得到的平均颜色值赋给画布上对应的像素点。使用 canvas.write('oilify.png')保存处理后的图像。

下面的代码使用 Jimp 模块的相关 API 将 um.png 转换成了油画效果，并保存为 oilify.png 文件，效果如图 11-10 所示。左侧是原图，右侧是油画效果的图像。

图 11-10　油画效果

代码位置：src/image_effects/oilify.js

```
const Jimp = require('jimp');
// 打开原始图像
Jimp.read('../images/um.png')
  .then(img => {
    const width = img.bitmap.width;
    const height = img.bitmap.height;
```

```javascript
// 创建一个空白的画布,用于绘制油画效果
const canvas = new Jimp(width, height, 0x000000FF);
// 设置画笔的半径和颜色数量
const radius = 5;                    // 增大半径以使油画效果更明显
const bins = 16;                     // 颜色数量越多,油画效果越细腻
// 遍历图像的每个像素点
for (let y = radius; y < height - radius; y++) {
  for (let x = radius; x < width - radius; x++) {
    // 获取当前像素点周围的区域
    let hist = new Array(bins).fill(0);
    let colors = [];
    for (let j = -radius; j <= radius; j++) {
      for (let i = -radius; i <= radius; i++) {
        // 获取邻域像素点的颜色
        const color = Jimp.intToRGBA(img.getPixelColor(x + i, y + j));
        colors.push(color);
        // 将颜色值映射到 bins 个区间中
        const intensity = (color.r + color.g + color.b) / 3;
        const index = Math.floor(intensity / (256 / bins));
        hist[index]++;
      }
    }
    // 找出出现次数最多的颜色区间
    const maxIndex = hist.indexOf(Math.max(...hist));
    // 计算该区间的平均颜色值
    let avgColor = { r: 0, g: 0, b: 0, a: 0 };
    let count = 0;
    for (const color of colors) {
      const intensity = (color.r + color.g + color.b) / 3;
      const index = Math.floor(intensity / (256 / bins));
      if (index === maxIndex) {
        avgColor.r += color.r;
        avgColor.g += color.g;
        avgColor.b += color.b;
        avgColor.a += color.a;
        count++;
      }
    }
    avgColor.r = Math.round(avgColor.r / count);
    avgColor.g = Math.round(avgColor.g / count);
    avgColor.b = Math.round(avgColor.b / count);
    avgColor.a = Math.round(avgColor.a / count);
    // 将平均颜色值赋给画布上对应的像素点
    const hexColor = Jimp.rgbaToInt(avgColor.r, avgColor.g, avgColor.b, avgColor.a);
    canvas.setPixelColor(hexColor, x, y);
  }
}
// 创建一个合并后的图像,将原图和油画效果图像水平合并
const combinedImage = new Jimp(width * 2, height);
// 将原图放在左侧
combinedImage.composite(img, 0, 0);
// 将油画效果图像放在右侧
combinedImage.composite(canvas, width, 0);
// 保存最终合并后的图像
combinedImage.write('oilify.png', () => {
  console.log('油画效果图像已保存为 oilify.png');
```

```
    });
  })
  .catch(err => {
    console.error(err);
  });
```

执行 node oilify.js 命令,会在当前目录生成一个 oilify.png 文件,这是处理后的油画效果图像文件。

11.11 波浪扭曲

波浪扭曲效果通过对图像的每个像素点应用特定的数学函数,使得图像在水平方向和垂直方向上产生类似波浪的波动,从而达到扭曲效果。下面详细描述实现波浪扭曲效果的步骤和原理。

1. 图像读取与初始化

(1) 图像读取:首先需要读取原始图像,并获取图像的宽度和高度。

(2) 初始化结果图像:创建一个与原始图像大小相同的空白图像,用于存储波浪扭曲后的结果。

2. 定义波浪扭曲函数

波浪扭曲效果主要通过数学函数来实现。在每个像素点上应用这些函数,计算出新的坐标位置,从而实现图像的扭曲。

(1) 水平方向的扭曲函数如下:

$$\text{newX} = x + A \cdot \sin\left(\frac{2\pi y}{\lambda}\right)$$

(2) 垂直方向的扭曲函数如下:

$$\text{newY} = y + B \cdot \cos\left(\frac{2\pi x}{\lambda}\right)$$

其中:

(1) x 和 y 是当前像素点的原始坐标。

(2) A 和 B 是波浪的振幅,决定波浪的强度。

(3) λ 是波长,决定波浪的频率。

3. 遍历图像像素

(1) 遍历每个像素点:对图像中的每个像素点进行遍历,计算该像素点在波浪扭曲后的新坐标。

(2) 颜色映射:根据新坐标获取原图像对应位置的颜色值,并将其赋值给结果图像对应位置的像素。

4. 处理边界情况

如果新的坐标超出了图像的边界,需要进行边界检查并处理超出部分的颜色映射(例如,填充为黑色)。

下面的代码根据上述原理和步骤实现了图像波浪扭曲的效果,如图 11-11 所示。左侧是原图,右侧是波浪扭曲后的效果。

图 11-11　波浪扭曲

代码位置：src/image_effects/wave_distortion.js

```javascript
const Jimp = require('jimp');
// 读取图像
Jimp.read('../images/girl5.png')
  .then(image => {
    const width = image.bitmap.width;
    const height = image.bitmap.height;
    // 创建一个新的图像用于存储波浪扭曲后的结果
    const result = new Jimp(width, height);
    // 定义波浪扭曲函数
    function waveDistortionEffect(image, result) {
      for (let y = 0; y < height; y++) {
        for (let x = 0; x < width; x++) {
          // 计算新的坐标
          const newX = x + 10 * Math.sin(2 * Math.PI * y / 64);
          const newY = y + 10 * Math.cos(2 * Math.PI * x / 64);
          // 获取新的坐标点的颜色,如果超出边界则使用黑色
          let color;
          if (newX >= 0 && newX < width && newY >= 0 && newY < height) {
            color = image.getPixelColor(newX, newY);
          } else {
            color = 0x000000FF;                    // 使用黑色
          }
          // 设置结果图像的像素颜色
          result.setPixelColor(color, x, y);
        }
      }
    }
    // 调用波浪扭曲函数
    waveDistortionEffect(image, result);
    // 合并原图和波浪扭曲后的图像
    const combined = new Jimp(width * 2, height);
    combined.composite(image, 0, 0);                // 左侧为原图
    combined.composite(result, width, 0);           // 右侧为波浪扭曲后的图像
    // 保存最终合并后的图像
    combined.write('wave.png', () => {
      console.log('波浪扭曲效果图像已保存为 wave.png');
    });
  })
```

```
.catch(err => {
  console.error(err);
});
```

执行 node wave_distortion.js 命令运行程序,会在当前目录生成一个包含波浪扭曲效果的 wave.png 图像文件。

11.12 挤压扭曲

挤压扭曲是一种图像变形技术,通过将图像的某些部分压缩,从而改变其外观。该效果的实现主要依赖于重新计算每个像素点的坐标,以达到挤压的效果。下面是实现挤压扭曲效果的详细步骤和原理描述。

1. 图像读取与初始化
(1) 图像读取:首先需要读取原始图像,并获取图像的宽度和高度。
(2) 初始化结果图像:创建一个新的空白图像,用于存储挤压扭曲后的结果。
2. 定义挤压因子
挤压因子决定了图像被挤压的程度。挤压因子越大,图像被挤压得越明显。
3. 计算新的图像宽度
根据挤压因子计算扭曲后的图像宽度。新的宽度比原始宽度小,表示图像被压缩。新宽度的计算公式如下:

$$newWidth = width \times (1 - squeezeFactor)$$

其中,newWidth 为新宽度,width 为原始宽度,squeezeFactor 为挤压因子。

4. 计算坐标映射
对于每个像素点 (x,y),重新计算其在挤压后的图像中的新坐标。新的坐标通过以下公式计算。水平方向新坐标 newX:

$$newX = \frac{width}{2} + \frac{x - \frac{newWidth}{2}}{1 - squeezeFactor \cdot \left| y - \frac{height}{2} \right| / \left(\frac{height}{2} \right)}$$

其中,

$\frac{width}{2}$:图像宽度的中点,作为基准;$x - \frac{newWidth}{2}$:当前像素相对于新图像中点的偏移量;$1 - squeezeFactor \cdot \left| y - \frac{height}{2} \right| / \left(\frac{height}{2} \right)$:根据像素点的垂直位置调整挤压效果,靠近图像中心的区域挤压效果较小,靠近图像上下边缘的区域挤压效果较大。

垂直方向新坐标 newY:

$$newY = y$$

垂直坐标不变,因为挤压效果只在水平方向上应用。

5. 颜色映射与处理

（1）获取颜色值：根据计算出的新坐标，从原图像中获取对应位置的颜色值。

（2）边界处理：如果新的坐标超出了图像边界，则使用默认颜色（例如黑色）进行填充。

（3）设置新颜色：将获取到的颜色值赋给结果图像中对应的像素位置。

6. 结果图像的保存与展示

（1）合并图像：将原图像和挤压扭曲后的图像水平合并在一起，生成一个新的图像，用于对比展示效果。

（2）保存与展示：将合并后的图像保存为文件，并显示出来。

下面的代码使用上述的原理和步骤挤压扭曲图像，并显示扭曲结果，以及将扭曲结果保存为 squeeze_warp.png。效果如图 11-12 所示，左侧是原图，右侧是挤压扭曲的效果。

图 11-12　挤压扭曲

代码位置：src/image_effects/squeeze_warp.js

```
const Jimp = require('jimp');
// 读取图像
Jimp.read('../images/girl6.png')
    .then(image => {
        const width = image.bitmap.width;
        const height = image.bitmap.height;
        // 定义挤压扭曲的幅度
        const squeezeFactor = 0.3;
        // 计算挤压扭曲后的宽度
        const newWidth = Math.floor(width * (1 - squeezeFactor));
        // 创建一个新的图像用于存储挤压扭曲后的结果
        const result = new Jimp(newWidth, height);
        // 定义挤压扭曲函数
        function squeezeWarp(image, result) {
            for (let y = 0; y < height; y++) {
                for (let x = 0; x < newWidth; x++) {
                    // 计算新的坐标
                    const newX = width / 2 + (x - newWidth / 2) / (1 - squeezeFactor * Math.abs(y - height / 2) / (height / 2));
                    const newY = y;
                    // 获取新的坐标点的颜色，如果超出边界则使用黑色
                    let color;
                    if (newX >= 0 && newX < width && newY >= 0 && newY < height) {
```

```
          color = image.getPixelColor(Math.round(newX), Math.round(newY));
        } else {
          color = 0x000000FF;                    // 使用黑色
        }
        // 设置结果图像的像素颜色
        result.setPixelColor(color, x, y);
      }
    }
  }
  // 调用挤压扭曲函数
  squeezeWarp(image, result);
  // 创建一个合并后的图像，将原图和挤压扭曲效果图像水平合并
  const combined = new Jimp(width + newWidth, height);
  combined.composite(image, 0, 0);              // 左侧为原图
  combined.composite(result, width, 0);         // 右侧为挤压扭曲后的图像
  // 保存最终合并后的图像
  combined.write('squeeze_warp.png', () => {
    console.log('挤压扭曲效果图像已保存为 squeeze_warp.png');
  });
})
.catch(err => {
  console.error(err);
});
```

执行 node squeeze_warp.js 命令，会在当前目录生成一个包含挤压扭曲效果的 squeeze_warp.png 图像文件。

11.13 小结

相信广大的读者看完本章一定会激情澎湃，原来 JavaScript 这么强大，不，其实大家看到的只是 JavaScript 的冰山一角，JavaScript 远比你想象的强大得多。尽管本章主要介绍了 JavaScript 如何实现图像特效，但 JavaScript 几乎可以做任何事情，甚至很多底层的操作。这得益于 Node.js 可以与 C++ 等语言交互，有很多第三方模块底层使用的都是 C++，所以，理论上，只要 C++ 能做的，JavaScript 都能做。就拿本章介绍的图像特效来说，通过 Jimp、Canvas、GIFEncoder 等模块，完全可以用 JavaScript 做一个与 Photoshop 相匹敌的图像处理系统，相信广大的读者已经蠢蠢欲动了，那么 Let's go 吧！

第 12 章 视频特效

JavaScript 不仅可以实现丰富的图像特效，还可以实现炫酷的视频特效。其实视频特效就是图像特效的升级版。因为视频也是由图像组成的，理论上，任何图像特效都可以用在视频特效中。不过 JavaScript 通过很多第三方模块提供了大量的 API，让我们可以不单独操作视频中的图像，就可以实现丰富多彩的视频特效。

12.1 旋转视频

使用 ffmpeg 命令可以旋转视频，命令如下：

ffmpeg -i input.mp4 -vf "rotate=45 * PI/180" -codec:a copy rotate_output.mp4

参数含义如下。

（1）-i input.mp4：指定输入视频文件 input.mp4。

（2）-vf "rotate=45 * PI/180"：应用视频滤镜（video filter）。rotate=45 * PI/180 表示将视频逆时针旋转 45°。PI/180 是将角度转换为弧度，因为 ffmpeg 使用弧度来表示旋转角度。

（3）-codec:a copy：将音频流直接复制到输出文件中，而不重新编码。这确保了音频不会受到影响，并且处理速度更快。

（4）rotate_output.mp4：指定输出视频文件的路径和文件名。

下面的代码使用 fluent-ffmpeg 模块利用 ffmpeg 命令将 input.mp4 逆时针旋转 45°，然后将旋转的结果保存为 rotate_output.mp4 文件，旋转后的效果如图 12-1 所示。

代码位置：src/video_effects/rotate_video.js

```
const ffmpeg = require('fluent-ffmpeg');
const path = require('path');
// 设置输入和输出视频文件的路径
const inputVideoPath = '../videos/input.mp4';              // 输入视频文件的路径
const outputVideoPath = 'rotate_output.mp4';               // 输出视频文件的路径
// 使用 fluent-ffmpeg 处理视频
ffmpeg(inputVideoPath)
    .videoFilters('rotate=45 * PI/180') // 使用 FFmpeg 的 videoFilters 选项旋转视频 45°
    .on('end', () => {
```

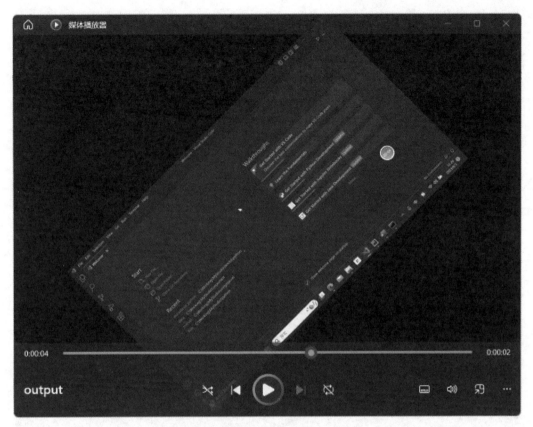

图 12-1 逆时针旋转 45°的视频

```
    // 当视频处理完成时,执行此回调函数
    console.log('视频旋转完成,并已保存到 ' + outputVideoPath);    // 输出完成消息
})
.on('error', (err) => {
    // 当发生错误时,执行此回调函数
    console.error('发生错误: ' + err.message);                   // 输出错误消息
})
.save(outputVideoPath);                                          // 保存旋转后的视频到指定路径
```

执行 node rotate_video.js 命令运行程序,会在当前目录生成旋转后的视频文件 rotate_output.mp4。

12.2 镜像视频

使用 ffmpeg 命令可以实现镜像视频,命令如下。

ffmpeg -i input.mp4 -vf "hflip,vflip" -codec:a copy mirror_video.mp4

参数含义如下。

(1) -i input.mp4:指定输入视频文件 input.mp4。

(2) -vf "hflip,vflip"：应用视频滤镜。hflip 进行水平镜像，vflip 进行垂直镜像。

(3) -codec：a copy：将音频流直接复制到输出文件中，而不重新编码。

(4) mirror_video.mp4：指定输出视频文件的路径和文件名。

下面的代码使用 fluent-ffmpeg 模块利用 ffmpeg 命令对 input.mp4 文件同时进行水平镜像和垂直镜像，并将镜像结果保存为 mirror_output.mp4 文件，效果如图 12-2 所示。

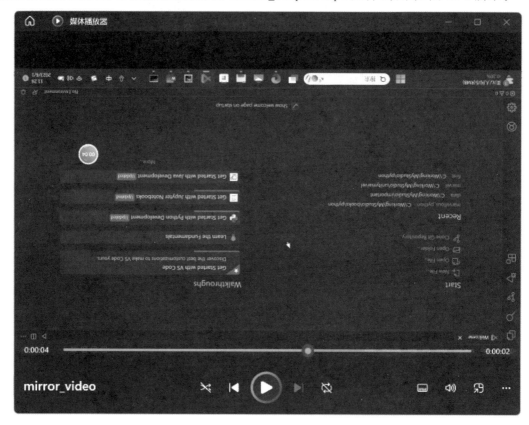

图 12-2　镜像后的视频

代码位置：src/video_effects/mirror_video.js

```
const ffmpeg = require('fluent-ffmpeg');
const path = require('path');
// 设置输入和输出视频文件的路径
const inputVideoPath = '../videos/input.mp4';   // 输入视频文件的路径
const outputVideoPath = 'mirror_video.mp4';     // 输出视频文件的路径
// 使用 fluent-ffmpeg 处理视频
ffmpeg(inputVideoPath)
  .videoFilters([
    'hflip',                      // 使用 FFmpeg 的视频滤镜 hflip 进行水平镜像
    'vflip'                       // 使用 FFmpeg 的视频滤镜 vflip 进行垂直镜像
  ])
  .on('end', () => {
    // 当视频处理完成时,执行此回调函数
```

```
        console.log('视频镜像处理完成,并已保存到 ' + outputVideoPath); // 输出完成消息
    })
    .on('error', (err) => {
        // 当发生错误时,执行此回调函数
        console.error('发生错误: ' + err.message);// 输出错误消息
    })
    .save(outputVideoPath);                      // 保存镜像处理后的视频到指定路径
```

执行 node mirror_video.js 命令,会在当前目录生成一个镜像视频文件 mirror_video.mp4。

12.3 变速视频

使用 ffmpeg 命令可以实现加速或减速视频,命令如下:

ffmpeg -i input.mp4 -vf "setpts=PTS/2" -af "atempo=2" speedx_video.mp4

参数含义如下。

(1) -i input.mp4:指定输入视频文件 input.mp4。

(2) -vf "setpts=PTS/2":应用视频滤镜。setpts=PTS/2 表示视频帧的时间戳变为原来的一半,即视频速度变为原来的两倍。

(3) -af "atempo=2":应用音频滤镜。atempo=2 表示音频速度变为原来的两倍。

(4) speedx_video.mp4:指定输出视频文件的路径和文件名。

下面的代码使用 fluent-ffmpeg 模块利用 ffmpeg 命令将 input.mp4 文件的播放速度变快一倍,并将新的视频保存为 speedx_video.mp4 文件。

代码位置:src/video_effects/speedx_video.js

```
const ffmpeg = require('fluent-ffmpeg');
const path = require('path');
// 设置输入和输出视频文件的路径
const inputVideoPath = '../videos/input.mp4';           // 输入视频文件的路径
const outputVideoPath = 'speedx_video.mp4';             // 输出视频文件的路径
// 设置速度因子,速度因子大于 1 表示加速,小于 1 表示减速
const speedFactor = 2;                                  // 例如,设置为 2 表示两倍速
// 使用 fluent-ffmpeg 处理视频
ffmpeg(inputVideoPath)
    .videoFilters(`setpts=${1 / speedFactor}*PTS`)      // 使用 FFmpeg 的 videoFilters 选项调整视频
                                                        // 速度
    .on('end', () => {
        // 当视频处理完成时,执行此回调函数
        console.log('视频变速处理完成,并已保存到 ' + outputVideoPath); // 输出完成消息
    })
    .on('error', (err) => {
        // 当发生错误时,执行此回调函数
        console.error('发生错误: ' + err.message);       // 输出错误消息
    })
    .outputOptions('-af', `atempo=${speedFactor}`)      // 使用 FFmpeg 的 audio filter 选项调整音频
                                                        // 速度
    .save(outputVideoPath);                             // 保存变速处理后的视频到指定路径
```

执行 node speedx_video.js 命令运行程序，会在当前目录生成一个经过加速的 speedx_video.mp4 视频文件。

12.4 为视频添加水印

使用 ffmpeg 命令可以为视频添加文本和图像水印，命令如下：

ffmpeg -i ../videos/input.mp4 -i ../images/watermark.png -filter_complex "[1:v]scale=100:100[watermark];[0:v][watermark]overlay=W-w-50:H-h-50,drawtext=text='你好':fontcolor=white:fontsize=24:x=30:y=30" -map 0:a -c:a copy watermark_video.mp4

参数含义如下。

(1) -i ../videos/input.mp4：指定输入视频文件 input.mp4。

(2) -i ../images/watermark.png：指定水印图片文件 watermark.png。

(3) -filter_complex：使用复杂过滤器来处理视频。用于处理需要多个输入输出的复杂滤镜链。

(4) [1:v]：表示第 2 个输入（即水印图片）的第 1 个视频流[1]。1 表示第 2 个输入文件（因为 FFmpeg 的输入文件从 0 开始计数，第 1 个输入文件为 0，第 2 个输入文件为 1）。v 表示视频流（v 表示视频，a 表示音频，s 表示字幕）。

(5) scale=100:100：将水印图片等比例缩放到 100×100 像素。

(6) [watermark]：给缩放后的水印图片流命名为 watermark。

(7) [0:v]：表示第 1 个输入（即原视频）的第 1 个视频流。

(8) [watermark]：表示之前命名的水印图片流。

(9) W-w-50：表示将水印图片放在视频宽度减去水印宽度再减去 50 像素的位置，即右边距 50 像素。

(10) H-h-50：表示将水印图片放在视频高度减去水印高度再减去 50 像素的位置，即下边距 50 像素。

(11) drawtext：用于绘制文本的滤镜。

(12) text='你好'：文本内容为"你好"。

(13) fontcolor=white：设置文本颜色为白色。

(14) fontsize=24：设置文本字体大小为 24。

(15) x=30：设置文本的水平位置，左上角边距为 30 像素。

(16) y=30：设置文本的垂直位置，左上角边距为 30 像素。

(17) -map 0:a：将输入视频中的音频流映射到输出视频中。

(18) -map：用于指定流映射。

---

[1] 输入文件可能包含多个视频流，特别是在一些复杂的媒体文件中。FFmpeg 使用 index:type 的方式来区分和引用这些流。

（19）0：a：表示将第一个输入（原视频）的音频流映射到输出中。

（20）-c：a copy：将音频流直接复制到输出文件中，而不重新编码。-c：a 指定音频编解码器。copy 表示直接复制音频流，而不重新编码。

（21）watermark_video.mp4：指定输出视频文件的路径和文件名。

下面的代码使用 fluent-ffmpeg 模块利用 ffmpeg 命令在视频左上角插入了文本水印，右下角插入了图像水印，并将处理结果保存为 watermark_video.mp4 文件，效果如图 12-3 所示。

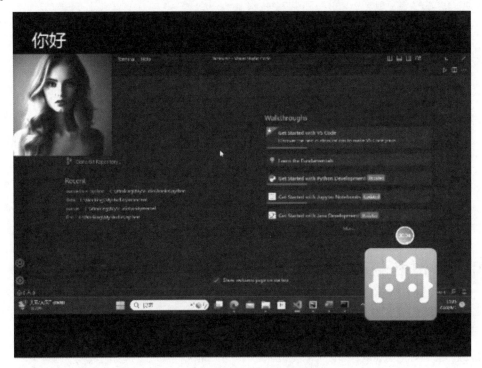

图 12-3 添加文字水印和图像水印

代码位置：src/video_effects/watermark_video.js

```
const ffmpeg = require('fluent-ffmpeg');
const path = require('path');
// 设置输入和输出视频文件的路径
const inputVideoPath = '../videos/input.mp4';                    // 输入视频文件的路径
const outputVideoPath = 'watermark_video.mp4';                   // 输出视频文件的路径
const watermarkImagePath = '../images/watermark.png';            // 水印图片文件的路径
const watermarkText = '你好';                                     // 文本水印内容
// 使用 fluent-ffmpeg 处理视频
ffmpeg(inputVideoPath)
    .input(watermarkImagePath)                                   // 作为第二个输入添加水印图片
    .complexFilter([
        // 将水印图片等比例缩放到 100×100，并放在右下角，设置边距为 50px
        '[1:v] scale=100:100 [watermark]; [0:v][watermark] overlay=W-w-50:H-h-50 [video_with_image_watermark]',
```

```
        // 添加文本水印,去掉背景色
        {
          filter: 'drawtext',
          options: {
            text: watermarkText,
            fontcolor: 'white',
            fontsize: 24,
            x: 30,
            y: 30
          },
          inputs: 'video_with_image_watermark',
          outputs: 'final_video'
        }
      ], 'final_video')
      .outputOptions('-map 0:a')                              // 保留音频流
      .on('end', () => {
        // 当视频处理完成时,执行此回调函数
        console.log('视频水印处理完成,并已保存到 ' + outputVideoPath);   // 输出完成消息
      })
      .on('error', (err) => {
        // 当发生错误时,执行此回调函数
        console.error('发生错误: ' + err.message);              // 输出错误消息
      })
      .save(outputVideoPath);                                  // 保存处理后的视频到指定路径
```

执行 node watermark_video.js 命令运行程序,会在当前目录生成一个添加了文本水印和图像水印的 watermark_video.mp4 视频文件。

12.5 缩放和拉伸视频

使用 ffmpeg 命令可以对视频进行缩放和拉伸,命令如下。

缩放视频:

```
ffmpeg -i ../videos/input.mp4 -vf "scale=320:-1" output_resized.mp4
```

参数含义如下。

(1) -i ../videos/input.mp4:指定输入视频文件 ../videos/input.mp4。

(2) -vf "scale=320:-1":应用视频滤镜 scale 进行缩放。

(3) -vf:表示视频滤镜。

(4) scale=320:-1:将视频宽度缩放到 320 像素,-1 表示高度按比例缩放。

(5) output_resized.mp4:指定输出视频文件 output_resized.mp4。

拉伸视频:

```
ffmpeg -i ../videos/input.mp4 -vf "scale=iw*1.5:ih*0.5" output_stretched.mp4
```

参数含义如下。

(1) -i ../videos/input.mp4:指定输入视频文件 ../videos/input.mp4。

(2) -vf:表示视频滤镜。

(3) scale=iw*1.5:ih*0.5：对视频进行拉伸。
(4) iw：表示输入视频的宽度。
(5) ih：表示输入视频的高度。
(6) iw*1.5：将视频宽度放大1.5倍。
(7) ih*0.5：将视频高度缩小到原来的一半。
(8) output_stretched.mp4：指定输出视频文件 output_stretched.mp4。

下面的代码使用 fluent-ffmpeg 模块利用 ffmpeg 命令对 input.mp4 文件进行缩放和拉伸操作，并将处理结果分别保存为 output_resized.mp4 和 output_stretched.mp4。图 12-4 是拉伸后的效果。

图 12-4　视频拉伸

代码位置：src/video_effects/video_transform.js

```
const ffmpeg = require('fluent-ffmpeg');
const path = require('path');
// 设置输入和输出视频文件的路径
const inputVideoPath = '../videos/input.mp4';              // 输入视频文件的路径
const outputResizedPath = 'output_resized.mp4';             // 输出缩放视频文件的路径
const outputStretchedPath = 'output_stretched.mp4';         // 输出拉伸视频文件的路径
// 处理缩放视频
ffmpeg(inputVideoPath)
    .videoFilters('scale=320:-1')                           // 宽度为320像素，高度等比例缩放
    .on('end', () => {
       console.log('视频缩放处理完成,并已保存到 ' + outputResizedPath); // 输出完成消息
       // 处理拉伸视频
       ffmpeg(inputVideoPath)
           .videoFilters('scale=iw*1.5:ih*0.5')             // 使用FFmpeg的scale滤镜进行拉伸
           .on('end', () => {
              console.log('视频拉伸处理完成,并已保存到 ' + outputStretchedPath); // 输出完成消息
           })
           .on('error', (err) => {
              console.error('发生错误: ' + err.message);      // 输出错误消息
           })
           .save(outputStretchedPath);                       // 保存拉伸处理后的视频到指定路径
    })
    .on('error', (err) => {
       console.error('发生错误: ' + err.message);            // 输出错误消息
    })
    .save(outputResizedPath);                                // 保存缩放处理后的视频到指定路径
```

执行 node video_transform.js 运行程序，会在当前目录生成缩放后的 output_resized.mp4 视频文件和拉伸后的 output_stretched.mp4 视频文件。

12.6 高斯模糊视频

使用 ffmpeg 可以实现视频模糊或视频局部模糊的效果。命令如下：

ffmpeg -i ../videos/input.mp4 -vf "split[main][temp];[temp]crop=300:300:0:0,boxblur=3:3[blurred];[main][blurred]overlay=0:0" -c:a copy output_gaussian_blur.mp4

参数含义如下。

(1) -i ../videos/input.mp4：输入视频文件路径。

(2) -vf：指定视频滤镜。

(3) split[main][temp]：将视频分成两路，分别命名为 main 和 temp。

(4) [temp]crop=300:300:0:0：裁剪 temp 路的视频，裁剪出从 (0,0) 开始，宽 300 像素，高 300 像素的区域。

(5) boxblur=3:3[blurred]：对裁剪出来的区域应用高斯模糊，水平和垂直方向的模糊半径均为 3。

(6) [main][blurred]overlay=0:0：将模糊后的 blurred 路叠加回 main 路的视频的左上角 (0,0)。

(7) -c:a copy：复制音频流，而不进行重新编码。

(8) output_gaussian_blur.mp4：输出处理后的视频文件路径。

下面的代码会使用 fluent-ffmpeg 模块调用 ffmpeg 命令将视频左上角的头像模糊处理，效果如图 12-5 所示。

图 12-5　高斯模糊视频

代码位置：src/video_effects/video_filter.js

```javascript
const ffmpeg = require('fluent-ffmpeg');
const fs = require('fs');
const path = require('path');

const inputVideoPath = path.resolve(__dirname, '../videos/input.mp4');
const outputVideoPath = path.resolve(__dirname, 'output_gaussian_blur.mp4');
// 检查并删除目标视频文件(如果存在)
if (fs.existsSync(outputVideoPath)) {
  fs.unlinkSync(outputVideoPath);
  console.log('Existing output video deleted.');
}
// 使用 ffmpeg 命令应用部分高斯模糊,并保留音频
ffmpeg(inputVideoPath)
  .videoFilters(
'split[main][temp];[temp]crop=300:300:0:0,boxblur=3:3[blurred];[main][blurred]overlay=0:0'
  )
  .outputOptions('-c:a copy')
  .on('start', (commandLine) => {
    console.log('Spawned Ffmpeg with command: ' + commandLine);
  })
  .on('end', () => {
    console.log('Video processing completed successfully');
  })
  .on('error', (err, stdout, stderr) => {
    console.error('Error processing video: ', err.message);
    console.error('ffmpeg stdout: ' + stdout);
    console.error('ffmpeg stderr: ' + stderr);
  })
  .save(outputVideoPath);
```

执行 node video_filter.js 命令,会在当前目录生成一个左上角模糊处理的 output_gaussian_blur.mp4 视频文件。

12.7 视频转码与压缩

使用 ffmpeg 命令可以进行视频转码和压缩,命令如下:

ffmpeg -i input.mp4 -vf "scale=-1:360" -vcodec flv1 -acodec libmp3lame output.flv

参数含义如下。

(1) -i input.mp4:指定输入视频文件 input.mp4。

(2) -vf:指定视频滤镜。

(3) scale=-1:360:调整视频大小。-1 表示自动计算宽度以保持宽高比,360 是指定的高度。

(4) -vcodec flv1[1]:指定视频编码器为 flv1,用于生成 FLV 格式的视频。

---

[1] flv1 用于生成 FLV 格式的视频,不要写成 flv。

（5）-acodec libmp3lame：指定音频编码器为 libmp3lame，用于 MP3 格式的音频编码。
（6）output.flv：指定输出视频文件 output.flv。

ffmpeg 支持多种视频格式，可以使用 ffmpeg-codecs 命令查看你的 FFmpeg 版本支持的所有编解码器。在输出结果中，字母 D 表示支持解码，字母 E 表示支持编码，字母 V 表示视频编解码器，字母 A 表示音频编解码器。如下面的内容就是 FFmpeg 支持的部分编解码器。

```
D.AIL. wady_dpcm             DPCM Marble WADY
D.AI.S wavarc                Waveform Archiver
D.AI.. wavesynth             Wave synthesis pseudo-codec
DEAILS wavpack               WavPack
D.AIL. westwood_snd1         Westwood Audio (SND1) (decoders: ws_snd1 )
D.AI.S wmalossless           Windows Media Audio Lossless
D.AIL. wmapro                Windows Media Audio 9 Professional
DEAIL. wmav1                 Windows Media Audio 1
```

下面的代码将 input.mp4 文件压缩为高度为 360 的视频，并将视频格式转换为 FLV，并保存为 output.flv。

代码位置：src/video_effects/video_transcoding_compression.js

```javascript
const ffmpeg = require('fluent-ffmpeg');
const path = require('path');
// 输入和输出视频文件路径
const inputVideoPath = path.resolve(__dirname, '../videos/input.mp4');
const outputVideoPath = path.resolve(__dirname, 'output.flv');
// 使用 ffmpeg 进行视频转换和调整大小
ffmpeg(inputVideoPath)
  .size('?x360')           // 调整视频高度为 360 像素，宽度按比例调整
  .outputOptions([
    '-vcodec flv1',         // 使用 flv1 编码器
    '-acodec libmp3lame'    // 使用 libmp3lame 进行音频编码
  ])
  .on('start', (commandLine) => {
    console.log('Spawned Ffmpeg with command: ' + commandLine);
  })
  .on('progress', (progress) => {
    console.log('Processing: ' + progress.percent + '% done');
  })
  .on('end', () => {
    console.log('Video processing completed successfully');
  })
  .on('error', (err, stdout, stderr) => {
    console.error('Error processing video: ', err.message);
    console.error('ffmpeg stdout: ' + stdout);
    console.error('ffmpeg stderr: ' + stderr);
  })
  .save(outputVideoPath);
```

执行 node video_transcoding_compression.js 命令运行程序，会在当前目录生成一个 output.flv 文件。

12.8 设置视频的亮度和对比度

使用 ffmpeg 可以调整视频的亮度和对比度，命令如下：

ffmpeg -i input.mp4 -vf "eq=brightness=0.2:contrast=1.0" -b:v 1000k -c:a copy output_brightness_contrast.mp4

参数含义如下。

（1）-i input.mp4：指定输入视频文件 input.mp4。

（2）-vf：指定视频滤镜。

（3）eq：使用 eq 滤镜来调整视频的亮度和对比度。

（4）brightness=0.2：调整亮度。亮度值范围是 −1.0 到 1.0，默认值是 0.0。正值增加亮度，负值降低亮度。例如，brightness=0.2 会使视频变亮一些，而 brightness=−0.2 会使视频变暗。

（5）contrast=1.0：调整对比度。对比度值范围是 −2.0 到 2.0，默认值是 1.0。正值增加对比度，负值降低对比度。例如，contrast=1.0 保持对比度不变，contrast=2.0 会使对比度加倍，使图像看起来更加锐利，而 contrast=−1.0 会使对比度降低，使图像看起来更加平淡。

（6）-b:v 1000k：指定视频比特率为 1000kbps。

（7）-c:a copy：复制音频流，不进行重新编码。

（8）output_brightness_contrast.mp4：指定输出视频文件。

下面的代码修改了 input.mp4 的亮度和对比度，并将修改结果保存为 output_brightness_contrast.mp4。

代码位置：src/video_effects/video_brightness_contrast.js

```
const ffmpeg = require('fluent-ffmpeg');
const path = require('path');
const fs = require('fs');
const inputVideoPath = path.resolve(__dirname, '../videos/input.mp4');
const outputVideoPath = path.resolve(__dirname, 'output_brightness_contrast.mp4');

// 检查并删除目标视频文件(如果存在)
if (fs.existsSync(outputVideoPath)) {
    fs.unlinkSync(outputVideoPath);
    console.log('Existing output video deleted.');
}
// 调整亮度和对比度的值
const brightness = 0.2;          // 亮度值(范围从 −1.0 到 1.0)
const contrast = 1.0;            // 对比度值(范围从 −2.0 到 2.0)
// 使用 ffmpeg 进行视频亮度和对比度调整
ffmpeg(inputVideoPath)
    .videoFilters([
        {
            filter: 'eq',
```

```
        options: {
          brightness: brightness,
          contrast: contrast,
        }
      }
    ])
    .videoBitrate('1000k')           // 设置视频码率
    .outputOptions('-c:a copy')      // 复制音频流,不进行重新编码
    .on('start', (commandLine) => {
      console.log('Spawned Ffmpeg with command: ' + commandLine);
    })
    .on('progress', (progress) => {
      console.log('Processing: ' + progress.percent + '% done');
    })
    .on('end', () => {
      console.log('Video processing completed successfully');
    })
    .on('error', (err, stdout, stderr) => {
      console.error('Error processing video: ', err.message);
      console.error('ffmpeg stdout: ' + stdout);
      console.error('ffmpeg stderr: ' + stderr);
    })
    .save(outputVideoPath);
```

执行 node video_brightness_contrast.js 命令,会在当前目录生成调整了亮度和对比度的 output_brightness_contrast.mp4 文件。

12.9 视频的淡入淡出效果

使用 ffmpeg 命令可以实现视频的淡入淡出效果,命令如下:

```
ffmpeg -i input.mp4 -vf "fade=t=in:st=0:d=3,fade=t=out:st=START_FADEOUT:d=3" -c:a copy video_fadeinout.mp4
```

参数含义如下。

(1) -i input.mp4:指定输入视频文件 input.mp4。

(2) -vf:指定视频滤镜。

(3) fade=t=in:st=0:d=3:添加淡入效果,其中,t=in:指定淡入效果。

(4) st=0:从第 0 秒开始淡入。

(5) d=3:淡入效果持续 3 秒。

(6) fade=t=out:st=START_FADEOUT:d=3:添加淡出效果,其中,t=out:指定淡出效果。

(7) st=START_FADEOUT:从 START_FADEOUT 秒开始淡出(需要计算视频时长减去 3 秒的值)。

(8) d=3:淡出效果持续 3 秒。

(9) -c:a copy:复制音频流,不进行重新编码。

(10) video_fadeinout.mp4:输出视频文件。

由于 START_FADEOUT 需要根据视频时长计算,所以在实际运行中,需要先获取视频的时长。例如,下面是完整的让视频开始和结尾淡入淡出的完整命令:

```
# 获取视频时长
DURATION=$(ffmpeg -i input.mp4 2>&1 | grep Duration | awk '{print $2}' | tr -d , | awk -F: '{print ($1 * 3600) + ($2 * 60) + $3}')
# 计算淡出开始时间
START_FADEOUT=$(echo "$DURATION - 3" | bc)
# 执行 ffmpeg 命令
ffmpeg -i input.mp4 -vf "fade=t=in:st=0:d=3,fade=t=out:st=$START_FADEOUT:d=3" -c:a copy video_fadeinout.mp4
```

参数详细含义:

(1) 使用 grep Duration 提取时长部分。

(2) 使用 awk 和 tr 进行字符串处理,计算出视频总时长(以秒为单位)。

(3) 使用 bc 进行简单的数学运算,将视频总时长减去 3 秒,得到淡出效果的开始时间。

(4) 替换 START_FADEOUT 为计算得到的淡出开始时间,执行完整的 ffmpeg 命令。

通过这种方式,可以在命令行中实现视频的淡入淡出效果,并将处理后的视频保存为 video_fadeinout.mp4。

通过 vfx.fadein 函数可以实现视频开头一段时间的淡入效果,vfx.fadeout 函数可以实现视频结尾一段时间的淡出效果。

下面的代码让视频开头的 3 秒淡入(逐渐显示),让视频结尾的 3 秒淡出(逐渐消失)。

代码位置:src/video_effects/video_fadeinout.js

```javascript
const ffmpeg = require('fluent-ffmpeg');
const path = require('path');
const fs = require('fs');
const inputVideoPath = path.resolve(__dirname, '../videos/input.mp4');
const outputVideoPath = path.resolve(__dirname, 'video_fadeinout.mp4');
// 检查并删除目标视频文件(如果存在)
if (fs.existsSync(outputVideoPath)) {
  fs.unlinkSync(outputVideoPath);
  console.log('Existing output video deleted.');
}
// 获取视频时长
ffmpeg.ffprobe(inputVideoPath, (err, metadata) => {
  if (err) {
    console.error('Error getting video metadata: ', err.message);
    return;
  }
  const duration = metadata.format.duration;
  const fadeOutStart = duration - 3;
  // 使用 ffmpeg 进行视频淡入淡出处理
  ffmpeg(inputVideoPath)
    .videoFilters([
      {
        filter: 'fade',
        options: {
          type: 'in',                    // 淡入效果
          start_time: 0,                 // 从第 0 秒开始
```

```
              duration: 3                 // 持续 3 秒
            }
          },
          {
            filter: 'fade',
            options: {
              type: 'out',                // 淡出效果
              start_time: fadeOutStart,   // 从倒数第 3 秒开始
              duration: 3                 // 持续 3 秒
            }
          }
        ])
        .outputOptions('-c:a copy')       // 复制音频流,不进行重新编码
        .on('start', (commandLine) => {
          console.log('Spawned Ffmpeg with command: ' + commandLine);
        })
        .on('progress', (progress) => {
          console.log('Processing: ' + progress.percent + '% done');
        })
        .on('end', () => {
          console.log('Video processing completed successfully');
        })
        .on('error', (err, stdout, stderr) => {
          console.error('Error processing video: ', err.message);
          console.error('ffmpeg stdout: ' + stdout);
          console.error('ffmpeg stderr: ' + stderr);
        })
        .save(outputVideoPath);
});
```

执行 node video_fadeinout.js 命令,会在当前目录输出淡入淡出效果的 video_fadeinout.mp4 视频文件。

12.10 向视频中添加动态图像

使用 ffmpeg 命令可以向视频中添加动态图像,也就是每一帧的图像存在差异,类似 GIF 动画的效果。下面的命令向视频中添加一个 logo.png 图像,并让这个图像在视频播放的过程中从左上角匀速移动到右下角。

```
ffmpeg -i ../videos/input.mp4 -i ../images/logo.png -filter_complex "[1:v]scale=100:100[logo];
[0:v][logo]overlay=x='t*60':y='t*60'[outv]" -map "[outv]" -map 0:a -c:v libx264 -b:v 3000k
-c:a copy dynamic_image_video.mp4
```

参数含义如下。

(1) -i ../videos/input.mp4:指定输入视频文件。

(2) -i ../images/logo.png:指定输入图片文件。

(3) -filter_complex:应用复杂滤镜图。

(4) [1:v]:引用第 2 个输入文件(图片文件)的第一个视频流。

(5) scale=100:100:将图片缩放到 100×100 像素。

(6) 第 1 个[logo]：将缩放后的图片流命名为 logo。

(7) [0:v]：引用第一个输入文件（视频文件）的第一个视频流。

(8) 第 2 个[logo]：引用前面命名的缩放后的图片流 logo。

(9) overlay=x='t*60':y='t*60'：将图片覆盖到视频上，并使图片位置随着时间变化。x='t*60'表示 x 坐标随时间 t 变化，每秒向右移动 60 像素。y='t*60'表示 y 坐标随时间 t 变化，每秒向下移动 60 像素。

(10) [outv]：将覆盖后的输出视频流命名为 outv。

(11) -map "[outv]"：将命名为 'outv' 的视频流映射到输出文件中。

(12) -map 0:a：将第一个输入文件（视频文件）的音频流映射到输出文件中。

(13) -c:v libx264：指定使用 libx264 编码器进行视频编码。

(14) -b:v 3000k：设置视频比特率为 3000kbps。

(15) -c:a copy：复制音频流，不进行重新编码。

(16) dynamic_image_video.mp4：指定输出文件名为 dynamic_image_video.mp4。

下面的代码将 logo.png 插入 input.mp4 中，并让这个图像从视频的左上角朝着右下角匀速移动，效果如图 12-6 所示。中间的 logo 就是正在移动和旋转的图像。

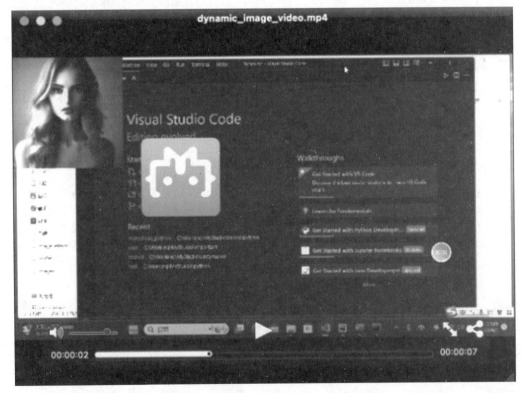

图 12-6　动态图像

代码位置：src/video_effects/dynamic_image_video.js

```javascript
const ffmpeg = require('fluent-ffmpeg');
const path = require('path');
const fs = require('fs');
// 获取输入视频文件的绝对路径
const inputVideoPath = path.resolve(__dirname, '../videos/input.mp4');
// 获取 logo 图像文件的绝对路径
const imageFilePath = path.resolve(__dirname, '../images/logo.png');
// 获取输出视频文件的绝对路径
const outputVideoPath = path.resolve(__dirname, 'dynamic_image_video.mp4');
// 检查目标视频文件是否存在，如果存在则删除
if (fs.existsSync(outputVideoPath)) {
  fs.unlinkSync(outputVideoPath);                    // 删除现有的输出视频文件
  console.log('Existing output video deleted.');     // 输出删除信息
}
// 创建 ffmpeg 命令并设置输入视频文件
ffmpeg(inputVideoPath)
  .input(imageFilePath)                              // 添加第二个输入文件(logo 图像)
  .complexFilter([                                   // 添加复杂滤镜
    {
      filter: 'scale',                               // 使用缩放滤镜
      options: { w: 100, h: 100 },                   // 设置缩放后的宽度和高度
      inputs: '[1:v]',                               // 指定输入是第二个输入文件(logo 图像)
      outputs: 'logo'                                // 输出命名为 'logo'
    },
    {
      filter: 'overlay',                             // 使用叠加滤镜
      options: { x: 't*60', y: 't*60' },             // 设置叠加位置，x 和 y 随时间变化
      inputs: ['[0:v]', 'logo'], // 指定输入是第一个输入文件(视频)和缩放后的 logo 图像
      outputs: 'outv'                                // 输出命名为 'outv'
    }
  ])
  .outputOptions([                                   // 设置输出选项
    '-map [outv]',                                   // 映射输出视频流
    '-map 0:a',                                      // 映射第一个输入文件的音频流
    '-c:v libx264',                                  // 设置视频编解码器为 libx264
    '-b:v 3000k',                                    // 设置视频比特率为 3000k
    '-c:a copy'                                      // 复制音频流
  ])
  .output(outputVideoPath)                           // 指定输出文件路径
  .on('end', () => {                                 // 处理结束事件
    console.log('Processing finished !');            // 输出处理完成信息
  })
  .on('error', (err) => {                            // 处理错误事件
    console.error('Error: ' + err.message);          // 输出错误信息
  })
  .run();                                            // 运行 ffmpeg 命令
```

执行 node dynamic_image_video.js 命令，会在当前目录输出嵌入动态图像的 dynamic_image_video.mp4 视频文件。

12.11 将视频转换为 GIF 动画

使用 ffmpeg 命令可以将视频转换为 GIF 动画,以下是一个将 MP4 视频转换为 GIF 动画的 'ffmpeg' 命令:

```
ffmpeg -i ../videos/input.mp4 -vf "scale=640:-1:flags=lanczos,fps=10" -gifflags +transdiff -y output.gif
```

命令行参数含义如下。

(1) -i ../videos/input.mp4:表示输入文件。
(2) -vf:表示应用视频滤镜。
(3) scale=640:-1:将视频缩放到宽度为 640 像素,高度按比例自动计算。-1 表示保持宽高比。
(4) flags=lanczos:使用 Lanczos 算法进行缩放,提供高质量的缩放效果。
(5) fps=10:设置输出 GIF 的帧率为 10 帧每秒。
(6) -gifflags:设置 GIF 特定标志。
(7) +transdiff:启用基于传输差异的优化以减少 GIF 文件大小。
(8) -y:如果输出文件已存在,覆盖它而不提示。
(9) output.gif:输出的 GIF 文件路径。

下面的代码将 input.mp4 转换为 output.gif,使用的帧率为 10。

代码位置:src/video_effects/video2gif.js

```
const ffmpeg = require('fluent-ffmpeg');
const path = require('path');
// 定义输入和输出文件路径
const inputVideoPath = path.resolve(__dirname, '../videos/input.mp4');
const outputGifPath = path.resolve(__dirname, 'output.gif');
// 使用 ffmpeg 进行转换
ffmpeg(inputVideoPath)
    .outputOptions([
      '-vf', 'scale=640:-1:flags=lanczos,fps=10',   // 设置输出 GIF 的分辨率和帧率
      '-gifflags', 'transdiff',                     // 优化 GIF 输出
      '-y'                                          // 覆盖输出文件
    ])
    .toFormat('gif')
    .on('start', (commandLine) => {
      console.log('Spawned Ffmpeg with command: ${commandLine}');
    })
    .on('progress', (progress) => {
      console.log('Processing: ${progress.percent}% done');
    })
    .on('end', () => {
      console.log('Processing finished!');
    })
    .on('error', (err) => {
      console.error('Error: ${err.message}');
```

```
})
.save(outputGifPath);
```

执行 node video2gif.js 命令,会在当前目录生成一个 output.gif 文件,可以在 VSCode 或任何浏览器查看这个 GIF 动画文件。

12.12 为视频添加字幕

字幕通常是文本形式,并且以一段时间作为显示特定字幕的一句,例如,在第 4 秒到第 8 秒的时间间隔内,视频下方会显示一段文本,这称为字幕。

为视频添加字幕的基本方法就是视频与视频或视频与图片的混合。通常将字幕做成一组透明的图片(除了文字部分,其他部分都是透明的),这组透明的图片可以制作成字幕视频,每一个透明图片(特定字幕)会根据对应视频的时长决定展示的时间。最后将主视频与字幕视频混合,就形成了带字幕的视频。

尽管我们已经了解了为视频添加字幕的基本原理,但通常并不需要这么麻烦,使用 ffmpeg 命令可以很容易通过一个 srt 文件为视频添加字幕。srt 文件专门用来保存字幕信息,格式如下。

```
1
00:00:00,000 --> 00:00:02,000
这是第一行字幕

2
00:00:02,000 --> 00:00:5,000
这是第二行字幕
```

每一条字幕分为如下三部分,每一部分占一行。

(1) 字幕序号,从 1 开始。

(2) 字幕对应的时间段,格式为 hh:mm:ss:xxx,表示时(hh)、分(mm)、秒(ss)和毫秒(xxx)。

(3) 字幕内容。

每一部分之间有且只能有一个空行,而且第一部分前面不能有空行。使用 ffmpeg 命令为视频添加字幕的命令如下。

```
ffmpeg -i ../videos/input.mp4 -vf "subtitles=subtitles.srt,drawtext=text='Hello World!':fontcolor=red:fontsize=60:x=(w-text_w)/2:y=(h-text_h)/2:enable='between(t,3,6)'" -y subtitles.mp4
```

参数含义如下。

(1) -i../videos/input.mp4:指定输入视频文件的路径。

(2) -vf:表示应用视频过滤器(video filter)。

(3) subtitles=subtitles.srt:指定 srt 文件的路径。

(4) drawtext:添加文本滤镜。

(5) text='Hello World!'：要显示的文本内容。

(6) fontcolor=red：字体颜色为红色。

(7) fontsize=60：字体大小为 60。

(8) x=(w-text_w)/2：文本的水平位置，居中显示。(w-text_w)/2 计算文本宽度居中的位置。

(9) y=(h-text_h)/2：文本的垂直位置，居中显示。(h-text_h)/2 计算文本高度居中的位置。

(10) enable='between(t,3,6)'：在特定时间范围内启用文本显示。between(t,3,6) 表示文本在视频的第 3 秒到第 6 秒之间显示。

(11) -y：覆盖输出文件而不提示。如果输出文件已存在，将其覆盖。

(12) subtitles.mp4：输出文件的路径和名称。此处为 subtitles.mp4。

下面的代码在 input.mp4 文件的底部和正中心添加了不同字体和颜色的字幕，并将新视频保存为 subtitles.mp4，效果如图 12-7 所示。

图 12-7　带字幕的视频

本例使用了字幕文件 subtitles.srt，内容如下。

文件位置：src/video_effects/subtitles.srt

1
00:00:00,000 --> 00:00:02,000
<font color="red" size="20">这是第一行<font color="blue" size="120">字幕</font></font>

2
00:00:02,000 --> 00:00:5,000
这是第二行字幕

3
00:00:5,000 --> 00:00:7,000

`<font color="green">`这是第三行`<font color="blue" size="120">`字幕`</font></font>`

通过srt文件，不仅可以指定字幕暂时的时间段和字幕内容，还可以通过font标签指定当前字幕的颜色和字号，而且同一行字幕，也可以有不同的颜色和字号。

代码位置：src/video_effects/subtitles.js

```javascript
const ffmpeg = require('fluent-ffmpeg');
const path = require('path');
// 输入视频文件路径
const inputVideoPath = path.resolve(__dirname, '../videos/input.mp4');
// 输入字幕文件路径
const subtitlesPath = path.resolve(__dirname, 'subtitles.srt');
// 输出视频文件路径
const outputVideoPath = path.resolve(__dirname, 'subtitles.mp4');
// 创建ffmpeg命令
ffmpeg(inputVideoPath)
  .videoFilters(
    {
      filter: 'subtitles',
      options: subtitlesPath
    },
    {
      filter: 'drawtext',
      options: {
        text: 'Hello World!',
        fontcolor: 'red',
        fontsize: 60,
        x: '(w-text_w)/2',
        y: '(h-text_h)/2',
        enable: 'between(t,3,6)'
      }
    }
  )
  .on('start', (commandLine) => {
    console.log('Spawned Ffmpeg with command: ${commandLine}');
  })
  .on('progress', (progress) => {
    console.log('Processing: ${progress.percent}% done');
  })
  .on('end', () => {
    console.log('Processing finished!');
  })
  .on('error', (err) => {
    console.error('Error: ${err.message}');
  })
  .save(outputVideoPath);
```

执行node subtitles.js命令，会在当前目录生成一个带字幕的subtitles.mp4视频文件。

12.13 将彩色视频变为灰度视频

使用ffmpeg命令可以将彩色视频转换为灰度视频，命令如下：

```
ffmpeg -i ../videos/input.mp4 -vf "hue=s=0" -y gray.mp4
```

参数含义如下。

(1) -i ../videos/input.mp4:指定输入视频文件的路径。

(2) -vf:表示应用视频滤镜(video filter)。

(3) "hue=s=0":这个滤镜将饱和度(saturation,缩写为 's')设置为 0,从而将视频转换为灰度。

(4) -y:覆盖输出文件而不提示。如果输出文件已存在,将其覆盖。

(5) gray.mp4:输出文件的路径和名称,此处为 gray.mp4。

下面的代码将 input.mp4 转换为灰度视频,并保存为 gray.mp4。

代码位置:src/video_effects/rgb2gray.js

```javascript
const ffmpeg = require('fluent-ffmpeg');
const path = require('path');
// 输入视频文件路径
const inputVideoPath = path.resolve(__dirname, '../videos/input.mp4');
// 输出视频文件路径
const outputVideoPath = path.resolve(__dirname, 'gray.mp4');
// 创建 ffmpeg 命令
ffmpeg(inputVideoPath)
  .videoFilters('hue=s=0')  // 应用灰度滤镜
  .on('start', (commandLine) => {
    console.log('Spawned Ffmpeg with command: ${commandLine}');
  })
  .on('progress', (progress) => {
    console.log('Processing: ${progress.percent}% done');
  })
  .on('end', () => {
    console.log('Processing finished!');
  })
  .on('error', (err) => {
    console.error('Error: ${err.message}');
  })
  .save(outputVideoPath);
```

执行 node rgb2gray.js 命令,会在当前目录生成一个 gray.mp4 文件,这是转换后的灰度视频文件。

12.14 小结

本章主要介绍了如何利用 fluent-ffmpeg 模块通过 ffmpeg 和 ffprobe 命令实现视频的各种特效。不过实现这一切的真正英雄并不是 JavaScript,而是 FFmpeg。任何编程语言都可以与 FFmpeg 进行交互,实现各种炫酷的视频特效。相信读者也通过本章的内容体会到了 FFmpeg 的强大,利用 FFmpeg,完全可以用 JavaScript,以及任何编程语言实现一个非常强大的视频处理应用。

第 13 章 代码魔法：释放 AIGC 的神力

阿拉丁神灯的故事相信大家都知道，尤其是那盏神灯，简直不要太爽。不过现在有了以 ChatGPT 为首的 AIGC，这让每个人都可能成为阿拉丁，而 ChatGPT[①] 就是那盏神灯。你需要什么，只要告诉 ChatGPT，ChatGPT 就会满足你的要求。当然，阿拉丁的神灯只能满足 3 个要求，而 ChatGPT 这盏现代版的 AI 神灯，可以满足你无限多的要求。本章将会向读者展示 ChatGPT 的魔法之一：生成代码。就光这一项技能，足以让世人震惊，当然，如果你完全融入 ChatGPT 的世界，那么魔法将会伴随你终生！

13.1　走进 ChatGPT

本节主要介绍 ChatGPT 的相关内容，包括 ChatGPT 的历史背景，涉及的技术，以及与 ChatGPT 相似的产品等。通过本节的内容，读者可以大体了解什么是 ChatGPT，以及 ChatGPT 与程序员的关系到底是怎样的。

13.1.1　AIGC 概述

AIGC（AI-Generated Content，AI 生成内容）是指基于生成对抗网络（Generative Adversarial Network，GAN）、大型预训练模型等人工智能技术的方法，通过对已有数据进行学习和模式识别，以适当的泛化能力生成相关内容的技术。AIGC 技术可以用于创造各种类型的内容，如文字、图像、音频等。

AIGC 的目标是超越传统的弱人工智能系统，这些系统通常专注于解决特定任务或处理特定领域的问题。相反，AIGC 旨在实现一种通用智能，能够在多个领域中学习、推理和执行任务，类似于人类的能力。

AIGC 技术的应用领域非常广泛，包括游戏开发、数据分析、计算机图形学、自动控制等多个领域。列举如下。

（1）自动编写代码：是指利用人工智能技术，根据用户的需求或描述，自动生成相应的

---

① 本章主要介绍 ChatGPT，以及 OpenAI API，所以以后提及 AIGC，主要指的就是 ChatGPT。

代码的过程。自动编写代码可以帮助程序员提高编码效率和质量,减少错误和重复工作,以及学习新的编程技能。自动编写代码的主要方法是使用生成式 AI 技术,如生成对抗网络、变分自编码器(Variational AutoEncoder,VAE)和自回归模型(Autoregressive Model)等。这些技术可以在大型代码库上进行训练,并使用机器学习算法生成与训练数据相似的新代码。与自动编写代码相关的特性包括代码生成、代码优化、代码注释、代码转换等。

(2)游戏开发:AIGC 技术可以用于生成游戏中的角色、场景、任务、剧情等内容,提高游戏的丰富性和可玩性。例如,Unity Machine Learning Agents 是一个人工智能工具包,可以用于开发具有智能性的游戏和虚拟环境。

(3)数据分析:AIGC 技术可以用于生成数据集、数据报告、数据可视化等内容,提高数据的质量和价值。例如,OpenAI Codex 是一个可以根据自然语言描述生成代码的程序,可以用于数据分析和处理。

(4)计算机图形学:AIGC 技术可以用于生成图像、视频、动画等内容,提高图形的美观和真实性。例如,Stable Diffusion 是一个可以根据文字提示和风格类型生成图像的平台。

(5)自动控制:AIGC 技术可以用于生成控制策略、控制信号、控制系统等内容,提高控制的效率和性能。例如,AlphaGo 是一个可以下围棋的人工智能程序,使用了深度学习和强化学习等 AIGC 技术。

AIGC 技术具有一些明显的优势和不足,这些可以从以下方面进行概述。

1. 优势

(1)自动化和效率:AIGC 技术能够自动地生成大量的内容,从而提高生产效率。相对于传统的人工创作方式,AIGC 可以在短时间内生成大量内容,节省了人力资源和时间成本。

(2)创新和灵感:AIGC 技术能够创造出新颖和有趣的内容,从而提高创新性。AIGC 可以根据不同的条件或指导生成与之相关的内容,为用户提供更多选择、更多灵感和更多可能性。

(3)个性化和定制化:AIGC 技术能够根据用户的喜好和需求生成个性化和定制化的内容,从而提高满意度。AIGC 可以根据用户输入的关键词、描述或样本生成与之相匹配的内容,并根据用户对中间结果的反馈进行调整。

2. 不足

(1)数据质量和隐私:AIGC 技术依赖于大量的数据进行训练和生成,这可能导致数据质量和隐私方面的问题。数据质量方面,如果训练数据存在噪声、偏差或不完整等问题,则可能影响生成内容的质量和准确性。数据隐私方面,如果训练数据涉及个人或机构的敏感信息,则可能存在泄露或滥用的风险。

(2)原创性和创新性:AIGC 技术基于现有的数据信息进行内容生产,因此输出的内容容易缺乏原创性和创新性。AIGC 技术很难创造出超越现有数据范围的新颖和有趣的内容,也很难反映出人类的情感和个性。

(3)版权和伦理:AIGC 技术生成的内容可能涉及到版权和伦理方面的问题。版权方面,如果 AIGC 技术生成的内容侵犯了他人的版权,或者与他人的作品相似,则可能引起法律纠纷。伦理方面,如果 AIGC 技术生成的内容违反了社会道德或公序良俗,则可能引起道德争议或社会不安。

13.1.2　AIGC 的落地案例

随着 ChatGPT 的问世,在短时间内,国内外涌现了大量的 AIGC 落地案例。

(1) ChatGPT：ChatGPT 是由 OpenAI 开发的一款人工智能聊天机器人,能够与人类进行自然对话,并根据聊天的上下文进行互动。ChatGPT 的英文缩写是 Chat Generative Pre-trained Transformer,意思是聊天生成预训练变换器。ChatGPT 的优点是它能够生成流畅和有逻辑的对话,回答跟进问题,承认错误,挑战错误的前提,拒绝不恰当的请求等。ChatGPT 还能够根据自然语言描述生成代码、邮件、视频脚本、文案、翻译、论文等内容。

(2) New Bing：微软推出的一款新型搜索引擎,它可以让用户直接输入自然语言的问题,并得到完整的答案。New Bing 不仅可以提供网页搜索结果,还可以提供引用、聊天和创作等功能。

(3) Claude：由 Anthropic 开发的一款人工智能平台,它可以执行各种对话和文本处理任务,同时保持高度的可靠性和可预测性。Claude 可以根据用户输入的关键词或主题,自动生成相关的文章或段落。Claude 还可以根据用户反馈进行自我学习和优化,提高生成内容的质量和适应性。

(4) Bard：由谷歌开发的一款实验性的人工智能服务,它可以让用户与生成式 AI 进行协作。Bard 可以帮助用户提高生产力、加速想法和激发好奇心。Bard 可以根据用户输入的文字提示或样本,自动生成相关的代码、邮件、视频脚本、文案、翻译、论文等内容。Bard 还可以根据用户反馈进行调整和优化,提高生成内容的质量和满意度。

(5) 文心一言：由百度开发的一款人工智能写作平台,能够根据用户输入的关键词或主题,自动生成相关的文章或段落。百度文心一言的英文缩写是 Baidu Wenxin Yiyuan,意思是 Baidu Heart of Writing One Sentence。百度文心一言的优点是它能够快速地生成各种类型和风格的文本内容,如新闻、故事、诗歌、广告等,并且支持多种语言和领域。

(6) Kimi：月之暗面(Moonshot AI)于 2023 年 10 月推出的一款智能助手,主要应用场景为专业学术论文的翻译和理解、辅助分析法律问题、快速理解 API 开发文档等,是全球首个支持输入 20 万汉字的智能助手产品。

13.1.3　ChatGPT 概述

ChatGPT 的创始人是 OpenAI 的 CEO 和联合创始人 Sam Altman。Sam Altman 是一位知名的技术企业家和投资者,曾经担任 Y Combinator 的总裁,并参与了多个知名的科技项目,如 Airbnb、Dropbox、Stripe 等。Sam Altman 于 2015 年与 Elon Musk、Peter Thiel、Ilya Sutskever 等共同创立了 OpenAI,一个致力于推进人类利益的人工智能研究和部署的公司。

ChatGPT 的发展历程可以追溯到 OpenAI 早期的语言模型项目，如 GPT、GPT-2 和 GPT-3 等。这些语言模型都是基于大规模的文本数据进行训练，能够生成与训练数据相似的新文本。ChatGPT 使用了监督学习和强化学习等技术，利用人类反馈来提高模型的性能和安全性。

ChatGPT 于 2022 年 11 月 30 日正式发布，没有进行任何宣传，但很快在社交媒体上引起了广泛关注和讨论。在发布后的 5 天内，ChatGPT 就吸引了超过一百万的用户，并展示了它在各领域的应用价值，如写作、编程、学习等。2023 年 1 月，OpenAI 与微软扩大了长期合作关系，并宣布了数十亿美元的投资计划，以加速全球范围内的人工智能突破。2023 年 2 月 1 日，OpenAI 推出了 ChatGPT Plus，一个付费订阅计划，为用户提供更快速、更安全、更有用的回复。

ChatGPT Plus 目前可以使用 GPT-4 和 GPT 4o 模型，其中 GPT 4o 是 OpenAI 刚推出的高级模型，可以用更类人的方式与人类交互，不仅返回结果更准确，而且对资源的消耗仅为 GPT-4 的 50%。由于 GPT 4o 消耗的资源更少，所以 OpenAI 取消了付费用户对 GPT 4o 的使用限制，可以无限次数使用 GPT 4o。

13.1.4 ChatGPT，史上最强 AI

ChatGPT 被称为目前地球上最强的 AI[①]，据说 ChatGPT 解决问题的能力已经达到了博士水准，而且用于全人类已经公开的知识，所以 ChatGPT 的知识渊博程度绝对碾压一切专家，强烈推荐大家尝试 ChatGPT，因为它可以 24 小时不间断提供服务，无论是在生活中，还是在学习中，或是在工作中，甚至无聊想找人聊天，ChatGPT Plus 都可以提供全方位、无死角的服务。对于那些不使用 ChatGPT 的人来说，完全就是降维打击。那么 ChatGPT 主要有哪些功能呢？ChatGPT 的功能主要包括以下几方面。

（1）编程：ChatGPT 可以根据用户输入的自然语言描述或样本，自动生成相关的代码，如 Python、Java、C++ 等。ChatGPT 还可以根据用户反馈进行调整和优化，提高生成代码的质量和性能。ChatGPT 可以帮助用户提高编程效率和质量，减少错误和重复工作，以及学习新的编程技能。经过大量使用 ChatGPT，还可以解锁更多新技能，例如，有一段 Python 的代码，要转换成功能完全相同的 Java 和 Go 代码，或者给出一段 Rust 语言的代码，给出这段代码可能存在什么缺陷，ChatGPT 在大多数时候，都会给出满意的答案。

（2）写作：曾几何时，作家都是少数人的专利，写小说，写散文并不容易，也只有少数人可以做到，不过有了 ChatGPT，一切都将改变，使人人成为作家变为可能。ChatGPT 可以根据用户输入的关键词或主题，自动生成相关的文章或段落，如新闻、故事、诗歌、广告等。ChatGPT 还可以根据用户反馈进行调整和优化，提高生成文本的质量和适应性。ChatGPT 可以帮助用户提高写作效率和创造力，节省时间和精力，以及激发灵感。甚至还可以用 ChatGPT 改写文章，以及审核文章，看看哪里有错别字或者不合适的描述。而且 ChatGPT

---

① 这里说的 ChatGPT 主要指 GPT-4 和 GPT 4o 模型。

不是简单机械地根据文字本身去审核,而是理解语义甚至是语境后的审核,所以效果比普通的 AI 审核的效果更好。

(3) 音乐:ChatGPT 可以根据用户输入的音乐风格或样本,自动生成相关的音乐作品,如流行、摇滚、古典等。ChatGPT 还可以根据用户反馈进行调整和优化,提高生成音乐的质量和满意度。ChatGPT 可以帮助用户创造出新颖和有趣的音乐,并为音乐产业的发展带来新的机遇和挑战。

(4) 视频:ChatGPT 可以根据用户输入的视频类型或样本,自动生成相关的视频内容,如电影、动画、纪录片等。ChatGPT 还可以根据用户反馈进行调整和优化,提高生成视频的质量和真实性。ChatGPT 可以帮助用户创造出新颖和有趣的视频,并为视频产业的发展带来新的机遇和挑战。

(5) 图像:ChatGPT 可以根据用户输入的图像类型或样本,自动生成相关的图像内容,如人物、风景、动物等。ChatGPT 还可以根据用户反馈进行调整和优化,提高生成图像的质量和美观性。ChatGPT 可以帮助用户创造出新颖和有趣的图像,并为图像产业的发展带来新的机遇和挑战。

(6) 支持插件:ChatGPT 支持与其他平台或服务进行集成,如微软 Office、谷歌 Docs、Slack 等。这些插件可以让用户在使用这些平台或服务时,方便地调用 ChatGPT 来生成或编辑内容。这些插件可以提高用户在各个领域的效率和生产力。

13.2 注册和登录 ChatGPT

第一次使用 ChatGPT,需要打开网址 https://chat.openai.com,并注册 ChatGPT 账户。进到该页面后,会显示如图 13-1 所示的内容。

图 13-1　ChatGPT 的欢迎页面

单击 Sign up 按钮进入注册页面,如图 13-2 所示。在文本框中输入 Email 地址,或使用 Gmail、微软账户或苹果账户进行注册,推荐使用 Gmail。

创建账户后,单击 Continue 按钮,会显示如图 13-3 所示的页面,要求输入姓名和生日。

单击 Continue 按钮,进入下一页面,如图 13-4 所示。在该页面输入一个接收验证码的手机号,输入完后,单击 Send code 按钮进入下一页面。

如果手机成功接收到短信,那么在如图 13-5 所示的页面中输入 6 位验证码。

如果验证码通过,就会直接进入 ChatGPT 的聊天首页,如图 13-6 所示,现在可以和 ChatGPT 打个招呼了。

到现在为止,我们已经完成了 ChatGPT 的注册,下回再使用 ChatGPT,除非清空浏览器的 Cookie,或退出 ChatGPT 账户,否则会直接进入图 13-6 所示的聊天页面。在注册和使用 ChatGPT 的过程中,可能会涉及 IP、电话号、信用卡等问题。

第13章 代码魔法：释放AIGC的神力　299

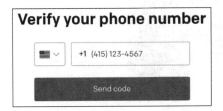

图 13-2　ChatGPT 注册页面

图 13-3　个人信息页

图 13-4　输入手机号　　　　　　　图 13-5　输入验证码

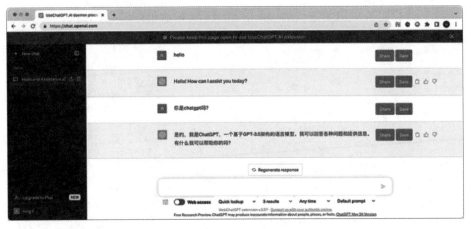

图 13-6　ChatGPT 的聊天页面

13.3 让 ChatGPT 帮你写程序

对于程序员来说，最想尝试的就是让 ChatGPT 写程序，那么现在就开始吧。在 ChatGPT 下方的文本框中输入下面的内容：

用 Python 编写一个堆排序程序，并给出测试案例

等 1～2 秒，ChatGPT 就会给我们答案，如图 13-7 所示。

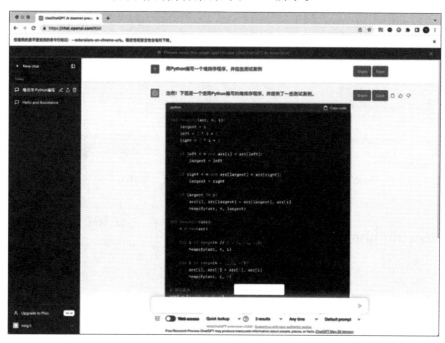

图 13-7　ChatGPT 编写的 Python 代码

ChatGPT 给我们生成的完整代码（单击代码区域右上角的 Copy code 即可复制生成的代码到剪贴板）如下：

```
def heapify(arr, n, i):
    largest = i
    left = 2 * i + 1
    right = 2 * i + 2

    if left < n and arr[i] < arr[left]:
        largest = left

    if right < n and arr[largest] < arr[right]:
        largest = right

    if largest != i:
        arr[i], arr[largest] = arr[largest], arr[i]
        heapify(arr, n, largest)
```

```python
def heapSort(arr):
    n = len(arr)

    for i in range(n // 2 - 1, -1, -1):
        heapify(arr, n, i)

    for i in range(n - 1, 0, -1):
        arr[i], arr[0] = arr[0], arr[i]
        heapify(arr, i, 0)

# 测试案例
arr1 = [4, 10, 3, 5, 1]
heapSort(arr1)
print("排序结果:", arr1)          # 输出: [1, 3, 4, 5, 10]

arr2 = [7, 2, 9, 1, 6]
heapSort(arr2)
print("排序结果:", arr2)          # 输出: [1, 2, 6, 7, 9]

arr3 = [5, 8, 2, 1, 0]
heapSort(arr3)
print("排序结果:", arr3)          # 输出: [0, 1, 2, 5, 8]
```

用 Python 执行这段代码,非常完美,成功将测试用例中的 3 个列表中的元素从小到大排序了,输出的结果如下:

```
排序结果: [1, 3, 4, 5, 10]
排序结果: [1, 2, 6, 7, 9]
排序结果: [0, 1, 2, 5, 8]
```

13.4 聊天机器人

本节会使用 OpenAI API 编写一个聊天机器人程序。OpenAI API 是另一种访问 ChatGPT 的方式。通过 OpenAI API,可以将 ChatGPT 的功能嵌入自己的程序,可以利用 ChatGPT 强大的处理能力,让自己的程序展现出卓越的智能。

OpenAI 并没有为每一种编程语言提供相应的模块来访问 OpenAI API,但可以直接通过 OpenAI 提供的端点来调用 API,每一个端点对应一个 Url,传入 API Key 和相应的参数,就可以直接利用端点 Url 进行相关的操作,如下面的 Url 用于聊天。

https://api.openai.com/v1/chat/completions

读者可以到下面的页面查看这个端点的详细信息,在左侧列表中也可以获取其他端点的详细信息。

https://platform.openai.com/docs/api-reference/chat/create

本节实现的聊天程序是一个终端程序,用户直接在终端与 OpenAI API 进行交互,所以需要读写流以及通过 HTTPS 访问端点,因此,需要使用 2 个模块: readline 和 axios。下面是对这 2 个模块的详细介绍。

1. readline 模块

readline 模块是 Node.js 标准库的一部分，提供了一种接口，用于从可读流（如命令行）读取数据。它常用于处理用户的输入，例如在命令行应用中。

在聊天程序中，readline 模块用于读取用户在命令行中的输入，并将这些输入发送到 OpenAI API 进行处理。它使得程序能够与用户进行交互，从而实现实时对话。

readline 模块基本的使用方式包括创建一个接口实例并提示用户输入。例如：

```javascript
const readline = require('readline');
const rl = readline.createInterface({
  input: process.stdin,
  output: process.stdout
});
rl.question('请输入你的问题：', (answer) => {
  console.log('你输入的是：${answer}');
  rl.close();
});
```

在上面的例子中，readline 创建了一个接口实例 rl，它读取标准输入（用户的输入）并在用户输入后执行回调函数。

2. axios 模块

axios 是一个基于 Promise 的 HTTP 客户端，可以在浏览器和 Node.js 环境中使用。读者可以使用下面的命令安装 axios 模块。

```
npm install axios
```

axios 模块用于发送 HTTP 请求，例如 GET、POST 请求，并处理相应数据。

在聊天程序中，axios 模块用于向 OpenAI 的 API 发送 HTTP 请求，并获取模型生成的回复。它简化了 HTTP 请求的处理，使得与远程服务器的交互更加方便。

axios 发送一个 POST 请求的代码如下：

```javascript
const axios = require('axios');
axios.post('https://api.example.com/data', {
  key1: 'value1',
  key2: 'value2'
})
.then(response => {
  console.log(response.data);
})
.catch(error => {
  console.error('Error:', error);
});
```

在上面的例子中，axios 发送了一个 POST 请求到指定的 URL，并处理响应数据或错误信息。

3. 通过 axios 访问 OpenAI API

OpenAI 提供了一系列 API 接口，可以通过这些接口与其 AI 模型进行交互。我们使用的是 https://api.openai.com/v1/chat/completions 端点，这个端点允许我们发送对话历史,获取模型生成的回复。

要通过 axios 访问 OpenAI 的 https://api.openai.com/v1/chat/completions 端点,我们需要做如下工作。

(1) 设置请求的 URL 和路径:https://api.openai.com/v1/chat/completions。
(2) 设置请求方法:POST。
(3) 设置请求头:包括授权信息(Bearer 令牌)和内容类型(JSON)。
(4) 设置请求体:包含模型名称、消息历史和其他参数。

下面是 axios 访问 OpenAI API 的代码案例:

```
const axios = require('axios');
const apiKey = 'your-api-key-here';
axios.post('https://api.openai.com/v1/chat/completions', {
  model: 'gpt-4',
  messages: [{ role: 'user', content: '你好' }],
  max_tokens: 150
}, {
  headers: {
    'Authorization': 'Bearer ${apiKey}',
    'Content-Type': 'application/json'
  }
})
.then(response => {
  console.log(response.data);
})
.catch(error => {
  console.error('Error:', error);
});
```

使用 ChatGPT API 之前,要先获得 API Key。API Key 是一个以 sk 为前缀的字符串。读者可以到下面的页面去申请 API Key,当然,首先要有一个 ChatGPT 账户。

https://platform.openai.com/account/api-keys

进入 API Key 申请页面后,单击 Create new secret key 按钮,可以申请任意多个 API Key,如图 13-8 所示。

申请完 API Key 后,需要通过 Authorization 请求头字段设置 API Key。API Key 不要泄露给别人,否则任何人都可以使用你的 API Key。另外,使用 OpenAI API 是需要花钱的,不同模型的价格不同,就拿最新的 GPT-4o 模型为例,输入数据(提交给 OpenAI API 的数据),每 100 万个 tokens[①] 是 5 美元。输出数据(OpenAI API 返回的数据),每 100 万个 tokens 是 15 美元。所以别人得到了你的 API Key,就可以使用你的钱调用 OpenAI API。当然,万一泄露了 API Key 也不要紧,只需要删除旧的 API Key,创建新的 API Key 即可,这样旧的 API Key 就失效了。

---

① token 是用于自然语言处理的词的片段,它是生成文本的基本单位。不同的语言和分词方式可能会导致 token 和字符的映射关系不同。一般来说,英文中一个 token 通常对应大约 4 个字符,而中文中一个汉字大致是 2~2.5 个 token。例如,英文单词 red 是一个 token,对应 3 个字符;中文词语"一心一意"是 4 个汉字,对应 6 个 token。

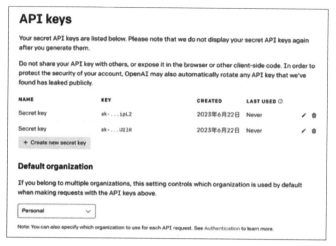

图 13-8　申请 API Keys

完整的聊天程序代码如下：

代码位置：src/chatgpt/chatbot.js

```javascript
const readline = require('readline');
const axios = require('axios');
// 配置 OpenAI API 密钥
const apiKey = process.env.OPENAI_API_KEY;
// 设置 readline 接口
const rl = readline.createInterface({
  input: process.stdin,                    // 标准输入流
  output: process.stdout                   // 标准输出流
});
// 聊天函数
async function chatWithOpenAI(messages) {
  try {
    // 向 OpenAI API 发送 POST 请求
    const response = await axios.post('https://api.openai.com/v1/chat/completions', {
      model: 'gpt-4o-2024-05-13',          // 使用的模型
      messages: messages,                   // 聊天的消息历史
      max_tokens: 1024,                     // 生成回复的最大 token 数量
    }, {
      headers: {
        'Authorization': 'Bearer ${apiKey}', // 使用 Bearer 令牌进行授权
        'Content-Type': 'application/json'   // 请求体的内容类型为 JSON
      }
    });
    // 返回生成的回复文本
    return response.data.choices[0].message.content.trim();
  } catch (error) {
    // 捕获并输出错误信息
    console.error('生成回复时出错:', error.response ? error.response.data : error.message);
    return '发生错误,请重试。';
  }
}
// 提示用户输入
```

```
function promptUser(conversation) {
  rl.question('你: ', async (input) => {
    // 如果用户输入为空,结束对话
    if (input.trim() === '') {
      console.log('再见!');
      rl.close();
      return;
    }
    // 将用户输入添加到对话中
    conversation.push({ role: 'user', content: input });
    // 获取 OpenAI 的回复
    const response = await chatWithOpenAI(conversation);
    console.log('OpenAI: ${response}');

    // 将 OpenAI 的回复添加到对话中
    conversation.push({ role: 'assistant', content: response });
    // 继续提示用户输入
    promptUser(conversation);
  });
}
// 开始聊天
console.log('欢迎使用 OpenAI 聊天。输入你的问题并按 Enter 键。直接按 Enter 键退出。');
promptUser([]);
```

本例的 API Key 需要使用环境变量 OPENAI_API_KEY 进行设置。对于 Windows 系统,可以使用下面的命令设置(将 xxxx 替换成实际的 API Key):

set OPENAI_API_KEY=xxxx

对于 macOS 或 Linux,可以使用下面的命令设置环境变量:

export OPENAI_API_KEY=xxxx

设置完环境变量后,执行 node chatbot.js 命令运行程序,然后可以在终端输入问题,并显示回答,效果如图 13-9 所示。

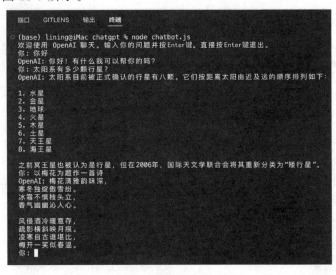

图 13-9　聊天机器人

13.5 理解图像

用于聊天的端点不仅可以进行文本交互，还可以上传一个或多个图像，并尝试理解这些图像。本节会实现一个终端程序，通过命令行参数传入一个图像，然后将其上传到 OpenAI 服务器，并返回对这个图像的一些描述。

代码位置：src/chatgpt/image.js

```javascript
const axios = require('axios');
const fs = require('fs');
const path = require('path');
// OpenAI API 密钥，从环境变量中获取
const apiKey = process.env.OPENAI_API_KEY;
// 获取命令行参数中的图像路径，即用户在终端中传入的第一个参数
const imagePath = process.argv[2];
// 函数：将图像文件编码为 base64 字符串
function encodeImage(imagePath) {
  const image = fs.readFileSync(imagePath);        // 读取图像文件
  return Buffer.from(image).toString('base64');    // 将图像文件内容转换为 base64 编码字符串
}
// 检查图像路径是否存在
if (!fs.existsSync(imagePath)) {
  console.error('图像路径不存在，请提供有效的图像路径。'); // 如果路径不存在，输出错误信息
  process.exit(1);                                 // 退出程序
}

// 获取图像的 base64 编码字符串
const base64Image = encodeImage(imagePath);
const headers = {
  'Content-Type': 'application/json',              // 请求体的内容类型为 JSON
  'Authorization': 'Bearer ${apiKey}'              // 使用 Bearer 令牌进行授权
};
const payload = {
  model: 'gpt-4o',                                 // 使用的 OpenAI 模型
  messages: [
    {
      role: 'user',                                // 角色：用户
      content: [
        {
          type: 'text',                            // 消息类型：文本
          text: '解释一下这个图像里都有什么？'       // 用户输入的文本内容
        },
        {
          type: 'image_url',                       // 消息类型：图像 URL
          image_url: {
            url: 'data:image/jpeg;base64,${base64Image}'   // 图像的 base64 编码字符串
          }
        }
      ]
    }
  ],
  max_tokens: 300                                  // 生成的最大 token 数量
```

```
};
// 发送请求到 OpenAI API
axios.post('https://api.openai.com/v1/chat/completions', payload, { headers })
    .then(response => {
        const messageContent = response.data.choices[0].message.content;  // 提取返回的消息内容
        console.log(messageContent);                                      // 输出返回的消息内容
    })
    .catch(error => {
        console.error('Error:', error.response ? error.response.data : error.message);  // 输出错误
                                                                                        // 信息
    });
```

首先准备一个图像(文件名：girl.png)，如图13-10所示。

图 13-10 待理解的图像

然后执行 node image.js girl.png 命令运行程序，会在终端输出如下内容。可见 OpenAI API 对图像的解释是非常到位的。

这个图像展示了一位年轻的女性，穿着精致的盔甲，显得非常优雅和英气。她的头发细致地束起，并配有一个装饰性的金属发饰。盔甲上有复杂的纹理和雕刻图案，展现了高水平的工艺。背景是抽象的、几何图案的设计，增强了整体画面的视觉效果。整幅图像散发出一种幻想和史诗风格的氛围。

13.6 小结

尽管本章只是向大家展示了 ChatGPT 以及 OpenAI API 的极少的一部分功能，不过单从这一点，就足以勾起大家的好奇心，ChatGPT 到底能为我们带来什么呢？ChatGPT 会将人类的科技带向何方呢？当然，这些问题，ChatGPT 和我都无法准确回答，只有靠广大读者自己在深入使用 ChatGPT 后，得到令自己满意的答案了。不管答案是什么，可以肯定的是，有了以 ChatGPT 为首的各种 AIGC 应用，未来的世界一定与现在有很大差异，至于是怎样的差异，那就仁者见仁智者见智了。

第 14 章 VSCode 插件开发

在当今的软件开发领域,集成开发环境(Integrated Development Environment,IDE)已经成为程序员日常编码不可或缺的工具。Visual Studio Code(简称 VSCode),作为一款由微软开发的开源代码编辑器,以其轻量级、高性能和强大的扩展性获得了全球开发者的广泛青睐。VSCode 的扩展插件系统是其核心功能之一,它允许开发者根据个人或团队的需求定制编辑器功能,从而提高开发效率和体验。

本章将深入探讨 VSCode 插件开发的世界,从基础知识到实际应用,逐步引导读者如何为 VSCode 编写和扩展功能。我们将从插件的基本概念开始,介绍 VSCode 插件的主要功能和优势,然后通过具体的开发案例,如命令插件、自定义编辑器插件和语法高亮插件,详细展示插件开发的各个环节。无论是编程新手还是有经验的开发者,都能在本章找到扩展自己开发环境的宝贵知识。

14.1 VSCode 插件基础

本节主要介绍 VSCode 插件的基础知识,包括什么是 VSCode 插件,VSCode 插件的主要功能以及 VSCode 插件的优势。

14.1.1 VSCode 插件简介

VSCode 是一款由微软开发的开源代码编辑器,支持多种编程语言和丰富的扩展功能。VSCode 插件(Extensions)是为扩展和增强 VSCode 功能而开发的软件包。通过插件,用户可以添加新的功能、支持更多的编程语言、优化工作流程,并定制自己的开发环境。

14.1.2 VSCode 插件的功能

VSCode 插件可以实现多种功能,具体包括但不限于以下几类。
(1)命令扩展:添加新的命令,扩展 VSCode 命令面板的功能。
(2)语法高亮:为不同编程语言提供语法高亮显示。
(3)代码自动补全:提供智能代码补全建议。

（4）调试支持：为新的编程语言或框架添加调试支持。
（5）代码片段：提供预定义的代码模板，快速插入常用代码片段。
（6）文件处理：扩展文件处理功能，如特定类型文件的解析和显示。
（7）UI 自定义：添加自定义按钮、菜单项、侧边栏等 UI 元素。
（8）设置和配置：在 VSCode 设置中添加自定义配置项。

14.1.3　VSCode 插件的优势

VSCode 插件的优势如下。

（1）强大的扩展能力：VSCode 插件可以深度集成到编辑器的各部分，提供丰富的扩展能力。

（2）活跃的社区：VSCode 拥有庞大的开发者社区和丰富的插件生态，用户可以很容易地找到并安装所需的插件。

（3）跨平台支持：VSCode 和其插件可以运行在 Windows、macOS 和 Linux 平台上。

（4）开源：VSCode 和大多数插件都是开源的，开发者可以查看源代码，进行二次开发或定制。

14.2　命令插件

在这一节我们会使用 JavaScript 编写 VSCode 命令插件。这是 VSCode 中最简单的插件。在 VSCode 中，命令插件是一种扩展，主要用于向编辑器添加自定义命令。这些命令可以在命令面板、快捷键、右键菜单或其他触发器中调用。命令插件让开发者能够扩展 VSCode 的功能，提供更灵活和定制化的开发体验。

编写命令插件通常需要下面几个步骤。

（1）命令定义：命令插件在 package.json 文件中定义命令及其对应的 ID 和标题。这些命令在 VSCode 中注册，并且可以通过命令面板或其他方式调用。

（2）命令注册：在插件的激活函数中，使用 VSCode API 注册命令。注册过程将命令 ID 与一个回调函数关联，回调函数定义了命令执行时的具体操作。

（3）命令执行：当用户调用命令时，VSCode 会执行注册时绑定的回调函数，实现自定义功能。

本节除了编写命令插件外，还会将插件打包，分发给其他未安装插件的 VSCode。

14.2.1　HelloWorld 命令插件

在这一节会编写一个简单的 HelloWorld 命令插件，实现步骤如下。

1. 创建插件工程

读者可以完全使用手工方式创建 VSCode 插件工程，但由于插件工程涉及的文件比较多，手工创建插件工程的工作量非常大，因此，推荐使用一些自动化工具来完成这些工作，这里推荐 yo 和 generator-code。读者可以使用下面的命令安装它们：

```
npm install -g yo generator-code
```

Yeoman(yo)是一个开源的脚手架工具，用于快速生成项目结构和代码模板。它通过提供一组生成器(Generators)，帮助开发者快速搭建各种项目的初始结构，包括前端框架、后端框架、库、工具等。Yeoman 生成器可以自动生成文件结构、配置文件、示例代码，从而大大减少手工配置和初始设置的工作量。

Yeoman 的核心组成部分如下。

（1）yo 命令：Yeoman 的核心命令行接口，用于调用和管理生成器。开发者通过 yo 命令来运行特定的生成器，生成所需的项目结构和文件。

（2）Generators：生成器是 Yeoman 的核心功能模块，每个生成器定义了一种特定类型项目的模板和脚手架。例如，有些生成器专门用于生成 Angular 项目、React 项目、Node.js 项目等。

（3）Grunt 和 Gulp：Yeoman 通常与构建工具如 Grunt 或 Gulp 配合使用，以实现自动化任务和工作流。

generator-code 是一个专门用于生成 Visual Studio Code 插件项目的 Yeoman 生成器。

图 14-1 选择扩展类型

安装完 yo 和 generator-code 后，执行下面的命令生成 VSCode 插件工程：

```
yo code
```

其中 code 指的是 generator-code 生成器。yo code 命令实际上是通过 Yeoman 调用 generator-code 生成器来生成一个 VSCode 插件项目。

在执行这行命令后，需要回答一些问题来配置插件项目，例如，首先会问你扩展类型是什么，会显示如图 14-1 所示的选项列表。

由于本章使用 JavaScript 开发 VSCode 插件，所以要选择第 2 个选项：New Extension(JavaScript)。

然后按 Enter 键，会出现其他的问题，根据需要输入或选择即可，图 14-2 是本例最终的配置选择。

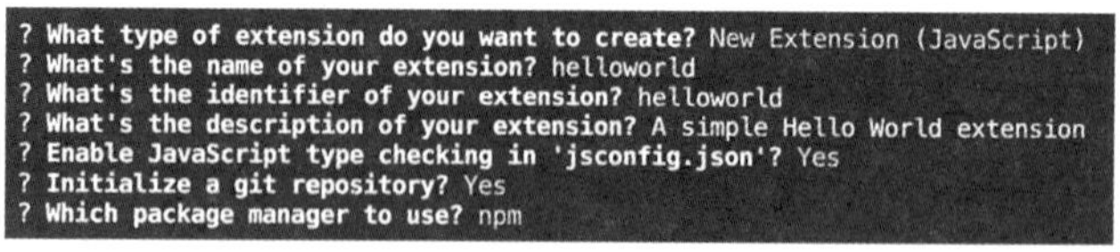

图 14-2 本例最终的配置选择

回答完全部问题后，yo 会自动生成插件项目必需的文件和目录，以及安装相关的依赖，图 14-3 是 helloworld 插件工程的目录结构。

在编写插件时，并不需要编辑生成的所有文件，通常大多数文件使用默认内容即可。但一般需要修改 2 个文件的内容：package.json 和 extension.js。如何修改这 2 个文件的内容，会在本节后面详细介绍。

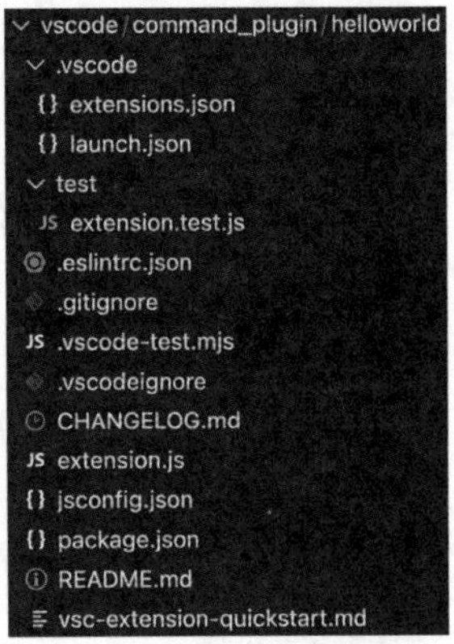

2. 修改 package.json 文件

对于一些插件，package.json 使用默认值即可，但大多数情况下，需要修改一些配置，下面是本例完整的 package.json 文件的内容：

代码位置：src/vscode/command_plugin/helloworld/package.json

图 14-3 helloworld 插件工程的目录结构

```json
{
  "name": "helloworld",
  "displayName": "helloworld",
  "description": "A simple Hello World extension",
  "version": "0.0.1",
  "engines": {
    "vscode": "^1.89.0"
  },
  "categories": [
    "Other"
  ],
  "activationEvents": [],
  "main": "./extension.js",
  "contributes": {
    "commands": [{
      "command": "helloworld.helloWorld",
      "title": "Hello World"
    }]
  },
  "scripts": {
    "lint": "eslint .",
    "pretest": "npm run lint",
    "test": "vscode-test"
  },
  "devDependencies": {
    "@types/vscode": "^1.89.0",
    "@types/mocha": "^10.0.6",
    "@types/node": "18.x",
    "eslint": "^8.57.0",
    "typescript": "^5.4.5",
    "@vscode/test-cli": "^0.0.9",
    "@vscode/test-electron": "^2.4.0"
  }
}
```

package.json 文件中配置的详细解释如下。

（1）name：插件的名称，应该是唯一的，并且符合 npm 包命名规范。

（2）displayName：插件在 VSCode 扩展市场中的显示名称。

（3）description：插件的简短描述，描述插件的功能和用途。

（4）version：插件的版本号，遵循语义化版本规范。

（5）engines：指定插件所需的 VSCode 版本。"^1.89.0" 表示插件需要 VSCode 版本 1.89.0 及以上。

（6）categories：插件的分类，用于在 VSCode 扩展市场中对插件进行分类。常见的分类有 "Programming Languages" "Linters" "Themes" 等。这里指定为 "Other"。

（7）activationEvents：指定插件的激活条件。插件可以根据特定的事件进行激活，例如命令执行、文件类型打开等。这里是一个空数组，表示没有特定的激活事件，通常这种配置较为罕见，因为会在 VSCode 启动时加载。

（8）main：插件的入口文件，指定插件的主 JavaScript 文件，VSCode 会从这个文件开始加载插件。

（9）contributes：插件可以贡献的功能点，如命令、菜单、键绑定等。这里定义了插件贡献的命令。

（10）commands：定义插件提供的命令。

（11）command：命令的唯一标识符。

（12）title：命令在命令面板中的显示名称。

（13）scripts：定义了开发过程中常用的脚本命令。

（14）lint：使用 ESLint 对项目进行代码检查。

（15）pretest：在执行测试前运行的命令，这里是运行 lint。

（16）test：运行插件的测试，这里使用 vscode-test 进行测试。

（17）devDependencies：开发过程中需要的依赖包，这些依赖包不会包含在最终发布的插件中。

3．修改 extension.js 文件

对于本例，可以不修改 extension.js 文件，使用默认的内容即可，但也可以适当修改一些代码，如将提示改成中文。下面是本例 extension.js 文件的内容：

代码位置：src/vscode/command_plugin/helloworld/extension.js

```
const vscode = require('vscode');
function activate(context) {
    console.log('Congratulations, your extension "helloworld" is now active!');
    const disposable = vscode.commands.registerCommand('helloworld.helloWorld', function () {
        vscode.window.showInformationMessage('这是第一个命令插件！');
    });
    context.subscriptions.push(disposable);
}
function deactivate() {}
module.exports = {
    activate,
    deactivate
}
```

对这段代码的解释如下。

（1）vscode 模块：这是 Visual Studio Code 提供的扩展性 API 模块。它提供了开发

VSCode 插件所需的各种功能和接口。引用 vscode 模块是为了使用这些 API，以便在插件中与 VSCode 进行交互。例如，可以使用该模块注册命令、显示信息、管理文件等。

（2）activate 函数：该函数是插件的入口函数，当插件被激活时会自动调用。激活插件的条件由 package.json 文件中的 activationEvents 字段定义。例如，当用户执行某个命令时，或者当用户打开某种类型的文件时，插件会被激活并执行 activate 函数。

（3）deactivate 函数：该函数是在插件被停用时调用的清理函数。它用于释放插件运行期间占用的资源，例如取消注册的事件、关闭打开的文件等。虽然大多数插件不需要特别实现这个函数，但如果插件分配了需要清理的资源，则应在此函数中进行处理。

（4）vscode.commands.registerCommand：这是一个用于注册命令的 API。通过该 API 可以将一个命令 ID 和一个回调函数绑定在一起。当命令 ID 被执行时，VSCode 会调用对应的回调函数。例如，以下代码注册了一个命令 helloworld.helloWorld，当该命令被执行时，会显示一个信息消息。

（5）vscode.window.showInformationMessage：这是一个用于在 VSCode 窗口中显示信息消息的 API。它接收一个字符串参数，作为显示的信息内容。例如，以下代码会在 VSCode 窗口中显示一条信息消息 "这是第一个命令插件！"。

（6）context.subscriptions.push(disposable)：用于将注册的命令添加到插件的上下文中，以便在插件停用时自动注销命令。context 是插件的激活上下文，subscriptions 是一个数组，存储了所有需要在插件停用时清理的资源。将 disposable 添加到 subscriptions 中，可以确保插件停用时正确释放资源。

（7）导出 activate 和 deactivate 函数：导出这两个函数是为了让 VSCode 可以调用它们。当插件被加载时，VSCode 会调用 activate 函数；当插件被停用时，VSCode 会调用 deactivate 函数。通过导出这些函数，确保 VSCode 能够正确地管理插件的生命周期。

4．调试插件

在开发插件的过程中，需要不断进行运行和调试。运行插件的方式很多，如果插件开发完成，可以直接将插件发布到 VSCode 服务器端，这样会在插件市场出现。也可以直接编译成 vsix 文件进行本地安装和运行，但这些方式都不适合调试插件。如果想调试插件，可以用 VSCode 打开插件目录，然后按 F5 键（macOS 需要按 Fn＋F5 组合键）启动一个 VSCode 调试窗口，然后使用 Ctrl＋Shift＋P 组合键（macOS 是 Cmd＋Shift＋P 组合键）显示命令面板，在命令面板中输入 Hello World，就会找到这个插件，如果最近经常使用这个插件，通常会出现在命令列表的前面，如图 14-4 所示。

单击 Hello World 命令，会在 VSCode 下方显示如图 14-5 所示的消息框，可以通过单击消息右侧的小叉按钮关闭消息框。

14.2.2 统计 JavaScript 代码行数的命令插件

本节会实现一个较为复杂的命令插件：统计 JavaScript 代码行数。实现这个插件的步骤与上一节给出的步骤类似，这里不再重复讲解。

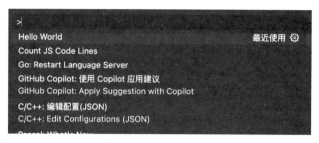

图 14-4 查找 Hello World 命令

图 14-5 运行 Hello World 插件

本例涉及 2 个文件：package.json 和 extension.js。

package.json 的完整代码如下：

代码位置：src/vscode/command_plugin/jscodelinecount/package.json

```
{
  "name": "jscodelinecount",
  "displayName": "JSCodeLineCount",
  "description": "Counts the number of lines in a JavaScript file, excluding comments and empty lines",
  "version": "0.0.1",
  "engines": {
    "vscode": "^1.89.0"
  },
  "categories": [
    "Other"
  ],
  "activationEvents": [
    "onCommand:jscodelinecount.countLines"
  ],
  "main": "./extension.js",
  "contributes": {
    "commands": [{
      "command": "jscodelinecount.countLines",
      "title": "Count JS Code Lines"
    }]
  },
  "scripts": {
    "lint": "eslint .",
```

```
    "pretest": "npm run lint",
    "test": "vscode-test"
  },
  "devDependencies": {
    "@types/vscode": "^1.89.0",
    "@types/mocha": "^10.0.6",
    "@types/node": "18.x",
    "eslint": "^8.57.0",
    "typescript": "^5.4.5",
    "@vscode/test-cli": "^0.0.9",
    "@vscode/test-electron": "^2.4.0"
  }
}
```

extension.js 的完整代码如下：

代码位置：src/vscode/command_plugin/jscodelinecount/extension.js

```
const vscode = require('vscode');
/**
 * 插件激活时调用的函数
 * @param {vscode.ExtensionContext} context 插件上下文
 */
function activate(context) {
  console.log('恭喜,您的扩展 "JSCodeLineCount" 已激活!');
  // 注册一个命令,当命令被调用时执行特定的功能
  let disposable = vscode.commands.registerCommand('jscodelinecount.countLines', function () {
    // 获取当前活动的文本编辑器
    const editor = vscode.window.activeTextEditor;
    if (!editor) {
      vscode.window.showInformationMessage('未找到活动的文本编辑器。');
      return;
    }
    const document = editor.document;
    const fileName = document.fileName;
    // 检查文件扩展名是否为 .js
    if (!fileName.endsWith('.js')) {
      vscode.window.showInformationMessage('只能统计 JavaScript 文件的代码行数');
      return;
    }

    const text = document.getText();
    const lines = text.split('\n');
    let codeLineCount = 0;
    let inBlockComment = false;
    for (let line of lines) {
      line = line.trim();
      // 跳过空行
      if (line === '') continue;
      // 跳过单行注释
      if (line.startsWith('//')) continue;
      // 处理块注释
      if (line.startsWith('/*')) {
        inBlockComment = true;
      }
      if (inBlockComment) {
```

```
            if (line.endsWith('*/')) {
                inBlockComment = false;
            }
            continue;
        }
        // 增加代码行计数
        codeLineCount++;
    }
    vscode.window.showInformationMessage('JS 代码行数：${codeLineCount}');
});
// 将命令添加到插件上下文的订阅列表中，以便在停用时释放资源
context.subscriptions.push(disposable);
}
// 插件停用时调用的函数
function deactivate() {}
module.exports = {
    activate,
    deactivate
}
```

现在启动调试窗口，首先打开一个包含 js 文件的目录，并打开一个 js 文件。然后在命令面板中搜索 Count JS Code Lines，就会找到这个命令，现在执行这个命令，就会弹出一个消息框，显示这个 js 文件中 JavaScript 代码的行数，如图 14-6 所示。

图 14-6　统计 JavaScript 代码的行数

如果不是 JavaScript 文件，会提示"只能统计 JavaScript 文件的代码行数"。

14.2.3　重新加载组件

在调试插件的过程中，如果修改代码，就需要使用下面几种方式重新加载插件。

（1）自动重新加载。VSCode 通常会自动检测到文件的更改并重新加载扩展。但是，有时候可能需要手动重新加载窗口以确保更改生效。

图 14-7　插件调试控制面板

（2）手动重新加载窗口。单击插件目录窗口上方调试控制面板（如图 14-7 所示）的"重启"按钮（绿色半圆箭头按

钮),调试窗口会自动重新加载插件。

(3) 停止并重新启动调试对话。关闭 VSCode 调试窗口,然后按 F5 键(macOS 按 Fn+F5 组合键)重启调试窗口。

14.2.4 发布插件

通常需要将 VSCode 插件生成 vsix 文件,然后可以直接从 VSCode 装载 vsix 文件来安装插件。生成 vsix 文件的步骤如下。

1. 安装和编译插件

在终端中,进入插件工程根目录,执行下面两行命令:

```
npm install
npm run compile
```

2. 打包插件

使用 vsce 工具将插件打包成.vsix 文件。vsce 是一个由微软官方提供的命令行工具,用于打包和发布 VSCode 插件。如果没有安装 vsce,可以使用下面的命令安装:

```
npm install -g vsce
```

然后执行下面的命令打包插件:

```
vsce package
```

执行命令,这将生成一个.vsix 文件,文件名通常是"插件名称-版本号.vsix",例如,helloworld 插件会生成 helloworld-0.0.1.vsix 文件。

3. 本地安装插件

有 2 种方法可以在本地安装.vsix 文件:使用 VSCode 的图形界面或命令行。

(1) 通过图形界面安装。

① 打开 VSCode。

② 单击左侧的扩展图标,或者按 Ctrl+Shift+X 组合键(macOS 是 Cmd+Shift+X 组合键)打开扩展视图。

③ 单击扩展视图右上角的省略号(…),选择 Install from VSIX…,在弹出的"打开"对话框中选择.vsix 文件进行安装。

(2) 通过命令行安装。

打开终端,执行下面的命令安装插件:

```
code --install-extension path/to/your-extension.vsix
```

需要将 path/to/your-extension.vsix 替换为实际的.vsix 文件路径。

14.3 自定义编辑器插件(处理特殊文件类型)

本节会实现一个自定义编辑器插件。在 VSCode 中,自定义编辑器允许开发者定义如何显示和编辑特定文件类型的内容，可以利用 Webview 实现更复杂的编辑器界面。本节会处理一种特殊的文件类型（.table 文件），这种文件本质上是 JSON 格式的文本文件。JSON 是二维数组形式，如下所示。

test.table 文件

```
[
  ["Name", "Age", "Occupation"],
  ["Alice", 30, "Engineer"],
  ["Bob", 25, "Designer"],
  ["Charlie", 35, {"title": "Manager"}]
]
```

每一个数组元素是一个一维的数组，表示表的一行。多个这样的一维数组组成了一个表格。如前面的代码就会解析成一个包含了 4 行 3 列的表格。本例会根据这样的 JSON 数据直接转换为 Web 形式的 Table，并在 WebView 组件中显示。也就是说，在 VSCode 中单击 test.table 文件，并不会直接显示该文件的内容，而是显示一个 Web 形式的表格。在表格上方有一个"显示源文件内容"按钮，单击该按钮，会在表格标签右侧新打开一个标签页，显示 test.table 文件的内容，效果如图 14-8 所示。

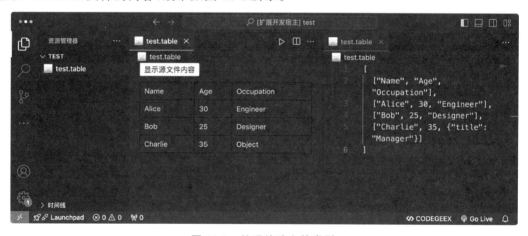

图 14-8　处理特殊文件类型

要实现这个插件，需要修改 package.json 和 extension.js 文件。下面先处理 package.json 文件。package.json 文件的完整代码如下。

代码位置：src/vscode/table-viewer/package.json

```
{
  "name": "table-viewer",
  "displayName": "TableViewer",
  "description": "A VS Code extension to view .table files as tables",
  "version": "0.0.1",
  "engines": {
    "vscode": "^1.60.0"
  },
  "activationEvents": [
```

```json
      "onLanguage:table"
  ],
  "main": "./extension.js",
  "contributes": {
    "languages": [
      {
        "id": "table",
        "extensions": [".table"]
      }
    ],
    "iconThemes": [
      {
        "id": "tableIcons",
        "label": "Table File Icons",
        "path": "./resources/icon-theme.json"
      }
    ],
    "customEditors": [
      {
        "viewType": "tableViewer.customEditor",
        "displayName": "Table Viewer",
        "selector": [
          {
            "filenamePattern": "*.table"
          }
        ]
      }
    ]
  },
  "scripts": {
    "lint": "eslint .",
    "pretest": "npm run lint",
    "test": "vscode-test"
  },
  "devDependencies": {
    "@types/vscode": "^1.60.0",
    "eslint": "^7.32.0",
    "typescript": "^4.3.5",
    "vscode-test": "^1.4.0"
  }
}
```

package.json 文件中前面和后面的部分与默认生成的配置基本相同,但中间的几部分需要详细解释一下。

(1) 指定插件激活事件:

```
"activationEvents": [
  "onLanguage:table"
]
```

这段配置指定了插件的激活事件。当 VSCode 识别到 .table 文件类型时,插件会自动激活。要注意,这里 onLanguage:table 中的 table 并不是指文件的扩展名是 table,而是指自定义的语言的 id 是 table,这个值要与设置语言时的 id 值相同(在后面会介绍)。

另外,onLanguage 是激活插件的事件,这个事件用来处理特定类型的文件。只要单击这一类型的文件,就会触发 onLanguage 事件,从而激活插件。一旦插件被激活,就会自动调用 main 指定的入口文件(本例是 ./extension.js)中的 activate 函数。

(2) 自定义语言:

```
"languages": [
    {
        "id": "table",
        "extensions": [".table"]
    }
],
```

通过 languages 的设置,可以指定特定的文件类型,如本例的 .table 文件。通过上面的设置,一旦用户单击 .table 文件,就会找到 id 等于 table 的语言,然后再定位到 onLanguage:table,这样就可以激活插件了,也就是调用 ./extension.js 文件中的 activate 函数。

(3) 指定插件图标。

通常特定文件都会带一个图标,不管是在 VSCode 左侧的目录树中,还是在右侧编辑器的标签中,都会显示这个图标。如果不指定图标,那么 VSCode 会显示默认的图标,但可以通过下面的设置指定这个图标主题文件(JSON 格式)。

```
"iconThemes": [
    {
        "id": "tableIcons",
        "label": "Table File Icons",
        "path": "./resources/icon-theme.json"
    }
]
```

iconThemes 中的 path 字段指定了图标主题文件 icon-theme.json,path 是相对 package.json 文件所在的路径的,也就是插件工程的根目录。所以需要在插件根目录建立一个 resources 子目录,然后在该目录中创建一个 icon-theme.json 文件,内容如下:

```
{
    "iconDefinitions": {
        "tableIcon": {
            "iconPath": "./logo.png"
        }
    },
    "fileExtensions": {
        "table": "tableIcon"
    },
    "folderNames": {},
    "fileNames": {},
    "languageIds": {}
}
```

其中,iconPath 字段指定了图标文件的具体路径。路径相对于 icon-theme.json 文件所在的路径,也就是 resources 目录。所以需要在 resources 目录中再放一个 logo.png 文件。图标文件可以是多种格式,如 png、jpg、svg 等。fileExtensions 字段定义了特定文件扩展名与图标的映射关系。在本例中,所有扩展名为 .table 的文件都将使用 tableIcon 图标。也就是说,"table":"tableIcon"中的 table 表示文件扩展名。

(4)定制编辑器:

```
"customEditors": [
    {
        "viewType": "tableViewer.customEditor",
        "displayName": "Table Viewer",
        "selector": [
            {
                "filenamePattern": "*.table"
            }
        ]
    }
]
```

上面的这个配置定义了插件的自定义编辑器。其中 viewType 表示自定义编辑器的视图类型标识符,这里是 tableViewer.customEditor;displayName 表示自定义编辑器的显示名称,右击 .table 文件,在上下文菜单中单击"打开方式",会在上方列表中显示这个名字,如图 14-9 所示。selector 表示选择器,用于匹配需要使用自定义编辑器打开的文件。filenamePattern 表示文件名模式,这里是 *.table,表示所有以 .table 结尾的文件。

图 14-9　打开方式列表

下面是 extension.js 文件的完整代码:

代码位置:src/vscode/table-viewer/extension.js

```javascript
const vscode = require('vscode');
// 用于保存所有打开的源文件内容的面板对象,以文件的完整路径作为索引
let sourcePanels = {};
class TableViewerProvider {
    constructor(context) {
        this.context = context;
    }
    // 解析自定义文本编辑器
    resolveCustomTextEditor(document, webviewPanel, _token) {
        // 启用 Webview 中的脚本
        webviewPanel.webview.options = {
            enableScripts: true
        };
        // 设置 Webview 的 HTML 内容
        webviewPanel.webview.html = this.getWebviewContent(document);
        // 监听 Webview 中的消息
        webviewPanel.webview.onDidReceiveMessage(message => {
            if (message.command === 'showSource') {
                this.showSourceContent(document);
            }
        });
        // 监听文档变化并更新 Webview
        const changeDocumentSubscription = vscode.workspace.onDidChangeTextDocument(e => {
```

```javascript
      if (e.document.uri.toString() === document.uri.toString()) {
        webviewPanel.webview.html = this.getWebviewContent(e.document);
      }
    });
    // 当 Webview 面板关闭时,取消监听文档变化
    webviewPanel.onDidDispose(() => {
      changeDocumentSubscription.dispose();
    });
  }
  // 获取 Webview 内容
  getWebviewContent(document) {
    const jsonContent = document.getText();
    let tableData;
    try {
      // 解析 JSON 内容
      tableData = JSON.parse(jsonContent);
    } catch (error) {
      vscode.window.showErrorMessage('Invalid JSON format in .table file');
      return '<h1>Invalid JSON format</h1>';
    }
    // 生成表格行
    let tableRows = tableData.map(row => {
      return `<tr>${row.map(cell => {
        if (typeof cell === 'object') {
          return '<td>Object</td>';
        }
        return `<td>${cell}</td>`;
      }).join('')}</tr>`;
    }).join('');
    // 返回 HTML 内容
    return `
      <!DOCTYPE html>
      <html lang="en">
      <head>
        <meta charset="UTF-8">
        <meta name="viewport" content="width=device-width, initial-scale=1.0">
        <title>Table Viewer</title>
        <style>
          table {
            width: 100%;
            border-collapse: collapse;
          }
          th, td {
            border: 1px solid black;
            padding: 8px;
            text-align: left;
          }
          button {
            margin-bottom: 10px;
          }
        </style>
      </head>
      <body>
        <button onclick="showSource()">显示源文件内容</button>
        <table>
          ${tableRows}
```

```js
        </table>
        <script>
          const vscode = acquireVsCodeApi();
          function showSource() {
            vscode.postMessage({
              command: 'showSource'
            });
          }
        </script>
      </body>
    </html>
    `;
  }
  // 显示源文件内容
  showSourceContent(document) {
    const documentUriStr = document.uri.toString(); // 获取文件的完整路径

    if (sourcePanels[documentUriStr]) {
      // 如果已经存在面板，切换到该面板
      sourcePanels[documentUriStr].reveal(vscode.ViewColumn.Beside);
    } else {
      // 打开源文件并使其可编辑
      vscode.window.showTextDocument(document, { viewColumn: vscode.ViewColumn.Beside }).then(editor => {
          // 将编辑器保存到全局对象中
          sourcePanels[documentUriStr] = editor;

          // 监听编辑器关闭事件
          const closeEditorListener = vscode.workspace.onDidCloseTextDocument(closedDocument => {
            if (closedDocument.uri.toString() === documentUriStr) {
              delete sourcePanels[documentUriStr];
              closeEditorListener.dispose();
            }
          });
        });
    }
  }
}
// 激活扩展
function activate(context) {
  context.subscriptions.push(
    vscode.window.registerCustomEditorProvider(
      'tableViewer.customEditor',
      new TableViewerProvider(context),
      {
        webviewOptions: {
          retainContextWhenHidden: true
        }
      }
    )
  );
}
// 停用扩展
function deactivate() {
  // 清理全局对象中的面板
  sourcePanels = {};
```

```
}
// 导出激活和停用函数
module.exports = {
  activate,
  deactivate
};
```

阅读这段代码,需要了解如下几点。

(1) 注册自定义编辑器。

当用户单击 .table 文件后,就会激活插件,从而导致 extension.js 文件中的 activate 函数被调用。在 activate 函数中,会使用 registerCustomEditorProvider 函数注册自定义编辑器。自定义编辑器允许扩展在 VSCode 的编辑器区域中使用 HTML、CSS 和 JavaScript 来呈现和编辑文件。registerCustomEditorProvider 函数(该函数是用 TypeScript 编写的,但 JavaScript 可以调用)的原型如下:

```
function registerCustomEditorProvider(viewType: string, provider: CustomTextEditorProvider |
CustomReadonlyEditorProvider | CustomEditorProvider, options?);
```

参数含义如下。

① viewType:string 类型。指定自定义编辑器的类型,这个类型用于标识自定义编辑器,可以用作唯一标识符。在这个例子中,viewType 被设置为 tableViewer.customEditor。当打开与这个类型相关的文件时,VSCode 会使用这个自定义编辑器来处理文件。这个参数值必须与 package.json 文件中 viewType 字段的值一致。

② provider:自定义编辑器提供者,可以是多种类型,但如果是自定义编辑器,必须是 CustomEditorProvider。

③ options:对象类型,用于配置自定义编辑器的行为和功能。本例中通过 webviewOptions 字段设置了 retainContextWhenHidden 字段。当设置为 true 时,Webview 在隐藏时会保留其上下文,而不是销毁上下文。这对于需要保持 Webview 状态的应用程序非常有用,例如在隐藏和重新显示时需要保留用户输入或加载状态的情况下。

(2) 实现自定义编辑器类。

在本例中,TableViewerProvider 类是一个自定义编辑器提供者(Custom Editor Provider),用于定义自定义编辑器的行为。这个类需要实现 CustomEditorProvider 类型的接口,特别是一些关键方法。对于 JavaScript 来说,只需要实现这些方法即可。需要实现的方法如下。

① 构造方法(constructor)。

用于初始化提供者的上下文(context),如 constructor(context) {…}

TableViewerProvider 类的核心方法

② resolveCustomTextEditor。

这是 CustomEditorProvider 接口中最重要的方法,用于解析自定义文本编辑器。当用户在 VSCode 中打开一个与自定义编辑器关联的文件时,VSCode 会调用此方法。resolveCustomTextEditor 方法的原型如下:

resolveCustomTextEditor(document, webviewPanel, _token);

参数含义如下。

a) document：被打开的文档。

b) webviewPanel：用于显示自定义编辑器内容的 Webview 面板。

c) _token：取消令牌，用于取消解析过程(本例未使用)。

resolveCustomTextEditor 方法在本例中的主要作用如下。

a) 配置 Webview 选项(如启用脚本)。

b) 设置 Webview 的 HTML 内容。

c) 监听 Webview 中的消息和文档变化。

③ getWebviewContent。

该方法用于生成 Webview 的 HTML 内容。document 参数表示当前文档。getWebviewContent 方法在本例中的主要作用如下。

a) 从文档中读取文本内容。

b) 解析内容并生成 HTML 表格。

c) 返回完整的 HTML 字符串，用于显示在 Webview 中。

④ showSourceContent。

自定义方法，用于显示源文件内容，在 resolveCustomTextEditor 方法中被调用。document 参数表示当前文档。该方法的主要作用如下。

a) 打开一个新的编辑器标签页，显示源文件内容。

b) 检查是否已有打开的源文件标签页，如果有则切换到该标签页，否则创建新的标签页。

(3) 检测源文件内容标签页是否显示。

单击"显示源文件内容"按钮，会打开一个显示源文件内容的标签页，但如果多次单击这个按钮，应该只显示一个这样的标签页，如果标签页已经显示，则切换到这个标签页，这就需要判断这个标签页是否已经显示。

在本例中，通过使用 sourcePanels 对象来实现这个功能，下面是详细的描述：sourcePanels 是一个全局对象，用于存储每个文档 URI 对应的源文件内容标签页面板。在显示源文件内容之前，检查 sourcePanels 中是否已经存在该文档的面板。如果存在，则切换到已有的面板；如果不存在，则创建新的面板并存储在 sourcePanels 中。

具体实现步骤如下。

① 检查是否已有面板：在 showSourceContent 方法中，通过文档的 URI 转换成字符串作为键，检查 sourcePanels 对象中是否已有该文档的面板。

② 已有面板则切换：如果 sourcePanels 中存在该文档的面板，调用面板的 reveal 方法，将焦点切换到已有的面板。

③ 没有面板则创建新面板：如果 sourcePanels 中不存在该文档的面板，创建一个新的 Webview 面板用于显示源文件内容。将新创建的面板存储到 sourcePanels 中，键为文档的

URI 字符串，值为面板实例。

④ 监听面板关闭事件：在新面板创建后，监听面板的关闭事件。当面板关闭时，从 sourcePanels 中删除对应的键值对，确保面板记录被清除。

14.4 语法色彩插件

本节会实现一个更复杂的 VSCode 插件，这个插件是很多编程语言和编辑特定文本文件（如 JSON、XML 等）都需要使用的插件：语法色彩插件。

顾名思义，这种插件的作用就是让文本中的某些关键字在编辑器中显示特定的样式，如文字颜色、背景色、斜体、粗体等。如果只是简单过滤特定的关键字，可以直接使用配置文件处理，但遇到更复杂的情况，就需要使用 JavaScript 进行处理。例如，有一些关键字需要根据上下文，以及具体的位置来确定显示的样式，这就需要用 JavaScript 实时对文本进行分析，然后再对特定关键字设置样式。

本节会介绍这两种语法色彩插件的实现方式。

14.4.1 创建语法色彩插件工程

创建语法色彩插件工程，同样需要使用 yo code 命令，但第 1 个选项需要选择 New Language Support。下面是创建语法色彩插件工程的每个选项的详细选择：

? What type of extension do you want to create? New Language Support
? URL or file to import, or none for new:
? What's the name of your extension? abc-syntax-highlighter
? What's the identifier of your extension? abc-syntax-highlighter
? What's the description of your extension? Boost your productivity with our ABC Syntax Highlighter! Enjoy clear and vibrant syntax highlighting for ABC language files, making coding easier and more enjoyable.
? Language id: abc
? Language name: abc
? File extensions: .abc
? Scope names: source.abc
? Initialize a git repository? No

对这些选择的解释如下：

（1）What type of extension do you want to create?：选择创建一个新的语言支持扩展①。此选项用于为新的编程语言或文件类型添加语法高亮、代码补全等功能。

（2）URL or file to import, or none for new：输入 URL 或文件路径，或者选择 none。如果读者已有现成的语言语法定义文件，可以输入其 URL 或文件路径。如果从头开始创建新语言支持，请选择 none。这里的语法文件是 JSON 格式的，用来定义文本关键字的高亮规则。本例是 abc.tmLanguage.json，当然，也可以起其他的文件名，但需要在 package.

---

① 扩展和插件是一个意思，只是翻译英文时会直译为扩展，通常我们会说插件，这样比较通用，也更容易让人理解。

json 中进行配置。

（3）What's the name of your extension?：扩展的名称。这个名称会在 VSCode 插件市场和扩展管理器中显示。

（4）What's the identifier of your extension?：扩展的唯一标识符，通常使用小写字母和连字符。这个表示用于在 VSCode 中唯一标识该扩展。

（5）What's the description of your extension?：扩展的描述。它将在 VS Code 市场和扩展管理器中显示，帮助用户了解扩展的功能和用途。

（6）Language id：新语言的标识符，用于 VSCode 内部识别该语言，通常使用小写字母。

（7）Language name：新语言的名称。这个名称将在 VSCode 的语言模式选择器中显示。语言模式选择器会在 VSCode 下方状态的某个位置显示，通常是靠近中间的位置。

（8）File extensions：新语言文件的扩展名。可以指定多个扩展名，使用逗号分隔。例如：.abc,.abcd。

（9）Scope names：语言作用域名称，用于定义文本的语法作用域。这是在语法文件中使用的作用域标识符。这个作用域名称会在 abc.tmLanguage.json 文件的 scopeName 字段和 package.json 文件的 scopeName 字段中使用。

（10）Initialize a git repository?：是否在扩展的根目录初始化一个 Git 仓库。如果选择 Yes，则会自动初始化一个 Git 仓库并进行初始提交。

14.4.2　配置 package.json 文件

package.json 文件是 VSCode 插件的核心，下面是本例中 package.json 文件的详细配置：

代码位置：src/vscode/abc-syntax-highlighter/package.json

```
{
  "name": "abc-syntax-highlighter",
  "displayName": "abc-syntax-highlighter",
  "description": "Boost your productivity with our ABC Syntax Highlighter! Enjoy clear and vibrant syntax highlighting for ABC language files, making coding easier and more enjoyable.",
  "version": "0.0.1",
  "engines": {
    "vscode": "^1.89.0"
  },
  "categories": [
    "Programming Languages"
  ],
  "contributes": {
    "languages": [
      {
        "id": "abc",
        "aliases": ["myabc"],
        "extensions": [".abc"],
        "configuration": "./language-configuration.json"
```

```json
        }
      ],
      "grammars": [
        {
          "language": "abc",
          "scopeName": "source.abc",
          "path": "./syntaxes/abc.tmLanguage.json"
        }
      ],
      "themes": [
        {
          "label": "ABC Dark",
          "uiTheme": "vs-dark",
          "path": "./themes/abc-color-theme.json"
        }
      ]
    }
}
```

在 package.json 文件中,前半部分就是标准的配置,后面的 activationEvents、languages、grammars 和 themes 字段与本例相关,下面详细介绍这几部分的配置。

1. 设置语言

```json
"languages": [
  {
    "id": "abc",
    "aliases": ["myabc"],
    "extensions": [".abc"],
    "configuration": "./language-configuration.json"
  }
]
```

languages 数组定义了扩展支持的编程语言,字段详细解释如下。

(1) id:语言的唯一标识符,用于内部引用,需要与 onLanguage 字段的值一致。

(2) aliases:语言的别名列表,供用户在 VSCode 中识别和选择。虽然语言选择器只显示第 1 个别名,但可以在命令面板中使用这些别名搜索。如果没有设置 aliases 字段,则语言选择器会显示 id 字段的值。

(3) extensions:该语言支持的文件扩展名列表。例如".abc"。当打开这些扩展名的文件时,VSCode 会使用定义的语言模式。

(4) configuration:指向语言配置文件的路径。该文件定义了语言的注释符号、成对符号、自动闭合对等,详细情况会在后面介绍。

2. 设置语法高亮规则

```json
"grammars": [
  {
    "language": "abc",
    "scopeName": "source.abc",
    "path": "./syntaxes/abc.tmLanguage.json"
  }
]
```

grammars 数组定义了语言的语法高亮规则，字段详细解释如下。

（1）language：指定语言的唯一标识符，应与 languages 数组中的 id 对应。

（2）scopeName：定义语言的作用域名称，用于语法文件中的语法高亮规则。

（3）path：指向语法文件的路径，该文件定义了语言的语法高亮规则。本例是 abc.tmLanguage.json 文件，在后面会详细介绍。

3. 定义插件主题

```
"themes": [
  {
    "label": "ABC Dark",
    "uiTheme": "vs-dark",
    "path": "./themes/abc-color-theme.json"
  }
]
```

themes 数组定义了扩展提供的主题，字段详细解释如下。

（1）label：主题的显示名称。

（2）uiTheme：指定主题的类型，可以是 vs（浅色主题）或 vs-dark（深色主题）。

（3）path：指向主题文件的路径。该文件定义了主题的颜色和样式，通常是一个 JSON 文件，在后面会详细介绍。

14.4.3 配置语言的基本行为

language-configuration.json 文件主要用于配置语言在编辑器中的一些基本行为，包括成对符号、注释、自动闭合对和包围对等。此外，它还可以配置其他一些编辑器行为，以增强对该语言的支持。

代码位置：src/vscode/abc-syntax-highlighter/language-configuration.json

```
{
    "comments": {
        "lineComment": "//",
        "blockComment": [ "/*", "*/" ]
    },
    "brackets": [
        ["{", "}"],
        ["[", "]"],
        ["(", ")"]
    ],
    "autoClosingPairs": [
        ["{", "}"],
        ["[", "]"],
        ["(", ")"],
        ["\"", "\""],
        ["'", "'"]
    ],
    "surroundingPairs": [
        ["{", "}"],
        ["[", "]"],
        ["(", ")"],
```

```
            ["\"", "\""],
            ["'", "'"]
        ]
}
```

本例中，language-configuration.json 文件包含了 4 个字段：comments、brackets、autoClosingPairs 和 surroundingPairs。解释如下。

(1) comments：注释单行注释和块注释。

(2) brackets：用于定义成对的括号，用于括号匹配。

(3) autoClosingPairs：用于定义自动闭合的符号对，如括号、引号等。

(4) surroundingPairs：用于定义可以包围选中内容的符号对。

通过正确配置这些选项，VSCode 能够提供更智能的编辑功能，如自动补全、括号匹配、注释处理等，从而提升开发效率。

14.4.4 配置语法高亮规则

abc.tmLanguage.json 文件用于配置特定语言（在本例中为 abc 语言）的语法高亮规则。该文件定义了如何识别和着色代码中的不同语法元素，如关键字、字符串和注释等。VSCode 使用这些规则来解析和高亮代码，使其更具可读性。下面是 abc.tmLanguage.json 文件的完整内容：

代码位置：src/vscode/abc-syntax-highlighter/syntaxes/abc.tmLanguage.json

```
{
    "$schema": "https://raw.githubusercontent.com/martinring/tmlanguage/master/tmlanguage.json",
    "name": "abc",
    "patterns": [
        {
            "include": "#keywords"
        },
        {
            "include": "#strings"
        }
    ],
    "repository": {
        "keywords": {
            "patterns": [{
                "name": "keyword.control.abc",
                "match": "\\b(if|while|for|return|wow)\\b"
            },
            {
                "name": "keyword.control.abc1",
                "match": "\\b(如果|循环|返回)\\b"
            }]
        },
        "strings": {
            "name": "string.quoted.double.abc",
            "begin": "\"",
            "end": "\"",
```

```json
            "patterns": [
                {
                    "name": "constant.character.escape.abc",
                    "match": "\\\\."
                }
            ]
        }
    },
    "scopeName": "source.abc"
}
```

字段的详细含义如下。

(1) $schema：提供了 JSON 文件的结构和验证规则，确保文件符合 tmLanguage 规范。

(2) name：定义语法高亮规则所属语言的名称。

(3) patterns：指定要包含的模式，可以是直接定义的模式或引用 repository 中的模式。在本例中，包含了 keywords 和 strings 两个模式。

(4) include：引用 repository 中定义的模式。♯keywords 和 ♯strings 分别引用了 repository 中的 keywords 和 strings 模式。

(5) repository：用于组织和管理多个语法模式。每个模式可以在 patterns 中引用。

(6) keywords：关键字模式集合。

(7) patterns：定义具体的语法模式。

(8) patterns 中的 name：定义模式的名称，通常用于语法高亮规则。

(9) match：定义匹配关键字的正则表达式。

(10) strings：字符串模式集合。

(11) strings 中的 name：定义模式的名称。

(12) begin：定义字符串的起始标识。在本例中，双引号(")表示字符串的开始。

(13) end：定义字符串的结束标识。在本例中，双引号(")表示字符串的结束。

(14) scopeName：用于标识语言的整体作用域，使得编辑器能够应用正确的语法高亮规则。在本例中，作用域名称为 source.abc。

通过这些字段，abc.tmLanguage.json 文件定义了 abc 语言的语法高亮规则，使得 VSCode 能够正确解析和显示 abc 语言的代码。

14.4.5　配置语法高亮主题

abc-color-theme.json 文件定义了编辑器中各种语法元素的颜色和样式。它使得 VSCode 能够根据不同的语法元素（如关键字、字符串、注释等）应用不同的颜色和样式，从而提升代码的可读性。下面是 abc-color-theme.json 文件的完整内容：

代码位置：src/vscode/abc-syntax-highlighter/themes/abc-color-theme.json

```
{
    "$schema": "vscode://schemas/color-theme",
```

```json
            "name": "ABC Dark",
            "colors": {},
            "tokenColors": [
                {
                    "scope": "keyword.control.abc",
                    "settings": {
                        "foreground": "#00ff0d",              // 关键字的颜色
                        "fontStyle": "bold"
                    }
                },{
                    "scope": "keyword.control.abc1",
                    "settings": {
                        "foreground": "#FFFF00",              // 关键字的颜色
                        "fontStyle": "italic underline"
                    }
                },
                {
                    "scope": "string.quoted.double.abc",
                    "settings": {
                        "foreground": "#CE9178"               // 字符串的颜色
                    }
                },
                {
                    "scope": "constant.character.escape.abc",
                    "settings": {
                        "foreground": "#D7BA7D"               // 转义字符的颜色
                    }
                }
            ]
        }
```

该文件中字段的含义如下：

（1）$schema：提供了 JSON 文件的结构和验证规则，确保文件符合 color-theme 规范。

（2）name：在 VSCode 的主题选择器中显示该名称，用户可以通过选择此名称来应用主题。

（3）tokenColors：定义语法元素的颜色和样式。该字段是数组类型，每个元素定义了一种或多种语法元素的颜色和样式。

（4）scope：指定要应用样式的语法元素。该字段是一个字符串或字符串数组，定义了语法元素的范围。VSCode 根据 scope 值匹配相应的语法元素，并应用 settings 中定义的样式。scope 字段的值来自 abc.tmLanguage.json 文件中对应的字段值，例如，keyword.control.abc 就来自 patterns 字段的第 1 个模式的 name 字段值。

（5）settings：定义应用于 scope 中指定语法元素的颜色和样式。该字段是一个对象，主要包含 foreground 和 fontStyle，前者用于定义文本颜色，后者用于定义字体样式（如粗体、斜体、下画线等）。

通过配置 abc-color-theme.json 文件，可以定义 abc 语言的语法高亮规则，使得编辑器能够根据不同的语法元素应用特定的颜色和样式，从而提升代码的可读性和美观性。

14.4.6　简单语法色彩插件

到现在为止，已经通过多个配置文件完成了abc语言的语法高亮设置，现在可以测试一下，按F5键（macOS按Fn＋F5组合键），启动测试状态的VSCode，创建一个test.abc文件，然后打开该文件，输入一些代码，就会看到定义的关键字都高亮显示了，如图14-10所示。

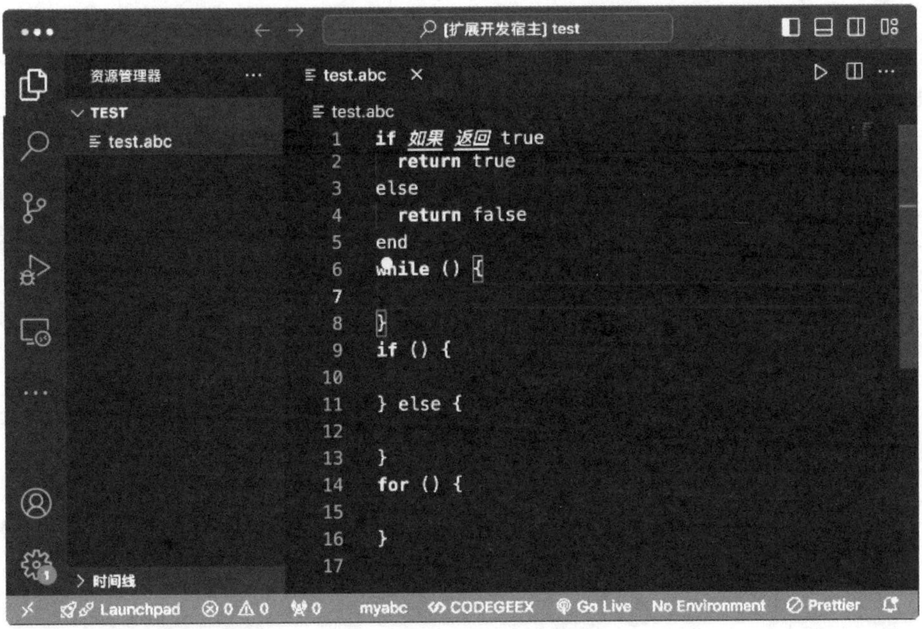

图 14-10　使用配置文件实现的高亮显示

14.4.7　支持动态高亮规则的插件

前面实现的高亮显示都比较简单，只是在配置文件中指定了固定几个关键字的高亮规则，但在很多场景中，往往关键字的高亮规则是动态的。例如，关键字会根据上下文的不同，使用不同的高亮规则，这就需要使用JavaScript进行动态设置。本节会实现一个更复杂的高亮规则：第1个if使用第1个高亮规则，其他的if语句使用第2个高亮规则，而其他关键字使用第3个高亮规则。要实现这个动态高亮规则，首先需要在package.json中添加对extension.js文件的引用以及触发事件，从而在单击.abc文件后，会自动调用extension.js文件中的activate函数。

```
"main": "./extension.js",
"activationEvents": [
    "onLanguage:abc"
]
```

其中onLanguage：abc指定了插件的激活事件。当VSCode识别到.abc文件类型时，插件会自动激活。要注意，这里 onLanguage：abc 中的 abc 并不是指文件的扩展名是 abc，而是指自定义的语言的 id 是 abc。

接下来就是编写 extension.js 文件的代码，在该文件中会通过 JavaScript 动态设置关键字的高亮规则，具体的步骤如下。

（1）编写高亮特定关键字的函数：highlightABCFile 函数负责高亮显示 .abc 文件中的关键字。在该函数中，首先要检查编辑器是否存在以及当前文件的语言是否为 abc。

（2）获取文件内容：通过 editor.document.getText() 获取文件内容。

（3）定义关键字和正则表达式：定义需要高亮的关键字列表：['if', 'else', 'for', 'while', 'function']。然后创建一个正则表达式来匹配这些关键字。

（4）创建装饰器类型：firstIfDecorationType 用于第 1 个 if 关键字，设置了背景色和前景色。otherIfDecorationType 用于其他 if 关键字，设置了不同的背景色和前景色。otherKeywordsDecorationType 用于其他关键字，设置了统一的背景色和前景色。

（5）将装饰器类型和范围存入 Map：创建一个 Map，将装饰器类型和对应的范围存储起来。

（6）遍历文件内容并匹配关键字：使用正则表达式遍历文件内容，匹配关键字。对于每个匹配到的关键字，计算其在文档中的位置，并创建一个范围对象。根据匹配到的关键字，确定其属于哪个装饰器类型并将范围添加到对应的装饰器类型中。

（7）应用装饰器：遍历 Map，将每个装饰器类型应用到编辑器中。

（8）处理当前所有可见编辑器：对所有当前可见的编辑器调用 highlightABCFile 函数。

（9）监听新打开的文档：当新文档打开时，找到对应的编辑器并调用 highlightABCFile 函数。

（10）监听编辑器切换：当用户切换编辑器时，调用 highlightABCFile 函数。

下面是 extension.js 文件的完整代码：

代码位置：src/vscode/abc-syntax-highlighter/extension.js

```javascript
const vscode = require('vscode');
function activate(context) {
    // 高亮 ABC 文件中的特定关键字
    function highlightABCFile(editor) {
        // 确保编辑器存在且当前文件是 ABC 文件
        if (editor && editor.document.languageId === 'abc') {
            const text = editor.document.getText();                    // 获取文件内容
            const keywords = ['if', 'else', 'for', 'while', 'function']; // 定义需要高亮的关键字
            const regex = new RegExp('\\b(${keywords.join('|')})\\b', 'g'); // 正则表达式
                                                                        // 匹配这些关键字
            // 创建装饰器类型
            const firstIfDecorationType = vscode.window.createTextEditorDecorationType({
                backgroundColor: 'rgba(255, 0, 0, 0.3)',    // 第一个 if 的背景色
                light: {
                    color: 'rgba(0, 0, 255, 1)',            // 浅色主题下第一个 if 的前景色
                },
```

```javascript
        dark: {
            color: 'rgba(255, 255, 0, 1)',          // 深色主题下第一个 if 的前景色
        }
    });
    const otherIfDecorationType = vscode.window.createTextEditorDecorationType({
        backgroundColor: 'rgba(0, 255, 0, 1)',      // 其他 if 的背景色
        light: {
            color: 'rgba(0, 0, 255, 1)',            // 浅色主题下其他 if 的前景色
        },
        dark: {
            color: 'rgba(255, 0, 0, 1)',            // 深色主题下其他 if 的前景色
        }
    });
    const otherKeywordsDecorationType = vscode.window.createTextEditorDecorationType({
        backgroundColor: 'rgba(0, 0, 255, 1)',      // 其他关键字的背景色
        light: {
            color: 'rgba(0, 0, 255, 1)',            // 浅色主题下其他关键字的前景色
        },
        dark: {
            color: 'rgba(255, 255, 0, 1)',          // 深色主题下其他关键字的前景色
        }
    });
    // 将装饰器类型和对应的范围存入 Map
    const decorationsMap = new Map();
    decorationsMap.set('firstIf', { decorationType: firstIfDecorationType, ranges: [] });
    decorationsMap.set('otherIf', { decorationType: otherIfDecorationType, ranges: [] });
    decorationsMap.set('otherKeywords', { decorationType: otherKeywordsDecorationType, ranges: [] });
    let firstIfFound = false;                       // 标记是否已找到第一个 if
    let match;
    while ((match = regex.exec(text)) !== null) {
        const startPos = editor.document.positionAt(match.index);   // 获取匹配关键字
                                                                    // 的起始位置
        const endPos = editor.document.positionAt(match.index + match[0].length);
        // 获取匹配关键字的结束位置
        const range = new vscode.Range(startPos, endPos);           // 创建范围对象

        const keyword = match[0];                                   // 获取匹配到的关键字
        if (keyword === 'if') {
            if (!firstIfFound) {
                decorationsMap.get('firstIf').ranges.push(range);   // 将第一个 if 的范
                                                                    // 围添加到对应装饰器
                firstIfFound = true;
            } else {
                decorationsMap.get('otherIf').ranges.push(range);   // 将其他 if 的范围
                                                                    // 添加到对应装饰器
            }
        } else {
            decorationsMap.get('otherKeywords').ranges.push(range); // 将其他关键
                                                                    // 字的范围添加到对应装饰器
        }
    }
    // 应用装饰器
    decorationsMap.forEach(({ decorationType, ranges }) => {
        editor.setDecorations(decorationType, ranges);
```

```
            });
        }
        // 处理当前所有可见的编辑器
        vscode.window.visibleTextEditors.forEach(editor => {
            highlightABCFile(editor);
        });
        // 监听新打开的文档
        vscode.workspace.onDidOpenTextDocument((document) => {
            const editor = vscode.window.visibleTextEditors.find(e => e.document === document);
            highlightABCFile(editor);
        });

        // 监听编辑器切换
        vscode.window.onDidChangeActiveTextEditor(editor => {
            highlightABCFile(editor);
        });
}
function deactivate() {}
module.exports = {
    activate,
    deactivate
};
```

现在重新启动 VSCode 的调试窗口，会看到如图 14-11 所示的高亮效果。

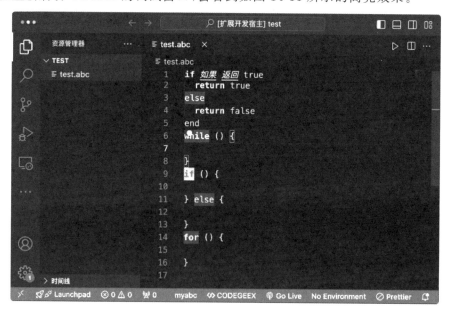

图 14-11 动态高亮规则

注意，如果 JavaScript 设置的高亮效果与配置文件的高亮效果冲突，以 JavaScript 设置的高亮效果为准。如果同时设置两种高亮效果，由于 VSCode 插件装载和调用顺序的原因，会先应用配置文件的高亮效果，然后再显示应用 JavaScript 设置的高亮效果。这样会出现在不同时间进行两次高亮显示的效果，用户体验并不好，所以如果决定使用 JavaScript 设置高亮效果，那么可以从 package.json 文件中去掉配置文件的高亮效果。通常删除 grammars 字段即可。

14.5　小结

通过本章的学习，读者已经掌握了 VSCode 插件开发的基本知识和技能。我们从基础的命令插件开始，逐步深入到语法高亮插件和自定义编辑器插件的开发。通过实际的代码示例和详细的讲解，读者可以了解如何定义和注册命令、配置语法高亮规则、实现复杂的高亮逻辑，以及如何利用 Webview 实现自定义的文件展示和编辑。

在实际开发过程中，读者还学习了如何使用工具自动生成插件工程、如何调试插件、如何打包和发布插件等实用技巧。这些知识和技能将帮助读者在实际项目中更好地扩展 VSCode 的功能，提升开发效率和用户体验。通过本章的学习，希望读者能够在 VSCode 插件开发的道路上不断探索和前进，开发出更多有用的插件，服务于更广泛的开发者群体。

第 15 章 读写 Excel 文档

微软的 Office 是目前最流行的办公软件，在 Windows 和 macOS 平台都可以使用。尽管 Office 的每一个成员（Excel、Word、PowerPoint 等）都支持使用 VBA 实现办公自动化，但 VBA 并非现代编程语言，而且功能有限，与其他技术结合比较费劲。而 JavaScript（Node.js）通过与众多第三方模块的结合，可以毫无压力地读写 Excel 文档，控制 Office 套件。Excel 就是 Office 套件中最重要的一个，所以本章将会向广大读者展示如何使用第三方 Node.js 模块读写 Excel 文档。

15.1 exceljs 模块简介

在 JavaScript（Node.js）中，可以操作 Excel 文档的模块非常多，这里推荐 exceljs 模块，这个模块功能非常强大，非常适合对 Excel 文档的复杂操作，该模块的主要功能如下。

(1) 创建新工作簿：允许用户从头开始创建一个新的 Excel 工作簿。

(2) 读取现有工作簿：能够读取已经存在的 Excel 文件，支持从本地文件系统和缓冲区读取。

(3) 添加工作表：用户可以在工作簿中添加一个或多个新的工作表，并指定其名称和其他属性。

(4) 获取工作表：提供获取已存在工作表的功能，通过工作表名称或索引来访问。

(5) 删除工作表：允许从工作簿中移除不需要的工作表。

(6) 设置单元格值：可以在指定的单元格中输入数据，包括文本、数字、日期和公式等。

(7) 获取单元格值：能够读取特定单元格中的数据，方便处理和分析。

(8) 单元格格式化：支持对单元格进行丰富的格式化操作，如字体、颜色、边框等。

(9) 添加行和列：用户可以在工作表中动态地添加行和列，支持一次性添加多行多列。

(10) 获取行和列：提供了获取特定行和列的数据和属性的功能。

(11) 删除行和列：支持从工作表中删除不需要的行和列。

(12) 字体和颜色设置：能够设置单元格文本的字体样式、大小、颜色以及粗体、斜体等属性。

（13）单元格填充：支持设置单元格的背景颜色和填充模式。

（14）边框设置：允许用户设置单元格的边框样式和颜色，定义边框的四个边。

（15）对齐方式：提供水平和垂直对齐选项，以及文本换行和缩进等功能。

（16）数值格式：支持设置数值格式，如货币、百分比、日期等，使数据显示更符合预期。

（17）数据验证：允许对单元格输入进行验证，设置有效值范围和提示信息。

（18）工作表保护：能够保护工作表，防止用户进行不必要的修改，设置密码和保护选项。

（19）图表支持：虽然 exceljs 的图表支持较为有限，但可以创建基本的图表类型，如柱状图、折线图等。

（20）插入图片：支持将图片插入工作表中，并设置其位置和大小。

（21）公式输入：可以在单元格中输入 Excel 公式，支持常见的数学和文本函数。

（22）公式计算：在某些情况下，exceljs 能够自动计算公式结果。

（23）流式读写：支持大文件的流式读写，优化内存使用，提高处理大数据集时的性能。

（24）性能优化：提供了多种性能优化策略，如批量操作和异步处理，确保在处理大型 Excel 文件时高效稳定。

读者可以使用下面的命令安装 exceljs 模块：

```
npm install exceljs
```

15.2　对 Excel 文档的基本操作

本节会介绍用 exceljs 模块的相关 API 对 Excel 文件进行基本操作。这些操作包括创建 Excel 文档、保存 Excel 文档、添加新的工作表（sheet）、修改工作表的文字颜色、背景颜色以及文本，删除工作表，在表格中插入文本，修改列宽。

这些基本操作的实现方法如下。

（1）创建和保存 Excel 文档：需要实例化 Workbook 对象创建新的 Excel 文档，使用 xlsx.writeFile 方法保存文档。

（2）添加和删除工作表：可以使用 addWorksheet 方法添加工作表，使用 removeWorksheet 方法删除工作表。

（3）修改工作表属性：可以设置工作表的标签颜色、背景色等，调整工作表视图属性。这些都可以通过 properties 和 views 属性设置。

（4）添加和修改单元格内容：可以直接使用单元格对象的 value 属性设置值来修改单元格文本，或使用 getCell 方法访问单元格并设置其值。

（5）调整行高和列宽：可以使用 getRow 和 getColumn 方法设置行高和列宽。

下面的例子创建一个新的 Excel 文档，然后添加 5 个 sheet，并且设置了多个工作表的文字颜色和背景色。然后修改第 5 个工作表的名称为"新建 sheet"。接下来在第 1 个 sheet

的 C2 的位置插入"hello world"文本,并调整 C 列的宽度,让这行文本可以显示完整。接下来删除名为 sheet 的工作表,该工作表是创建 Excel 文档默认生成的。最后保存这个 Excel 文档。最终的 Excel 文档效果如图 15-1 所示。

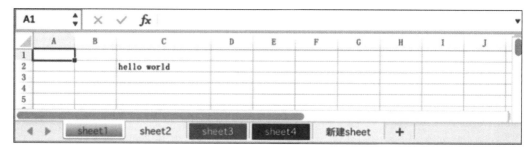

图 15-1　最终的 Excel 文档效果

代码位置:src/excel/basic.js

```javascript
const ExcelJS = require('exceljs');
// 创建一个新的 Excel 文档
const workbook = new ExcelJS.Workbook();
// 添加 5 个工作表
for (let i = 1; i <= 5; i++) {
    workbook.addWorksheet('sheet$ {i}');
}
// 设置第 1 个和第 3 个工作表的标签颜色为红色
workbook.getWorksheet('sheet1').properties.tabColor = { argb: 'FF0000' };
workbook.getWorksheet('sheet3').properties.tabColor = { argb: 'FF0000' };
// 设置第 4 个工作表的标签颜色为蓝色
const ws4 = workbook.getWorksheet('sheet4');
ws4.properties.tabColor = { argb: '0000FF' };
ws4.views = [{ showGridLines: false }];
// 修改第 5 个工作表的名称,改成"新建 sheet"
const ws5 = workbook.getWorksheet('sheet5');
ws5.name = '新建 sheet';
// 在第一个工作表的 C2 位置插入"hello world"文本
const ws1 = workbook.getWorksheet('sheet1');
ws1.getCell('C2').value = 'hello world';
// 调整 C 列的宽度,以便这行文本可以完全显示
ws1.getColumn('C').width = 20;
// 删除名为 Sheet 的工作表(默认工作表)
if (workbook.getWorksheet('Sheet')) {
    workbook.removeWorksheet('Sheet');
}
// 保存这个 Excel 文档
workbook.xlsx.writeFile('example.xlsx')
  .then(() => {
    console.log('File saved.');
  })
  .catch((error) => {
    console.log('Error saving file:', error);
  });
```

运行程序,就会在当前目录生成一个名为 example.xlsx 的文件。

15.3 生成 Excel 表格

本节将使用 exceljs 模块的相关 API 来创建一个 Excel 表格,并进行如下一些操作。

(1) 插入行:worksheet.addRow 方法。

该方法用于将一行数据(以数组形式)添加到工作表中。每次只能添加一行数据。例如:

```
const data = [1, 2, 3];
worksheet.addRow(data);
```

(2) 数字单元格显示千分号。

可以使用数字格式来设置数字单元格显示千分号。例如:

```
worksheet.getCell('A1').value = 12345.67;
worksheet.getCell('A1').numFmt = '#,##0';
```

(3) 设置表格行的背景色。

可以使用填充样式来设置表格行的背景色。例如:

```
const fillEven = { type: 'pattern', pattern: 'solid', fgColor: { argb: 'FFFFFFFF' } };
const fillOdd = { type: 'pattern', pattern: 'solid', fgColor: { argb: 'FFADD8E6' } };
worksheet.eachRow((row, rowNumber) => {
    const fillColor = rowNumber % 2 === 0 ? fillEven : fillOdd;
    row.eachCell((cell) => {
        cell.fill = fillColor;
    });
});
```

(4) 隐藏网格线。

可以使用工作表视图属性来隐藏网格线。例如:

```
worksheet.views = [{ showGridLines: false }];
```

(5) 设置单元格的表格线。

可以使用边框样式来设置单元格的表格线。例如:

```
const borderThin = {
    top: { style: 'thin' },
    left: { style: 'thin' },
    bottom: { style: 'thin' },
    right: { style: 'thin' }
};
const borderThick = {
    top: { style: 'thick' },
    left: { style: 'thick' },
    bottom: { style: 'thick' },
    right: { style: 'thick' }
};
worksheet.getCell('A1').border = borderThin;
```

下面的例子创建一个 Excel 表格,表格有 5 行 6 列,第 1 行是表头,第 1 列是列头。从第 2 列开始，表头是第 1 年、第 2 年，以此类推。从第 2 行开始，列头是一个国内大城市的名称，其余单元格都是销售数字，数字随机填充，都是 4 位数(显示千分号)。从第 2 行开始，隔一行显示白色背景，再隔一行显示一个浅蓝色背景，然后隐藏网格线，最后，将表格四周设置为粗的表格线，表格内部是细的表格线，效果如图 15-2 所示。

	A	B	C	D	E	F
1		第1年	第2年	第3年	第4年	第5年
2	北京	7,455	7,985	7,351	3,698	6,542
3	上海	1,770	4,674	8,077	6,568	7,833
4	广州	5,139	6,692	4,225	6,609	3,408
5	深圳	3,659	9,115	5,478	4,592	1,361

图 15-2 创建表格

代码位置：src/excel/create_table.js

```
const ExcelJS = require('exceljs');
const fs = require('fs');
// 创建一个新的工作簿
const workbook = new ExcelJS.Workbook();
// 选择第一个工作表
const worksheet = workbook.addWorksheet('Sheet1');
// 设置表头和列头
const cities = ['北京', '上海', '广州', '深圳'];
worksheet.addRow(['].concat(Array.from({ length: 5 }, (_, i) => '第${i + 1}年')));
cities.forEach(city => {
    const row = [city].concat(Array.from({ length: 5 }, () => Math.floor(Math.random() * 
9000) + 1000));
    worksheet.addRow(row);
});
// 设置数字格式为千分号
worksheet.eachRow((row, rowNumber) => {
    if (rowNumber > 1) {
        row.eachCell((cell, colNumber) => {
            if (colNumber > 1) {
                cell.numFmt = '#,##0';
            }
        });
    }
});
// 设置行背景颜色
worksheet.eachRow((row, rowNumber) => {
    if (rowNumber > 1) {
        const fillColor = rowNumber % 2 === 0 ? 'FFFFFFFF' : 'FFADD8E6';
        row.eachCell((cell) => {
            cell.fill = {
                type: 'pattern',
                pattern: 'solid',
                fgColor: { argb: fillColor }
            };
        });
    }
});
// 隐藏网格线
worksheet.views = [{ showGridLines: false }];
// 设置边框样式
```

```javascript
const thinBorder = {
    top: { style: 'thin' },
    left: { style: 'thin' },
    bottom: { style: 'thin' },
    right: { style: 'thin' }
};
const thickBorder = {
    top: { style: 'thick' },
    left: { style: 'thick' },
    bottom: { style: 'thick' },
    right: { style: 'thick' }
};
// 设置单元格边框
worksheet.eachRow((row) => {
    row.eachCell((cell) => {
        cell.border = thinBorder;
    });
});
// 设置第一行的边框
worksheet.getRow(1).eachCell((cell) => {
    cell.border = { ...cell.border, top: { style: 'thick' } };
});
// 设置最后一行的边框
worksheet.getRow(cities.length + 2).eachCell((cell) => {
    cell.border = { ...cell.border, bottom: { style: 'thick' } };
});
// 设置每行的第一个和最后一个单元格的边框
worksheet.eachRow((row) => {
    row.getCell(1).border = { ...row.getCell(1).border, left: { style: 'thick' } };
    row.getCell(row.cellCount).border = { ...row.getCell(row.cellCount).border, right: { style: 'thick' } };
});
// 保存文件
workbook.xlsx.writeFile('table.xlsx')
    .then(() => {
        console.log('文件已保存');
    })
    .catch((error) => {
        console.error('保存文件时出错:', error);
    });
```

运行程序，会在当前目录生成一个 table.xlsx 文件。

15.4　Excel 表转换为 SQLite 表

本节的例子会创建一个 Excel 表格，该表有 5 行 3 列。其中第 1 行是表头，分别是：姓名、年龄、收入。下面 4 行是数据，最后保存该表。然后使用 JavaScript 创建一个名为 work.db 的 SQLite 数据库，并创建一个 salary 表，字段就是：姓名、年龄、收入。然后读取前面创建的表格中的数据导入 salary 表。图 15-3 是生成的 Excel 表，图 15-4 是生成的 work.db 中的 salary 表。

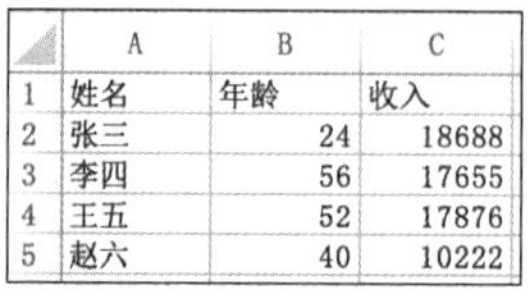

	A	B	C
1	姓名	年龄	收入
2	张三	24	18688
3	李四	56	17655
4	王五	52	17876
5	赵六	40	10222

图 15-3　生成的 Excel 表格

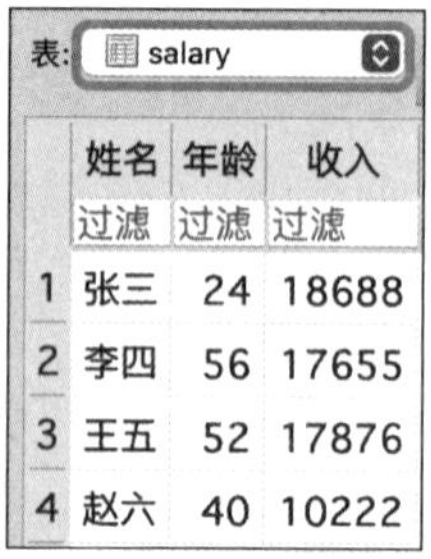

表: salary

	姓名	年龄	收入
	过滤	过滤	过滤
1	张三	24	18688
2	李四	56	17655
3	王五	52	17876
4	赵六	40	10222

图 15-4　生成的 work.db 中的 salary 表

代码位置：src/excel/excel2sqlite.js

```
const ExcelJS = require('exceljs');
const sqlite3 = require('sqlite3').;
const fs = require('fs');
// 创建一个新的工作簿
const workbook = new ExcelJS.Workbook();
// 选择第一个工作表
const worksheet = workbook.addWorksheet('Sheet1');
// 设置表头和数据
const headers = ['姓名', '年龄', '收入'];
const names = ['张三', '李四', '王五', '赵六'];
worksheet.addRow(headers);
names.forEach(name => {
    worksheet.addRow([name, Math.floor(Math.random() * 41) + 20, Math.floor(Math.
random() * 15001) + 5000]);
});
// 保存文件
const filePath = 'salary.xlsx';
workbook.xlsx.writeFile(filePath)
    .then(() => {
        console.log('Excel 文件已保存');
        // 检查数据库文件是否存在
        const dbPath = 'work.db';
        if (fs.existsSync(dbPath)) {
            // 删除文件
            fs.unlinkSync(dbPath);
        }
        // 连接 SQLite 数据库
        const db = new sqlite3.Database(dbPath);
        // 创建 salary 表
        db.serialize(() => {
            db.run('CREATE TABLE salary (姓名 TEXT, 年龄 INTEGER, 收入 INTEGER)');
            // 读取 Excel 数据并导入 salary 表
            const readWorkbook = new ExcelJS.Workbook();
            readWorkbook.xlsx.readFile(filePath)
                .then(() => {
                    const worksheet = readWorkbook.getWorksheet('Sheet1');
                    worksheet.eachRow((row, rowNumber) => {
                        if (rowNumber > 1) {                // 跳过表头
                            const values = row.values.slice(1); // 忽略第一列空值
                            db.run('INSERT INTO salary VALUES (?, ?, ?)', values);
```

```
                }
            });
            // 提交更改并关闭连接
            db.close((err) => {
                if (err) {
                    console.error('关闭数据库连接时出错:', err.message);
                } else {
                    console.log('SQLite 数据库操作完成');
                }
            });
        })
        .catch((error) => {
            console.error('读取 Excel 文件时出错:', error.message);
        });
    });
})
.catch((error) => {
    console.error('保存 Excel 文件时出错:', error.message);
});
```

本例使用了一个 sqlite3 模块，用来读写 SQLite 数据库，在运行程序之前，需要使用下面的命令安装 sqlite3 模块。

npm install sqlite3

现在运行程序，在当前目录会生成 salary.xlsx 和 work.db 文件，读者可以用 SQLite 管理工具（如 DBeaver）打开 work.db 文件，查看 salary 表中的数据。

15.5 绘制跨单元格斜线

在使用 exceljs 模块绘制单元格斜线时，需要使用 border 属性来设置单元格的边框。在设置边框时，通过设置 diagonal.up 参数为 true，表示斜线的效果从左下角到右上角。如果要绘制跨单元格的斜线，需要先将多个单元格合并，例如，要在 B2:D4 区域内绘制斜线，首先要合并 B2:D4 区域，然后可以直接使用 B2 引用这个合并后的区域，这个区域与单个单元格没有任何区别，所以可以直接使用 border 属性来绘制斜线。

具体步骤如下。

（1）创建工作簿和工作表：首先创建一个新的工作簿，并获取当前活动的工作表。

（2）合并单元格：使用 mergeCells 方法合并 B2:D4 单元格。

（3）设置单元格内容：在合并后的单元格 B2 中写入文本，例如"跨单元格绘制斜线"。

（4）设置单元格边框：使用 border 属性设置单元格的对角线边框，指定对角线样式为细线，颜色为黑色，并且设置对角线方向为左下到右上。

通过以上步骤，可以实现如图 15-5 所示的斜线效果。

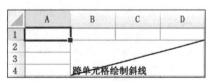

图 15-5　跨单元格绘制斜线

代码位置：src/excel/draw_diagonal_line.js

```javascript
const ExcelJS = require('exceljs');
// 创建一个新的工作簿
const workbook = new ExcelJS.Workbook();
// 获取当前活动的工作表
const worksheet = workbook.addWorksheet('Sheet1');
// 合并 B2:D4 单元格
worksheet.mergeCells('B2:D4');
// 在 B2 单元格写入"跨单元格绘制斜线"
worksheet.getCell('B2').value = "跨单元格绘制斜线";
// 设置 B2 单元格的对角线边框
worksheet.getCell('B2').border = {
    diagonal: {
        up: true,
        down: false,
        style: 'thin',
        color: { argb: 'FF000000' }     // 设置对角线的样式为细线,颜色为黑色
    }
};
// 保存工作簿为 diagonal_line.xlsx 文件
workbook.xlsx.writeFile('diagonal_line.xlsx')
    .then(() => {
        console.log('文件已保存');
    })
    .catch((error) => {
        console.error('保存文件时出错:', error.message);
    });
```

运行程序,会在当前目录生成 diagonal_line.xlsx 文件。

15.6 使用 Excel 函数

如果想使用 Excel 的函数自动计算某些值,可以直接将函数和相关的数据作为字符串赋给 Cell.value 属性,不过字符串的第 1 个字符要使用等号(=)。在 exceljs 模块中,可以通过设置单元格的 value 属性为一个包含 formula 字段的对象来实现。

下面的例子创建了一个表,第 2 列是商品价格,第 3 列是折扣价格,该列中的价格是根据商品价格乘以 0.7,并取整得来的,效果如图 15-6 所示。

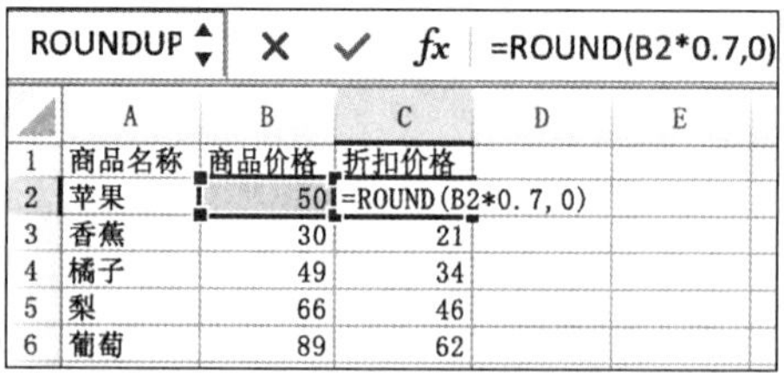

图 15-6 使用 Excel 函数

代码位置：src/excel/excel_func.js

```javascript
const ExcelJS = require('exceljs');
// 创建一个新的工作簿
const workbook = new ExcelJS.Workbook();
// 获取当前活动的工作表
const worksheet = workbook.addWorksheet('Sheet1');
// 在第一行写入表头
```

```
worksheet.getCell('A1').value = "商品名称";
worksheet.getCell('B1').value = "商品价格";
worksheet.getCell('C1').value = "折扣价格";
// 在第二行到第六行写入数据
const data = [
    ["苹果", 50],
    ["香蕉", 30],
    ["橘子", 49],
    ["梨", 66],
    ["葡萄", 89]
];
data.forEach((item, index) => {
    worksheet.getCell('A${index + 2}').value = item[0];
    worksheet.getCell('B${index + 2}').value = item[1];
});
// 在第三列使用函数计算折扣价格,即价格乘以 0.7
for (let row = 2; row <= 6; row++) {
    worksheet.getCell('C${row}').value = { formula: 'ROUND(B${row} * 0.7, 0)', result: null }; // 设置单元格的值为函数
}
// 保存工作簿为 func.xlsx 文件
workbook.xlsx.writeFile('func.xlsx')
    .then(() => {
        console.log('文件已保存');
    })
    .catch((error) => {
        console.error('保存文件时出错:', error.message);
    });
```

运行程序,会在当前目录生成一个 func.xlsx 文件。

15.7　插入图像

使用 addImage 方法可以将一个图像插入工作表中。addImage 是 exceljs 模块中 Workbook 类的一个方法,该方法接收两个参数。

(1) image:一个表示要添加到工作表中的图像的对象,通过 workbook.addImage 方法创建。

(2) range:一个字符串,表示图像的左上角所在的单元格。

下面是一个简单的示例,演示如何使用 addImage 方法将图像添加到工作表中:

```
// 创建一个 Image 对象
const imgPath = 'image.png';
const imageId = workbook.addImage({
    filename: imgPath,
    extension: 'png'
});
// 将图像添加到工作表中的单元格 B2
worksheet.addImage(imageId, 'B2');
```

下面的例子创建一个 Excel 文档,将 images 目录中所有的 png 图像插入工作表中。每一个单元格放一个图像,表格是 5 列,如果图像超过 5 个,那么行数可以任意增加。并适当

改变行高和列宽,图像在单元格中等比例缩放,效果如图 15-7 所示。

代码位置：src/excel/insert_images.js

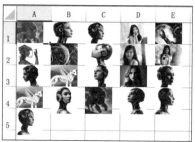

图 15-7　插入图像

```javascript
const ExcelJS = require('exceljs');
const fs = require('fs');
const path = require('path');
// 创建一个新的工作簿
const workbook = new ExcelJS.Workbook();
// 获取当前活动的工作表
const worksheet = workbook.addWorksheet('Sheet1');
// 设置列宽和行高
for (let col = 1; col <= 5; col++) {
    worksheet.getColumn(col).width = 8;
}
for (let row = 1; row < 100; row++) {
    worksheet.getRow(row).height = 30;
}
// 获取 images 目录中所有 jpg 图像的名称
const imagesDir = './src/images';
const images = fs.readdirSync(imagesDir).filter(img => img.endsWith('.png'));
// 将图像插入表格中
let row = 1;
let col = 1;
images.forEach((img, index) => {
    const imgPath = path.join(imagesDir, img);

    const imageId = workbook.addImage({
        filename: imgPath,
        extension: 'png'
    });

    // 添加图片到工作表
    worksheet.addImage(imageId, {
        tl: { col: col - 1, row: row - 1 },    // 图片的左上角
        ext: { width: 50, height: 50 }          // 等比例缩放图像
    });

    col += 1;
    if (col > 5) {
        col = 1;
        row += 1;
    }
});
// 保存工作簿
workbook.xlsx.writeFile('images.xlsx')
    .then(() => {
        console.log('文件已保存');
    })
    .catch((error) => {
        console.error('保存文件时出错:', error.message);
    });
```

运行程序,如果 images 目录中有多个 png 文件,就会将这些 png 文件插入 images.xlsx

文件的第 1 个工作表中。

15.8 小结

本章主要介绍了如何使用 exceljs 模块读写 Excel 文档。其实从 15.1 节的介绍可以看出，exceljs 模块的功能远不止这么多，而本章的内容则是抛砖引玉，读者可以利用 exceljs 模块的强大功能，开发出更复杂的与 Excel 文档交互的工具软件，这样 Excel 将直接加入了 JavaScript 生态，或者说将 JavaScript 生态引入了 Excel。

第 16 章 读写 Word 文档

Word 是最常用的文字编辑软件,JavaScript(Node.js)提供了大量的第三方模块,用于读写 Word 文档,本章将介绍如何使用这些第三方模块操作 Word,如打开和保存 Word 文档、设置样式、插入图片、导出数据到 SQLite 表、插入页眉和页脚、统计 Word 文本生成云图等。

16.1 docx 模块简介

docx 模块是一个用于创建和操作 Microsoft Word 文档的强大库。它提供了丰富的 API,能够满足各种文档处理需求。以下是 docx 模块的主要功能介绍。

(1) 创建新文档:可以通过实例化 Document 类来创建一个新的 Word 文档。

(2) 保存文档:可以将创建或修改后的文档保存为.docx 文件格式。

(3) 添加段落:可以使用 addSection 方法添加新的段落。

(4) 添加文本:通过 Paragraph 和 TextRun 类,可以向段落中添加普通文本、带格式的文本(如粗体、斜体、下画线)和各种样式的文本。

(5) 设置文本颜色:可以使用 TextRun 的 color 属性来设置文本颜色。

(6) 字体样式:可以设置文本的字体、大小、颜色、粗体、斜体、下画线等。

(7) 段落样式:支持设置段落的对齐方式(左对齐、右对齐、居中对齐、两端对齐)、缩进、行间距等。

(8) 列表:支持创建有序列表和无序列表。

(9) 创建表格:可以通过 addTable 方法创建表格。

(10) 操作单元格:可以向表格的单元格中添加文本和设置单元格样式。

(11) 合并单元格:支持合并表格中的单元格。

(12) 插入图片:可以向文档中插入图片,并设置图片的位置和大小。

(13) 图形对象:支持插入形状、文本框等图形对象。

(14) 添加页眉和页脚:可以为文档添加页眉和页脚,并向其中插入文本、图片等内容。

(15) 页码:可以在页脚中插入自动页码。

（16）页面布局：可以设置页面的方向（纵向、横向）、纸张大小、页边距等。

（17）分节：支持在文档中创建多个节，每个节可以有不同的页设置。

（18）插入书签：可以在文档中插入书签，以便快速导航。

（19）添加超链接：可以向文本添加超链接，链接到文档内部的位置或外部网址。

（20）预定义样式：可以使用 Word 的预定义样式（如标题、正文）来快速格式化文档。

（21）自定义样式：可以创建和应用自定义样式，以便在文档中统一管理文本格式。

（22）保护文档：可以设置文档的保护密码，限制编辑和查看权限。

docx 模块提供了丰富且强大的功能，可以用于创建、编辑和格式化 Word 文档。从基本的文本和段落操作，到复杂的表格、图片和页面设置，docx 模块几乎涵盖了所有 Word 文档处理的需求。无论是简单的文档生成，还是复杂的报告和模板，docx 都能够胜任，是开发者处理 Word 文档的理想选择。

读者可以使用下面的命令安装 docx 模块：

```
npm install docx
```

16.2　对 Word 文档的基本操作

本节的例子会介绍如何用 docx 模块完成对 Word 的基本操作，主要包括创建 Word 文档、向 Word 文档插入文本，设置文本颜色以及保存 Word 文档。

完成这些工作，首先要导入 Document 和 TextRun 类，分别用于创建 Word 文档和设置字体颜色。然后，使用 Document()创建一个新的文档对象。

其次，需要使用 doc. addSection 方法添加一个新的段落。在这个段落中，使用 paragraph. addRun 方法添加了两个文本块（run）。第一个文本块包含“红酥手”三个字，并使用 color 属性将字体颜色设置为红色。第二个文本块包含剩余的文本。

再次，代码再次使用 doc. addSection 方法添加了一个新的段落，并在其中插入了第二行文本。

最后，代码使用 Packer. toBuffer 方法将文档保存为名为 basic. docx 的文件。打开 basic. docx 文件，会看到如图 16-1 所示的效果。

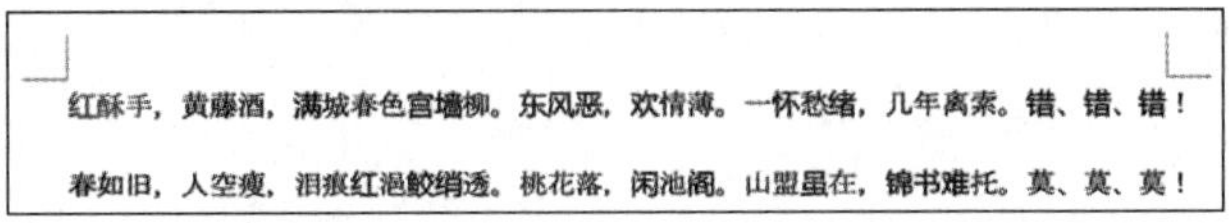
红酥手，黄藤酒，满城春色宫墙柳。东风恶，欢情薄。一怀愁绪，几年离索。错、错、错！

春如旧，人空瘦，泪痕红浥鲛绡透。桃花落，闲池阁。山盟虽在，锦书难托。莫、莫、莫！

图 16-1　向 word 中插入文本

代码位置：src/word/basic. js

```
const { Document, Packer, Paragraph, TextRun } = require('docx');
const fs = require('fs');
// 创建一个新的文档
const doc = new Document({
```

```js
        sections: [{
            properties: {},
            children: [
                new Paragraph({
                    children: [
                        new TextRun({
                            text: "红酥手",
                            color: "FF0000" // 设置字体颜色为红色
                        }),
                        new TextRun(",黄縢酒,满城春色宫墙柳。东风恶,欢情薄。一怀愁绪,几年离索。错、错、错!")
                    ]
                }),
                new Paragraph("春如旧,人空瘦,泪痕红浥鲛绡透。桃花落,闲池阁。山盟虽在,锦书难托。莫、莫、莫!")
            ]
        }]
});
// 保存文档到文件
Packer.toBuffer(doc).then((buffer) => {
    fs.writeFileSync("basic.docx", buffer);
    console.log("文件已保存");
}).catch((error) => {
    console.error('保存文件时出错:', error.message);
});
```

16.3 设置样式

使用docx模块中的TextRun和Paragraph对象可以设置文字和段落的样式。下面是详细的描述。

通过TextRun对象的相关API,可以设置文字的字体(font)、字号(size)、加粗(bold)、斜体(italics)、下画线(underline)、颜色(color)等样式。

```js
const textRun = new TextRun({
    text: "这是一段加粗的文字",
    bold: true,
    font: "Arial",
    size: 32, // 16 Pt
    italics: true,
    color: "4224E9", // RGBColor(66, 36, 233)
    underline: {},
});
```

如果要设置段落文本的样式,可以使用Paragraph对象的API。例如,对齐方式(alignment)、字号(style.size)、行间距(spacing.line)、段前间距(spacing.before)、段后间距(spacing.after)等。

```js
const paragraph = new Paragraph({
    text: "这是另一个段落",
    alignment: AlignmentType.CENTER,
    spacing: {
```

```
        before: convertInchesToTwip(0.2),    // 12 Pt
        after: convertInchesToTwip(0.2),     // 12 Pt
        line: convertInchesToTwip(0.3),      // 1.5 倍行距
    },
    style: {
        size: 40,                            // 20 Pt
    },
});
```

添加列表样式也需要使用 Paragraph 对象,并指定列表样式。

1. 数字列表

使用 numbering 属性来创建数字列表,每一个列表项前面是数字序号。

```
const numberList = new Paragraph({
    text: "这是编号列表的第一项",
    numbering: {
        reference: "numbering-reference",
        level: 0,
    },
    indent: {
        left: convertInchesToTwip(0.5),      // 确保左侧缩进
    },
    style: {
        size: 30,                            // 15 Pt
    },
});
```

2. 符号列表

使用 bullet 属性来创建符号列表,每一个列表项前面是符号,如圆点。

```
const bulletList = new Paragraph({
    text: "这是项目符号列表的第一项",
    bullet: {
        level: 0,
    },
    indent: {
        left: convertInchesToTwip(0.5),      // 确保左侧缩进
    },
    style: {
        size: 26,                            // 13 Pt
    },
});
```

下面的例子完整地演示了如何用 docx 模块的相关 API 设置样式。

代码位置:src/word/style.js

```
// 引入 docx 模块
const { Document, Packer, Paragraph, TextRun, AlignmentType, convertInchesToTwip } = require('docx');
const fs = require('fs');
// 创建一个新的文档
const doc = new Document({
    sections: [
        {
```

```javascript
            properties: {},
            children: [
                // 添加一个段落并设置字体样式
                new Paragraph({
                    children: [
                        new TextRun({
                            text: "这是一个段落",
                        }),
                        new TextRun({
                            text: "这是一段加粗的文字",
                            bold: true,
                            font: "Arial",
                            size: 32,              // 16 Pt
                            italics: true,
                            color: "4224E9",                      // RGBColor(66, 36, 233)
                            underline: {},
                        }),
                    ],
                }),
                // 添加另一个段落并设置段落样式
                new Paragraph({
                    text: "这是另一个段落",
                    alignment: AlignmentType.CENTER,
                    spacing: {
                        before: convertInchesToTwip(0.2),  // 12 Pt
                        after: convertInchesToTwip(0.2),   // 12 Pt
                        line: convertInchesToTwip(0.3),    // 1.5 倍行距
                    },
                    style: {
                        size: 40,                          // 20 Pt
                    },
                }),
                // 添加有序列表
                new Paragraph({
                    text: "这是编号列表的第一项",
                    numbering: {
                        reference: "numbering-reference",
                        level: 0,
                    },
                    indent: {
                        left: convertInchesToTwip(0.1),   // 确保左侧缩进
                    },
                    style: {
                        size: 30,                          // 15 Pt
                    },
                }),
                new Paragraph({
                    text: "这是编号列表的第二项",
                    numbering: {
                        reference: "numbering-reference",
                        level: 0,
                    },
                    indent: {
                        left: convertInchesToTwip(0.1),   // 确保左侧缩进
                    },
                    style: {
```

```
                    size: 30,                        // 15 Pt
                },
            }),
            // 添加无序列表
            new Paragraph({
                text: "这是项目符号列表的第一项",
                bullet: {
                    level: 0,
                },
                indent: {
                    left: convertInchesToTwip(0.33),    // 确保左侧缩进
                },
                style: {
                    size: 26,                        // 13 Pt
                },
            }),
            new Paragraph({
                text: "这是项目符号列表的第二项",
                bullet: {
                    level: 0,
                },
                indent: {
                    left: convertInchesToTwip(0.33),    // 确保左侧缩进
                },
                style: {
                    size: 26,                        // 13 Pt
                },
            }),
        ],
    },
    ],
    numbering: {
        config: [
            {
                reference: "numbering-reference",
                levels: [
                    {
                        level: 0,
                        format: "decimal",
                        text: "%1.",
                        alignment: AlignmentType.LEFT,
                    },
                ],
            },
        ],
    },
});
// 保存文档到文件
Packer.toBuffer(doc).then((buffer) => {
    fs.writeFileSync("style.docx", buffer);
});
```

运行程序，会在当前目录生成一个 style.docx 文件，打开该文件，会看到如图 16-2 所示的效果。

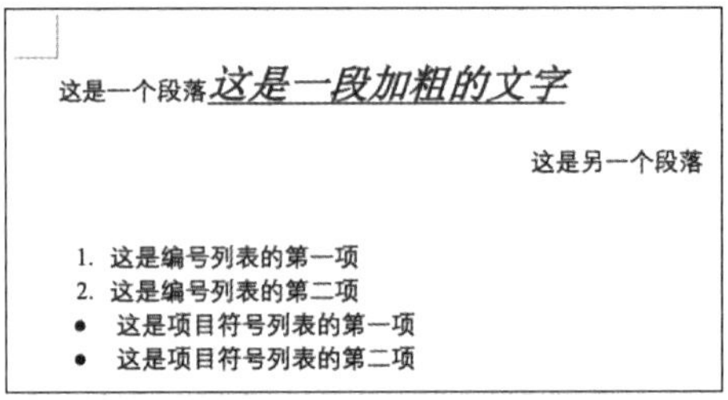

图 16-2 设置样式

16.4 批量插入图片

本节会实现一个批量在 Word 文档中插入图片的功能，实现步骤如下。

（1）读取图像文件：使用 fs 模块的 readdirSync 方法读取指定目录中的所有文件，然后使用 filter 方法筛选出以 .png 结尾的文件，并使用 map 方法将这些文件名转换为完整路径。

（2）创建 Word 文档：使用 docx 模块的 Document 类创建一个新的 Word 文档实例，传递一个包含空 sections 数组的对象作为参数。

（3）设置图像尺寸：将每个图片的尺寸设置为 100×100 像素。

（4）创建段落数组：遍历每个图像路径，读取图像数据，然后创建一个包含图片的段落。

（5）添加段落间隔：为每个图片段落添加上下空白段落，以实现间隔效果。

（6）将段落数组添加到文档中：使用 addSection 方法将段落数组作为文档的一部分添加到 Word 文档中。

（7）保存 Word 文档：使用 Packer 类的 toBuffer 方法将文档内容转换为缓冲区，并使用 fs.writeFileSync 方法将缓冲区内容写入一个新的 Word 文档文件中。

下面的例子完整地演示了如何用 docx 模块批量插入图像。

代码位置：src/word/insert_images.js

```javascript
// 引入 docx 模块
const { Document, Packer, Paragraph, ImageRun, WidthType } = require('docx');
const fs = require('fs');
const path = require('path');
// 获取当前目录下的 images 文件夹中所有 png 文件的路径
const imgFolder = path.join(process.cwd(), './src/images');
const imgPaths = fs.readdirSync(imgFolder)
                    .filter(file => file.endsWith('.png'))
                    .map(file => path.join(imgFolder, file));
// 创建一个新的 Word 文档
const doc = new Document({ sections: [] });            // 传递一个空的 sections 对象
// 设置每个图片的尺寸为 100 * 100 像素
const width = 96;
const height = 96;
```

```
// 创建一个段落数组,用于存储包含图片的段落
const paragraphs = imgPaths.map(imgPath => {
    // 读取图片数据
    const imageBuffer = fs.readFileSync(imgPath);
    // 创建包含图片的段落
    return new Paragraph({
        children: [
            new ImageRun({
                data: imageBuffer,
                transformation: {
                    width: width,
                    height: height,
                },
            }),
        ],
    });
});
// 为每个图片段落添加上下间隔
const spacedParagraphs = [];
paragraphs.forEach(paragraph => {
    // 添加一个空白段落作为间隔
    spacedParagraphs.push(new Paragraph(""));
    // 添加图片段落
    spacedParagraphs.push(paragraph);
    // 添加另一个空白段落作为间隔
    spacedParagraphs.push(new Paragraph(""));
});
// 将段落数组添加到文档中
doc.addSection({
    children: spacedParagraphs,
});
// 保存 Word 文档
Packer.toBuffer(doc).then((buffer) => {
    fs.writeFileSync('images.docx', buffer);
}).catch((error) => {
    console.error('Error while saving the document:', error);
});
```

运行程序,会在当前目录生成一个名为 images.docx 的文件,打开该文件,就会看到类似图 16-3 所示的效果。

图 16-3　批量插入图片

16.5　插入表格

本节的例子会在 Word 文档中创建一个带表格线的表格,效果如图 16-4 所示。

本例的核心技术涉及在 Word 中插入一个表格。在 docx 模块中,创建表(Table)的过程涉及创建表格行(TableRow)和单元格(TableCell),并将这些元素组合在一起。下面详细讲解 docx 模块中 Table 的用法。

1. 创建 Table 对象

Table 对象是整个表格的容器,用于定义表格的结构和样式。在创建 Table 对象时,可以指定行(rows)和表格的宽度(width)。

产品名	厂商	价格
耳机	罗技	4067.72
充电器	联想	9619.86
平板	飞利浦	7867.82
显示器	索尼	1902.93
鼠标	三星	9066.78

图 16-4 带表格线的 Word 表格

2. 定义表格行 TableRow

每个 Table 包含一个或多个 TableRow 对象，这些对象代表表格中的行。TableRow 对象包含一组单元格（TableCell）。

3. 定义表格单元格 TableCell

每个 TableRow 包含一个或多个 TableCell 对象，这些对象代表表格中的单元格。每个 TableCell 可以包含一个或多个段落（Paragraph）。

以下代码创建了一个表格，其中包含一行，行中有三个单元格，每个单元格包含一个段落：

```javascript
new Table({
    rows: [
        // 创建表格行
        new TableRow({
            children: [
                // 创建单元格并添加段落
                new TableCell({ children: [new Paragraph("产品名")] }),
                new TableCell({ children: [new Paragraph("厂商")] }),
                new TableCell({ children: [new Paragraph("价格")] }),
            ],
        }),
    ],
    // 定义表格宽度
    width: {
        size: 100,                              // 宽度百分比
        type: WidthType.PERCENTAGE,             // 宽度类型
    },
});
```

下面的代码完整地演示了如何向 Word 中添加一张表，并随机产生插入一些数据。

代码位置：src/word/create_table.js

```javascript
// 引入 docx 模块
const { Document, Packer, Paragraph, Table, TableRow, TableCell, WidthType } = require('docx');
const fs = require('fs');
// 创建一个新的 Word 文档
const doc = new Document({sections:[]});
// 在文档中插入一个表格，行数为 5+1（表头），列数为 3
const table = new Table({
    rows: [
        new TableRow({
```

```js
        children: [
            new TableCell({ children: [new Paragraph("产品名")] }),
            new TableCell({ children: [new Paragraph("厂商")] }),
            new TableCell({ children: [new Paragraph("价格")] }),
        ],
    }),
    ],
    width: {
        size: 100,
        type: WidthType.PERCENTAGE,
    },
});
// 定义一些随机生成数据的函数
function randomProduct() {
    const products = ['手机', '电脑', '平板', '耳机', '键盘', '鼠标', '显示器', '路由器', '充电器', '音箱'];
    return products[Math.floor(Math.random() * products.length)];
}
function randomVendor() {
    const vendors = ['苹果', '华为', '小米', '联想', '戴尔', '惠普', '索尼', '三星', '罗技', '飞利浦'];
    return vendors[Math.floor(Math.random() * vendors.length)];
}
function randomPrice() {
    return (Math.random() * (10000 - 100) + 100).toFixed(2);
}
// 遍历表格的剩余行,即表的内容,并填充随机生成的数据
for (let i = 0; i < 5; i++) {
    const row = new TableRow({
        children: [
            new TableCell({ children: [new Paragraph(randomProduct())] }),
            new TableCell({ children: [new Paragraph(randomVendor())] }),
            new TableCell({ children: [new Paragraph(randomPrice())] }),
        ],
    });
    table.root.push(row);
}
// 将表格添加到文档中
doc.addSection({
    children: [table],
});
// 保存 Word 文档为 data.docx
Packer.toBuffer(doc).then((buffer) => {
    fs.writeFileSync('table.docx', buffer);
    console.log('Word 文档已保存为 table.docx');
}).catch((error) => {
    console.error('保存文档时出错:', error);
});
```

运行程序,在当前目录会创建一个 table.docx 文件,里面包含一张表格。

16.6　将 Word 表格转换为 SQLite 数据表

本节会将上一节生成的 table.docx 中的表格转换为 SQLite 数据表。在操作 Word 文

档时，尤其是需要读取文档内容并将其转换为其他格式的数据时，例如将表格内容存储到数据库，直接使用 docx 模块处理可能并不方便。这是因为 docx 模块擅长创建和编辑 Word 文档，但并不直接提供读取已存在文档内容的功能。因此，为了解决这一问题，我们选择使用 unzipper 和 xml2js 这两个模块，通过 unzipper 模块，可以将 docx 文档解压，然后利用 xml2js 模块直接分析 docx 文档的原始代码，从而解析出 docx 文档中的表格。读者可以使用下面的命令安装这两个模块：

```
npm install unzipper xml2js
```

本例的实现步骤如下。

（1）解压 .docx 文件＊：首先，需要使用 unzipper 模块打开并解压 .docx 文件。这一步的目的是获取 .docx 文件中的所有内嵌文件，其中包括存储文档主要内容的 document.xml 文件。

（2）读取并解析 document.xml 文件：通过 unzipper 解压后，找到 document.xml 文件，并读取其内容。这是 Word 文档的核心内容文件，包含了文档的文字、表格、图像等所有内容的 XML 描述。使用 xml2js 模块将 document.xml 的内容解析成 JavaScript 对象，方便后续处理。

（3）提取表格数据：解析后的 XML 数据包含了整个文档的结构。我们需要在这个结构中定位表格（<w:tbl>标签）。找到表格后，我们遍历表格的行（<w:tr>标签）和单元格（<w:tc>标签）。对于每个单元格，提取其包含的文本内容。这些文本内容通常被嵌套在<w:t>标签中。

（4）处理并存储表格数据：提取到的表格数据被组织成一个对象数组，每个对象对应一行数据，包含产品名、厂商和价格等信息。如果存在旧的数据库文件（table.db），先删除它，以避免冲突。接下来需要创建一个新的 SQLite 数据库，并创建相应的表结构。将提取到的表格数据逐行插入到 SQLite 数据库中。

下面看一下 docx 文件中的表格内容：在 .docx 文件的 XML 结构中，表格使用<w:tbl>标签表示。每个表格由多个行（<w:tr>标签）组成，每行又由多个单元格（<w:tc>标签）组成。每个单元格中的文本内容通常被嵌套在<w:p>（段落）、<w:r>（文本运行）、<w:t>（文本）标签中。

例如，一个简单的表格结构可能如下所示（用 XML 表示）：

```
<w:tbl>
  <w:tr>
    <w:tc>
      <w:p>
        <w:r>
          <w:t>产品名</w:t>
        </w:r>
      </w:p>
    </w:tc>
    <w:tc>
      <w:p>
```

```xml
        <w:r>
          <w:t>厂商</w:t>
        </w:r>
      </w:p>
    </w:tc>
    <w:tc>
      <w:p>
        <w:r>
          <w:t>价格</w:t>
        </w:r>
      </w:p>
    </w:tc>
  </w:tr>
  <!-- 更多行数据 -->
</w:tbl>
```

通过解析这些 XML 标签，可以逐层提取到每个单元格的实际文本内容，并将这些内容转存到数据库中。这种方法确保我们能够精确读取和处理 Word 文档中的表格数据。

下面的代码完整地演示了如何读取 table.docx 文件中的第 1 个表格的数据，并将数据保存到 SQLite 数据表中。

代码位置：src/word/word2sqlite.js

```js
const fs = require('fs');
const path = require('path');
const sqlite3 = require('sqlite3');
const unzipper = require('unzipper');
const { parseString } = require('xml2js');
// 读取 Word 文档并将表格内容保存到 SQLite 数据库
async function saveTableToDatabase() {
    try {
        // 解压缩 .docx 文件并读取 document.xml 内容
        const directory = await unzipper.Open.file('table.docx');
        const file = directory.files.find(d => d.path === 'word/document.xml');
        const content = await file.buffer();
        // 解析 XML 内容
        parseString(content.toString(), (err, result) => {
            if (err) throw err;
            const tables = result['w:document']['w:body'][0]['w:tbl'];
            if (!tables || tables.length === 0) {
                throw new Error('文档中未找到表格');
            }
            const table = tables[0];
            const rows = table['w:tr'];
            const data = rows.slice(1).map(row => {
                const cells = row['w:tc'];
                const product = cells[0]['w:p'][0]['w:r'][0]['w:t'] ? cells[0]['w:p'][0]['w:r'][0]['w:t'][0]._ : '';
                const vendor = cells[1]['w:p'][0]['w:r'][0]['w:t'] ? cells[1]['w:p'][0]['w:r'][0]['w:t'][0]._ : '';
                const price = parseFloat(cells[2]['w:p'][0]['w:r'][0]['w:t'] ? cells[2]['w:p'][0]['w:r'][0]['w:t'][0]._ : '0');
                return { product, vendor, price };
            });
            console.log('表格数据:', data); // 调试输出表格数据
```

```javascript
        // 删除已存在的数据库文件
        if (fs.existsSync('table.db')) {
            fs.unlinkSync('table.db');
        }
        // 创建一个新的 SQLite 数据库并获取游标对象
        const db = new sqlite3.Database('table.db');
        db.serialize(() => {
            // 在数据库中创建一个表,字段与 Word 中的表头相同
            db.run('CREATE TABLE products (产品名 TEXT, 厂商 TEXT, 价格 REAL)');
            // 将提取的数据插入数据库表中
            const stmt = db.prepare('INSERT INTO products (产品名, 厂商, 价格) VALUES (?, ?, ?)');
            data.forEach(({ product, vendor, price }) => {
                stmt.run(product, vendor, price);
            });
            stmt.finalize();
            // 提交数据库操作,并关闭连接
            db.close();
        });
        console.log('表格内容已成功保存到 SQLite 数据库');
    } catch (error) {
        console.error('读取文档或保存数据库时出错:', error);
    }
}
// 调用函数
saveTableToDatabase();
```

运行程序,会在当前目录生成一个 table.db 文件,用数据库管理工具打开 table.db 文件,会看到 products 表的内容如图 16-5 所示。

图 16-5　由 Word 表生成的 SQLite 表

16.7　插入页眉和页脚

本节的例子会在 Word 文档中插入一个页眉和一个页脚,并将 Word 文档保存为 page_header_foot.docx。

代码位置: src/word/page_header_foot.js

```js
// 引入 docx 模块
const { Document, Packer, Paragraph, Header, Footer, TextRun } = require('docx');
const fs = require('fs');
// 创建一个空白的 Word 文档对象
const doc = new Document({sections:[]});
// 添加一个节并设置页眉和页脚
doc.addSection({
    headers: {
        default: new Header({
            children: [new Paragraph("这是页眉")],
        }),
    },
    footers: {
        default: new Footer({
            children: [new Paragraph("这是页脚")],
        }),
    },
    children: [
        new Paragraph({
            children: [
                new TextRun("这是文档的正文内容"),
            ],
        }),
    ],
});
// 保存文档为 page_header_foot.docx
Packer.toBuffer(doc).then((buffer) => {
    fs.writeFileSync("page_header_foot.docx", buffer);
    console.log("文档已成功保存为 page_header_foot.docx");
}).catch((error) => {
    console.error("保存文档时出错:", error);
});
```

16.8 统计 Word 文档生成云图

云图是一种数据可视化的方法，它可以将文本数据中出现频率较高的关键词以不同的颜色和字体大小显示在一个图形中，形成类似云的效果，从而突出文本的主要内容和主题。云图可以用于展示大量数据，分析文本信息，制作海报等场景。本本例中，使用了多个模块将 Word 文档生成云图，如 mammoth、nodejieba 和 express。读者可以使用下面的命令安装这 3 个模块：

```
npm install mammoth nodejieba express
```

在本例中，会利用 express 模块做一个 Web 应用，然后在浏览器中输入 URL，就可以读取指定的 Word 文档，进行分词，以及生成云图，效果如图 16-6 所示。

下面是对本例涉及的核心技术的详细解释：

1. 读取 Word 文档内容

本例使用了 mammoth 模块从 .docx 格式的 Word 文档中提取文本内容。mammoth

图 16-6　根据 Word 文档生成的云图

是一个专门用于将 Word 文档转换为 HTML 或纯文本的模块。其核心功能是从 Word 文档的二进制文件中解析出文本内容，并以字符串的形式返回。

具体操作步骤如下。

（1）读取指定路径的.docx 文件。

（2）使用 mammoth 的 extractRawText 方法提取文档中的纯文本内容。

（3）提取出的文本内容被存储为字符串，以供后续处理。

2．分词

在文本提取完成后，使用 nodejieba 模块对文本进行分词处理。nodejieba 是一个基于 jieba 的 Node.js 分词库，能够有效地处理中文文本的分词任务。

具体操作步骤如下。

（1）调用 nodejieba 的 cut 方法，对提取到的文本进行分词。

（2）cut 方法将文本切分成一个个词汇，并返回一个包含这些词汇的数组。

3. 过滤出所有的数字和字符，合并分离的英文字母

在获得分词结果后，需要进一步处理这些词汇，以过滤掉不需要的内容，并将分离的英文字母合并成单词（nodejieba 模块对中文分词没问题，英文分词可能会将完整的英文单词分解成单个字符，所以需要合并）。

具体操作步骤如下。

（1）遍历分词结果数组，对于每一个分词结果，执行下面步骤（2）～（5）的操作。

（2）移除所有的空格和特殊符号，只保留中文字符和英文字母。

（3）如果当前分词结果是中文字符，则直接保留。

（4）如果当前分词结果是英文字母，则将连续的英文字母合并成一个完整的单词。

（5）遇到其他符号或数字时，忽略这些内容。

（6）最终得到一个只包含有效中文字符和英文单词的词汇数组。

4. 在 Web 中绘制云图

生成云图的部分通过在 Web 浏览器中执行的 JavaScript 实现，具体使用 wordcloud2.js 库来绘制云图。

具体操作步骤如下。

（1）使用 express 模块创建一个简单的 Web 服务器，该服务器在特定 URL 路径上提供服务。

（2）在服务器端进行分词和词频统计后，生成包含云图绘制逻辑的 HTML 内容。

（3）该 HTML 内容通过服务器响应发送给客户端浏览器。

（4）浏览器在接收到 HTML 内容后，使用嵌入在 HTML 中的 JavaScript 和 wordcloud2.js 库生成云图。

（5）通过 WordCloud 函数，将词频最高的前 50 个词汇及其频率传递给 wordcloud2.js。

（6）wordcloud2.js 在指定的 HTML 元素中绘制云图，支持各种自定义选项，如字体、颜色、形状等。

最终用户可以在浏览器中通过访问特定 URL 来查看生成的云图，所有的处理和计算均在服务器端完成，浏览器仅负责渲染显示结果。

下面的例子会读取当前目录的 word.docx 文件，然后统计 word.docx 文件中出现频率最高的前 50 个词汇，并生成云图，最后将云图保存为 wordcloud.jpg，效果如图 16-6 所示。

代码位置：src/word/word2cloud.js

```
const fs = require('fs');
const mammoth = require('mammoth');
const nodejieba = require('nodejieba');
const express = require('express');
const app = express();
const port = 3000;
// 定义一个函数，用于从 Word 文档中提取所有的文本
async function getTextFromDocx(filename) {
    const { value: text } = await mammoth.extractRawText({ path: filename });
    return text;
```

```javascript
}
// 定义一个函数,用于对文本进行分词,并返回一个词汇列表
function getWordsFromText(text) {
    const words = [];
    const segs = nodejieba.cut(text);
    let currentWord = '';
    segs.forEach(seg => {
        seg = seg.trim();
        // 过滤掉所有的数字和符号,只保留英文单词和中文字符
        if (/[\u4e00-\u9fa5]/.test(seg)) {
            words.push(seg);
        } else if (/[a-zA-Z]/.test(seg)) {
            currentWord += seg;
        } else {
            if (currentWord) {
                words.push(currentWord);
                currentWord = '';
            }
        }
    });
    if (currentWord) {
        words.push(currentWord);
    }
    return words;
}
// 计算词频并返回频率最高的前 50 个词
function getTopWords(words, topN = 50) {
    const wordMap = {};
    words.forEach(word => {
        if (wordMap[word]) {
            wordMap[word]++;
        } else {
            wordMap[word] = 1;
        }
    });
    const sortedWords = Object.entries(wordMap).sort((a, b) => b[1] - a[1]);
    return sortedWords.slice(0, topN).map(([word, count]) => [word, count]);
}
// 定义一个函数,用于生成 HTML 文件内容
function generateHTMLContent(topWords) {
    return `
<!DOCTYPE html>
<html>
<head>
    <meta charset="UTF-8">
    <title>Word Cloud</title>
    <script src="https://cdn.jsdelivr.net/npm/wordcloud@1.1.1/src/wordcloud2.js"></script>
</head>
<body>
    <div id="main" style="width: 800px; height: 600px;"></div>
    <script type="text/javascript">
        var wordList = ${JSON.stringify(topWords)};
        WordCloud(document.getElementById('main'), {
            list: wordList,
            gridSize: 16,                // 增加网格大小以减少内存使用
            weightFactor: function (size) {
```

```
                    return size * 2;
                },
                fontFamily: 'Times, serif',
                color: 'random-dark',
                backgroundColor: '#fff',
                rotateRatio: 0.5,
                rotationSteps: 2,
                shuffle: true,
                shape: 'circle',
                drawOutOfBound: false,
                origin: [400, 300],            // 设置起始点为中心
                drawMask: false,
                maskColor: 'rgba(255,0,0,0.3)',
                maskGapWidth: 0.3,
                minSize: 12,
                shrinkToFit: true,
                hover: function(item, dimension, event) {
                    if (item) {
                        console.log(item[0] + ': ' + item[1]);
                    }
                },
                click: function(item, dimension, event) {
                    if (item) {
                        alert(item[0] + ': ' + item[1]);
                    }
                }
            });
        </script>
    </body>
</html>';
}
// 创建一个路由,用于处理生成云图
app.get('/wordcloud', async (req, res) => {
    // 从 Word 文档中提取所有的文本
    const text = await getTextFromDocx('word.docx');
    // 对文本进行分词,并返回一个词汇列表
    const words = getWordsFromText(text);
    // 获取词频最高的前 50 个词
    const topWords = getTopWords(words);
    // 生成 HTML 文件内容
    const htmlContent = generateHTMLContent(topWords);
    // 返回生成的 HTML 内容
    res.send(htmlContent);
});
// 启动 Web 服务器
app.listen(port, () => {
    console.log('服务器已启动,请访问 http://localhost:${port}/wordcloud 查看云图');
});
```

运行程序,在浏览器地址栏中输入 http://localhost:3000/wordcloud,就会在浏览器中显示云图。

16.9　小结

　　本章详细介绍了如何使用 Node.js 操作 Word 文档,涵盖了多个关键方面。首先,我们使用 docx 模块创建和编辑 Word 文档,包括插入文本、段落、图片、表格以及设置页眉页脚。其次,通过 mammoth 模块,我们从 Word 文档中提取纯文本内容,以便进行进一步处理。接着,利用 nodejieba 模块对提取的文本进行中文分词,并在处理过程中合并英文字母为单词,过滤掉无用的数字和符号。最后,我们使用 express 模块创建了一个 Web 服务,将处理后的分词结果生成词频最高的前 50 个词,并通过生成的 HTML 内容在浏览器中绘制云图。通过这些步骤,读者可以掌握如何在 Node.js 环境下高效地操作 Word 文档,实现文本提取、分词处理和数据可视化等功能。

第 17 章 读写 PowerPoint 文档

本章会介绍如何使用 JavaScript 及第三方模块读写 PowerPoint 文档，主要内容包括打开 pptx 文档、保存 pptx 文档、添加文本和图像。

17.1 PptxGenJS 模块简介

PptxGenJS 是一个用于在 Node.js 和浏览器环境中生成 PowerPoint 演示文稿的 JavaScript 库。通过使用 PptxGenJS 模块，我们可以轻松地创建和操作 PowerPoint 文档，进行幻灯片的添加、内容的插入以及文件的保存等操作。PptxGenJS 模块的主要功能如下。

1. 创建新的 PowerPoint 文档

可以通过创建一个 PptxGenJS 实例来生成一个新的 PowerPoint 文档对象。这个对象代表了整个演示文稿，所有的操作都将在这个对象上进行。

2. 添加幻灯片

可以使用 PptxGenJS 提供的方法向演示文稿中添加新的幻灯片。每个幻灯片都是独立的页面，可以包含各种内容。添加幻灯片的方法非常简单，每次调用都会返回一个新的幻灯片对象，便于后续的操作。

3. 向幻灯片中添加内容

PptxGenJS 允许向幻灯片中添加多种类型的内容，包括文本、图片、表格、形状等。通过配置对象，我们可以精确控制这些内容的位置、大小、字体样式等。例如，我们可以在幻灯片上添加标题和正文文本，并设置其字体大小和位置。此外，我们还可以插入图片，定义其在幻灯片中的具体位置和尺寸。

4. 保存 PowerPoint 文档

创建并编辑好演示文稿后，可以将其保存为一个 PPTX 文件。PptxGenJS 提供了简便的方法来保存文件，支持设置文件名等参数。保存的文件可以直接在 PowerPoint 等软件中打开和编辑。

5. 高级功能

除了基本的创建、编辑和保存功能，PptxGenJS 还支持一些高级功能，举例如下。

（1）添加表格：我们可以在幻灯片中插入表格，定义表格的行列数和内容。

(2) 添加图表：支持插入各种类型的图表，如柱状图、饼图等，方便进行数据展示。

(3) 设置幻灯片布局和主题：可以设置幻灯片的背景颜色、布局样式等，增强演示文稿的视觉效果。

通过这些功能，PptxGenJS 模块使得生成和操作 PowerPoint 演示文稿变得非常简单和高效，适用于各种需要动态生成 PPT 的应用场景。无论是简单的文本演示还是复杂的数据展示，PptxGenJS 都能提供强大的支持。

读者可以使用下面的命令安装 PptxGenJS 模块：

```
npm install pptxgenjs
```

17.2　PowerPoint 文档的基本操作

本节会介绍使用 PptxGenJS 模块对 PowerPoint 文档的基本操作，主要包括创建新的 PowerPoint 文档，添加幻灯片，添加文本，保存 PowerPoint 文档等。

首先，需要引入 PptxGenJS 模块：

```
const PptxGenJS = require('pptxgenjs');
```

其次，需要创建一个空白的 pptx 文件对象。PptxGenJS 实例代表了整个演示文稿。可以使用 PptxGenJS 类的构造函数来创建这个对象：

```
let pptx = new PptxGenJS();
```

再次，需要向这个 pptx 文件对象中添加幻灯片。我们可以使用 pptx 对象的 addSlide 方法来添加新的幻灯片，addSlide 方法返回一个幻灯片对象，表示添加的幻灯片。我们可以重复这个步骤来添加多个幻灯片。例如，添加 3 个幻灯片：

```
let slide1 = pptx.addSlide();
let slide2 = pptx.addSlide();
let slide3 = pptx.addSlide();
```

现在，我们已经有了 3 个空白的幻灯片，接下来我们需要向每个幻灯片添加标题和文本。我们可以使用幻灯片对象的 addText 方法来添加文本。addText 方法需要两个参数：第 1 个是要添加的文本，第 2 个是一个配置对象，用于设置文本的位置、字体大小和样式等属性。例如，我们可以给第 1 个幻灯片添加标题和正文：

```
slide1.addText("第一页", { x: 1, y: 0.5, fontSize: 24, bold: true });
slide1.addText("这是第一页的内容", { x: 1, y: 1.5, fontSize: 18 });
```

最后，我们需要保存这个 pptx 文件对象生成的 PPTX 文件。可以使用 pptx 对象的 writeFile 方法来保存文件。writeFile 方法需要一个配置对象，其中包含文件名：

```
pptx.writeFile({ fileName: 'basic.pptx' }).then(() => {
  console.log('PPTX 文件已成功保存为 basic.pptx');
}).catch(err => {
  console.error('保存 PPTX 文件时出错：', err);
});
```

通过这些步骤，我们可以利用 PptxGenJS 模块创建和操作 PowerPoint 文档，包括添加幻灯片、添加文本内容和保存文档。

下面的例子完整地演示了创建 pptx 文件、添加幻灯片、添加文本、保存 pptx 文件的全过程。

代码位置：src/powerpoint/basic.js

```
// 引入 PptxGenJS 模块
const PptxGenJS = require('pptxgenjs');
// 创建一个新的 PptxGenJS 实例，表示一个空白的 pptx 文件
let pptx = new PptxGenJS();
// 添加 3 个页面(幻灯片)
let slide1 = pptx.addSlide();
let slide2 = pptx.addSlide();
let slide3 = pptx.addSlide();
// 在每一个页面添加标题和文本
// 第一个页面
slide1.addText("第一页", { x: 1, y: 0.5, fontSize: 24, bold: true });
slide1.addText("这是第一页的内容", { x: 1, y: 1.5, fontSize: 18 });
// 第二个页面
slide2.addText("第二页", { x: 1, y: 0.5, fontSize: 24, bold: true });
slide2.addText("这是第二页的内容", { x: 1, y: 1.5, fontSize: 18 });
// 第三个页面
slide3.addText("第三页", { x: 1, y: 0.5, fontSize: 24, bold: true });
slide3.addText("这是第三页的内容", { x: 1, y: 1.5, fontSize: 18 });
// 保存这个 pptx 文件为 basic.pptx
pptx.writeFile({ fileName: 'basic.pptx' }).then(() => {
  console.log('PPTX 文件已成功保存为 basic.pptx');
}).catch(err => {
  console.error('保存 PPTX 文件时出错:', err);
});
```

运行程序，会在当前目录生成一个名为 basic.pptx 的文件，该文件包含 3 个幻灯片页面，每一个页面都有相应的文本，如图 17-1 所示。

图 17-1　有 3 个页面的 pptx

17.3 批量插入图片

本节的例子会扫描 images 目录中所有的 png 图像文件,并将这些 png 图像插入 pptx 文件中,每一个图像占用一个页,图像等比例缩放,效果如图 17-2 所示。

图 17-2 批量插入图像

本例要使用 Jimp 模块,该模块用于获取原始图片的宽度和高度,读者可以使用下面的命令安装这个模块:

npm install jimp

(1) 使用 Node.js 的 fs 模块中的 readdirSync 方法列出 ./src/images 目录中的所有文件名,然后使用 filter 方法来筛选出以 .png 结尾的文件名。

const images = fs.readdirSync('./src/images').filter(file => path.extname(file).toLowerCase() === '.png');

(2) 遍历每个 png 文件名,为每个图片创建一个幻灯片,并将图片插入幻灯片中。

(3) 使用 PptxGenJS 实例的 addSlide 方法添加一个新的幻灯片。

(4) 使用 Jimp.read 方法打开图片文件,并返回一个图片对象。

(5) 使用 Jimp 对象的 bitmap 属性的 width 和 height 属性来获取图片的原始宽度和

高度。

（6）使用除法运算来计算图片的原始宽高比。

（7）使用 PptxGenJS 默认的幻灯片尺寸（宽度是 10 英寸，高度是 5.625 英寸，1 英寸＝2.54 厘米）作为参考，计算插入图片最终的尺寸。

（8）根据计算的宽高比，决定图片是按宽度还是按高度进行等比例缩放，并插入幻灯片中。

下面是这个案例的完整代码。

代码位置：src/powerpoint/add_images.js

```javascript
// 引入 PptxGenJS 模块
const PptxGenJS = require('pptxgenjs');
// 引入 Node.js 的文件系统模块和路径模块
const fs = require('fs');
const path = require('path');
// 引入 Jimp 模块，用于获取图片的宽度和高度
const Jimp = require('jimp');
// 创建一个新的 PptxGenJS 实例，表示一个空白的 pptx 文件
let pptx = new PptxGenJS();
// 获取 ./src/images 目录中所有的 png 文件名，保存到一个列表中
let images = fs.readdirSync('./src/images').filter(file => path.extname(file).toLowerCase() === '.png');
// 幻灯片的默认宽度和高度，单位是英寸
let slideWidth = 10;              // PptxGenJS 默认宽度
let slideHeight = 5.625;          // PptxGenJS 默认高度
// 遍历每个 png 文件名
images.forEach(image => {
    // 获取图片的路径
    let imgPath = path.join('./src/images', image);
    // 使用 Jimp 读取图片
    Jimp.read(imgPath).then(img => {
        // 获取图片的原始宽度和高度，单位是像素
        let imgWidth = img.bitmap.width;
        let imgHeight = img.bitmap.height;
        // 计算图片的宽高比
        let imgRatio = imgWidth / imgHeight;
        // 计算缩放后的图片的宽度和高度，使其尽量充满幻灯片并保持比例
        let scaledWidth, scaledHeight;
        if (imgRatio > slideWidth / slideHeight) {
            // 图片的宽高比大于幻灯片的宽高比，按宽度缩放
            scaledWidth = slideWidth;
            scaledHeight = slideWidth / imgRatio;
        } else {
            // 图片的宽高比小于或等于幻灯片的宽高比，按高度缩放
            scaledWidth = slideHeight * imgRatio;
            scaledHeight = slideHeight;
        }
        // 计算图片在幻灯片上的位置，使其居中
        let xPos = (slideWidth - scaledWidth) / 2;
        let yPos = (slideHeight - scaledHeight) / 2;
        // 添加一个新的幻灯片
        let slide = pptx.addSlide();
        // 在幻灯片上添加一个图片形状，位置和大小根据缩放后的图片的宽度和高度来设置
```

```
            slide.addImage({ path: imgPath, x: xPos, y: yPos, w: scaledWidth, h: scaledHeight });
            // 保存这个 pptx 文件为 images.pptx
            pptx.writeFile({ fileName: 'images.pptx' });
        }).catch(err => {
            console.error('读取图片时出错:', err);
        });
    });
```

运行程序，会在当前目录生成一个名为 images.pptx 的文件。

17.4 小结

本章介绍了如何使用 JavaScript 及 PptxGenJS 模块读写 PowerPoint 文档，包括创建 PPT 文档、添加幻灯片和内容（文本、图片、表格、形状）以及保存文档的基本操作和高级功能。通过实际案例，如批量插入图片，展示了如何利用 PptxGenJS 高效地生成和操作 PPT，为需要动态生成 PPT 的应用场景提供了有力支持。

第 18 章 读写 PDF 文档

本章使用 JavaScript 和第三方模块读写了 PDF 文档，PDF 文档尽管没有 Word 和 Excel 灵活，但更方便阅读，所以 PDF 通常是发布文档的不二文件格式，几乎所有的现代浏览器都支持阅读 PDF 文档。像 Word、Excel 一样，使用 JavaScript 同样可以向 PDF 文档中插入基本信息，如图像、表格等。

18.1 pdf-lib 模块简介

pdf-lib 模块是一个用于在 Node.js 环境中创建和操作 PDF 文档的强大工具。它提供了一系列丰富的功能，使得用户可以轻松地在 PDF 文档上添加文字、图形、图像和注释等元素。下面是 pdf-lib 的一些核心功能介绍。

（1）创建新 PDF：可以从头开始创建一个新的 PDF 文档。

（2）修改现有 PDF：支持加载现有的 PDF 文档并进行修改，例如添加新页面或编辑现有页面的内容。

（3）添加页面：可以在文档中添加新页面，指定页面的尺寸和方向。

（4）删除页面：可以从文档中删除指定的页面。

（5）重新排列页面：可以改变页面的顺序。

（6）设置字体：支持嵌入标准字体和自定义字体，可以选择多种字体类型（如 TrueType、OpenType）。

（7）设置字体大小：可以设置文字的字号。

（8）设置颜色：支持 RGB 和 CMYK 颜色模式，可以设置文字的颜色。

（9）绘制文本：可以在页面的任意位置绘制文本，支持多行文本和文本对齐。

（10）绘制线条：可以在页面上绘制直线和曲线。

（11）绘制矩形和圆形：可以绘制各种基本形状，如矩形、圆形和椭圆形。

（12）设置填充和描边颜色：可以设置图形的填充颜色和边框颜色。

（13）嵌入图像：可以在 PDF 文档中嵌入图像，支持多种图像格式（如 PNG、JPEG）。

（14）调整图像大小和位置：可以指定图像在页面上的位置和尺寸。

（15）添加注释：可以在 PDF 文档中添加注释，支持文本注释和图形注释。

（16）高亮文本：可以高亮文档中的文本内容。

（17）创建表单域：可以在 PDF 文档中创建表单域，如文本框、复选框和按钮。

（18）填写表单：支持填写和读取 PDF 表单数据。

（19）设置文档信息：可以设置 PDF 文档的元数据信息，如标题、作者、主题和关键词。

（20）文档保护：支持设置文档的密码保护，限制文档的打开和编辑权限。

（21）保存和导出：可以将创建或修改后的 PDF 文档保存到文件系统中，或者导出为字节流以便进一步处理。

（22）操作 PDF 树结构：支持直接操作 PDF 的内部对象树，以实现更高级的定制和控制。

（23）PDF 合并和拆分：可以合并多个 PDF 文档为一个，或者将一个 PDF 文档拆分为多个。

这些功能使得 pdf-lib 成为处理 PDF 文档的一个非常强大的工具，适用于需要生成、修改或分析 PDF 文档的各种应用场景。无论是生成报告、发票，还是处理表单、添加注释，pdf-lib 都能提供所需的功能和灵活性。

读者可以使用下面的命令安装 pdf-lib 模块：

```
npm install pdf-lib
```

18.2　生成简单的 PDF 文档

本节会使用 pdf-lib 模块生成 PDF 文档。

首先，需要导入 pdf-lib 模块，并创建一个新的 PDF 文档对象。然后，我们添加一页并设置页面的尺寸为 A4：

```
const { PDFDocument, rgb, StandardFonts } = require('pdf-lib');
const fs = require('fs');
(async () => {
  const pdfDoc = await PDFDocument.create();
  const page = pdfDoc.addPage([595.28, 841.89]); // A4 页面尺寸
  const { width, height } = page.getSize();
```

页面对象相当于一张白纸，可以在上面绘制各种元素。为了确定元素在页面上的位置，需要使用笛卡儿坐标系（X，Y）来标识页面上的点。默认情况下，原点（0,0）在页面的左下角，X 轴向右增加，Y 轴向上增加。单位是点（point），1 点等于 1/72 英寸。

接下来，设置字体和颜色，并在指定位置写入文字：

（1）使用 embedFont 方法嵌入字体。

（2）使用 setFont 和 setFontSize 方法设置字体和字号。

（3）使用 drawText 方法绘制文本，并指定颜色。

接下来，设置背景色，并在指定位置使用 drawRectangle 方法绘制矩形，并填充背景色。

最后，使用 pdfDoc.save 方法保存文档。使用 fs.writeFileSync 方法将生成的 PDF 文档写入文件。

下面的例子完整地演示了如何使用 pdf-lib 模块的相关 API 生成 basic.pdf 文件，以及如何添加文本和设置文本样式，basic.pdf 的效果如图 18-1 所示。

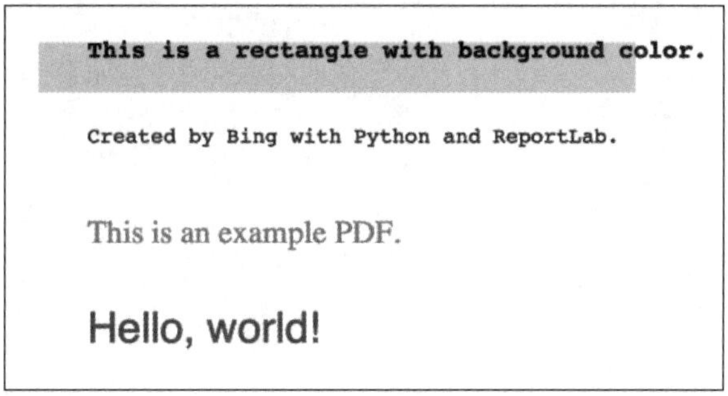

图 18-1　basic.pdf 文件的效果

代码位置：src/pdf/basic.js

```
const { PDFDocument, rgb, StandardFonts } = require('pdf-lib');
const fs = require('fs');
(async () => {
  // 创建一个新的 PDF 文档
  const pdfDoc = await PDFDocument.create();

  // 添加一页
  const page = pdfDoc.addPage([595.28, 841.89]);          // 页面尺寸为 A4 纸大小
  const { width, height } = page.getSize();
  // 设置字体和颜色，并写入内容
  const helveticaFont = await pdfDoc.embedFont(StandardFonts.Helvetica);
  const timesRomanFont = await pdfDoc.embedFont(StandardFonts.TimesRoman);
  const courierFont = await pdfDoc.embedFont(StandardFonts.Courier);
  const courierBoldFont = await pdfDoc.embedFont(StandardFonts.CourierBold);
  // 设置字体为 Helvetica，字号为 24，颜色为红色
  page.setFont(helveticaFont);
  page.setFontSize(24);
  page.drawText('Hello, world!', {
    x: 5 * 28.35,                                          // 转换为 5cm
    y: height - 25 * 28.35,                                // 转换为 25cm, 从页面顶部计算
    color: rgb(1, 0, 0),                                   // 红色
  });
  // 设置字体为 Times-Roman，字号为 18，颜色为绿色
  page.setFont(timesRomanFont);
  page.setFontSize(18);
  page.drawText('This is an example PDF.', {
    x: 5 * 28.35,                                          // 转换为 5cm
    y: height - 23 * 28.35,                                // 转换为 23cm, 从页面顶部计算
    color: rgb(0, 1, 0),                                   // 绿色
  });
  // 设置字体为 Courier，字号为 12，颜色为蓝色
  page.setFont(courierFont);
  page.setFontSize(12);
```

```javascript
    page.drawText('Created by Bing with Python and ReportLab.', {
      x: 5 * 28.35,                                       // 转换为 5cm
      y: height - 21 * 28.35,                             // 转换为 21cm,从页面顶部计算
      color: rgb(0, 0, 1),                                // 蓝色
    });

    // 设置背景颜色,并绘制一个矩形
    page.drawRectangle({
      x: 4 * 28.35,                                       // 转换为 4cm
      y: height - 20 * 28.35,                             // 转换为 19cm,从页面顶部计算
      width: 12 * 28.35,                                  // 转换为 12cm
      height: 1 * 28.35,                                  // 转换为 1cm
      color: rgb(0.9, 0.9, 0.9),                          // 浅灰色
      opacity: 1,
    });
    // 设置字体为 Courier-Bold,字号为 14,颜色为黑色
    page.setFont(courierBoldFont);
    page.setFontSize(14);
    page.drawText('This is a rectangle with background color.', {
      x: 5 * 28.35,                                       // 转换为 5cm
      y: height - 19.3 * 28.35,                           // 转换为 19.3cm,从页面顶部计算
      color: rgb(0, 0, 0),                                // 黑色
    });
    // 保存 PDF 文档并写入文件
    const pdfBytes = await pdfDoc.save();
    fs.writeFileSync('basic.pdf', pdfBytes);
})();
```

运行程序,会在当前目录生成一个 basic.pdf 文件。

18.3 在 PDF 文档中插入图像和表格

要在 PDF 文档中插入图像和表格,可以使用 pdf-lib 模块。pdf-lib 模块提供了丰富的功能来创建和操作 PDF 文档,包括嵌入图像和绘制表格。

pdf-lib 模块可以嵌入多种图像格式,包括 PNG 和 JPG。我们首先需要读取图像文件,然后将其嵌入 PDF 文档中,并在指定位置绘制图像。

虽然 pdf-lib 模块没有直接提供表格功能,但我们可以通过绘制矩形和文本来手动创建表格。每个单元格都是一个带有边框的矩形,单元格中的内容可以使用 drawText 方法绘制。

具体实现步骤如下。

(1) 读取图像文件:使用 Node.js 的 fs 模块读取图像文件。

(2) 嵌入图像:使用 pdf-lib 库的 embedPng 或 embedJpg 方法将图像嵌入 PDF 文档中。

(3) 绘制图像:使用 drawImage 方法在指定位置绘制图像。

(4) 创建表格:通过绘制矩形和文本来创建表格,每个单元格都用 drawRectangle 和 drawText 方法绘制。

(5) 保存 PDF 文档:将生成的 PDF 文档保存到文件系统中。

下面的例子在 PDF 文档中插入了一个图像和一个表格,效果如图 18-2 所示。

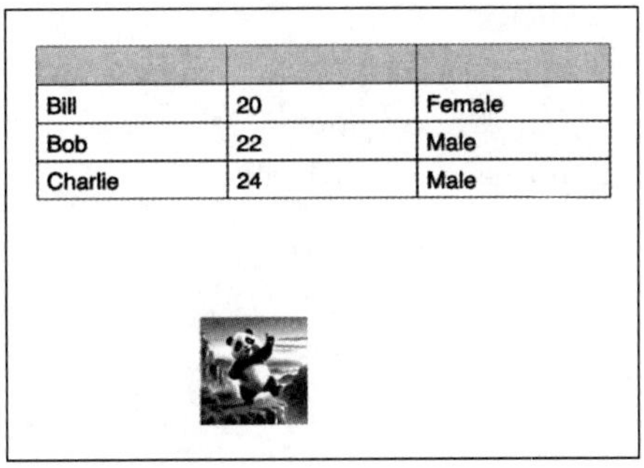

图 18-2 PDF 中的图像与表格

代码位置：src/pdf/add_image_table.js

```
const { PDFDocument, rgb, StandardFonts } = require('pdf-lib');
const fs = require('fs');
// 异步函数来处理 PDF 生成
(async () => {
  // 创建一个新的 PDF 文档
  const pdfDoc = await PDFDocument.create();
  // 添加一页,设置页面尺寸为 A4
  const page = pdfDoc.addPage([595.28, 841.89]);        // A4 页面尺寸
  const { width, height } = page.getSize();
  // 设置文档标题(pdf-lib 不直接支持设置文档标题,可在元数据中设置)
  pdfDoc.setTitle('Example PDF with Image and Table');
  // 嵌入图片
  const imgBytes = fs.readFileSync('./src/images/panda.png');// 读取图像文件
  const img = await pdfDoc.embedPng(imgBytes);           // 嵌入图像,支持 JPG 和 PNG 格式
  const imgDims = img.scale(1);                          // 获取图像的尺寸
  // 设置图像的高度为 2 厘米,宽度按照比例缩放
  const imgHeight = 2 * 28.35;                           // 2 厘米
  const imgWidth = (imgDims.width / imgDims.height) * imgHeight;
  // 在页面上绘制图像,位置为(5cm, 25cm)
  page.drawImage(img, {
    x: 5 * 28.35,                                       // 转换为 5cm
    y: height - 25 * 28.35 - imgHeight,                 // 转换为 25cm,从页面顶部计算
    width: imgWidth,
    height: imgHeight,
  });
  // 嵌入字体
  const helveticaFont = await pdfDoc.embedFont(StandardFonts.Helvetica);
  // 创建一个表格(pdf-lib 不直接支持表格,可以手动绘制)
  const tableData = [
    ['Name', 'Age', 'Gender'],
    ['Bill', '20', 'Female'],
    ['Bob', '22', 'Male'],
    ['Charlie', '24', 'Male'],
  ];
  // 绘制表格
  const cellMargin = 5;
  const tableTop = height - 20 * 28.35;                 // 转换为 20cm,从页面顶部计算
  const cellHeight = 20;
  const tableLeft = 2 * 28.35;                          // 转换为 2cm
```

```javascript
      tableData.forEach((row, rowIndex) => {
        row.forEach((cell, cellIndex) => {
          const cellWidth = 100;
          const x = tableLeft + cellIndex * cellWidth;
          const y = tableTop - rowIndex * cellHeight;

          // 绘制单元格文本
          page.drawText(cell, {
            x: x + cellMargin,
            y: y - cellMargin - cellHeight + 10,
            size: 12,
            font: helveticaFont,
            color: rgb(0, 0, 0),
          });
          // 绘制单元格边框
          page.drawRectangle({
            x,
            y: y - cellHeight,
            width: cellWidth,
            height: cellHeight,
            borderColor: rgb(0, 0, 0),
            borderWidth: 0.5,
          });
          // 设置第一行背景色为浅灰色
          if (rowIndex === 0) {
            page.drawRectangle({
              x,
              y: y - cellHeight,
              width: cellWidth,
              height: cellHeight,
              color: rgb(0.9, 0.9, 0.9),
            });
          }
        });
      });
      // 保存 PDF 文档并写入文件
      const pdfBytes = await pdfDoc.save();
      fs.writeFileSync('image_table.pdf', pdfBytes);
})();
```

运行程序，会在当前目录生成 image_table.pdf 文件。

18.4 小结

本章介绍了如何使用 JavaScript 和第三方模块读写 PDF 文档。尽管 PDF 文档不如 Word 和 Excel 灵活，但因其方便阅读和广泛支持，成为发布文档的首选格式。通过使用 pdf-lib 模块，用户可以轻松创建、修改和操作 PDF 文档，添加文本、图像、图形和表格等元素，还可以设置字体、颜色以及进行文档保护。详细的示例代码展示了如何生成 PDF 文档、插入图像和绘制表格，帮助读者掌握 PDF 文档操作的核心技术。通过本章的学习，读者能够使用 JavaScript 高效处理 PDF 文档，满足各种实际应用需求。

第 19 章　加密与解密

本章会使用 Node.js 的 crypto 模块实现对数据的编码、解码、加密和解密。主要包括 MD5 加密、SHA 加密、DES 加密和解码、AES 加密和解码、RSA 加密和解码。

19.1　MD5 摘要

MD5 加密算法是一种被广泛使用的密码散列函数，可以产生出一个 128 位（16 字节）的散列值（hash value），用于确保信息传输完整一致。MD5 算法的原理可简要地叙述为：MD5 码以 512 位分组来处理输入的信息，且每一分组又被划分为 16 个 32 位子分组，经过了一系列的处理后，算法的输出由 4 个 32 位分组组成，将这 4 个 32 位分组级联后将生成一个 128 位散列值 2。

Node.js 中可以使用内置的 crypto 模块来实现 MD5 摘要算法，crypto 模块提供了常见的摘要算法，如 MD5、SHA1 等。使用 crypto 模块实现 MD5 加密的步骤如下。

（1）导入 crypto 模块：

const crypto = require('crypto')

（2）创建一个 MD5 对象：

const hash = crypto.createHash('md5')

（3）使用 update 方法传入要加密的内容，注意要指定编码为 utf8。
（4）使用 digest 方法获取加密后的十六进制字符串：

hash.digest('hex')

MD5 摘要算法的应用领域和场景主要有以下几种。

（1）文件校验：MD5 可以对任何文件（不管其大小、格式、数量）产生一个同样独一无二的 MD5"数字指纹"，如果任何人对文件做了任何改动，其 MD5 也就是对应的"数字指纹"都会发生变化。这样就可以用来检验文件的完整性和一致性，防止文件被篡改或损坏。

（2）密码加密：MD5 可以对用户的密码进行加密，存储在数据库中，这样即使数据库被泄露，也不会暴露用户的明文密码。同时，MD5 是不可逆的，即不能从散列值还原出原始数据，这样就增加了破解的难度。

（3）数字签名：MD5 可以用来生成数字签名，用于验证信息的来源和完整性。数字签名是将信息的摘要（如 MD5）和发送者的私钥进行加密，然后附在信息上发送给接收者。接收者收到信息后，可以用发送者的公钥解密数字签名，得到信息的摘要，并与自己计算出的摘要进行比较，如果一致，则说明信息没有被篡改，并且确实来自发送者。

（4）其他领域：MD5 还可以用于生成全局唯一标识符（GUID）、数据去重、数据分片等领域。

下面的例子完整地演示了如何使用 hashlib 模块实现 MD5 加密算法。

代码位置：src/crypto/md5.js

```javascript
// 导入 crypto 模块
const crypto = require('crypto');
// 要加密的内容
const data = '世界,你好,hello world!';
// 创建一个 MD5 对象
const hash = crypto.createHash('md5');
// 使用 update 方法传入要加密的内容，并指定使用 utf-8 编码
hash.update(data, 'utf8');
// 使用 digest 方法获取加密后的十六进制字符串
const result = hash.digest('hex');
// 打印结果
console.log(result);
```

运行程序，会输出如下内容：

3a83d8702bf538a64682d1031b6a8e17

19.2 SHA 摘要

SHA 摘要算法是一种密码散列函数家族，是 FIPS 所认证的安全散列算法。能计算出一个数字消息所对应到的、长度固定的字符串（又称消息摘要）的算法。且若输入的消息不同，它们对应到不同字符串的概率很高。SHA 加密算法的原理可简要地叙述为：SHA 码以 512 位分组来处理输入的信息，且每一分组又被划分为 16 个 32 位子分组，经过了一系列的处理后，算法的输出由 4 个 32 位分组组成，将这 4 个 32 位分组级联后将生成一个 128 位散列值。

SHA 加密算法有三大类，分别是 SHA-1、SHA-2 和 SHA-3。其中，SHA-1 已经被破解，不再安全；SHA-3 是最新的标准，还没有广泛应用；目前最常用和相对安全的是 SHA-2 算法。SHA-2 算法又包括了 SHA-224、SHA-256、SHA-384、SHA-512、SHA-512/224、SHA-512/256 等变体，它们的区别主要在于输出长度和运算速度。

MD5 和 SHA 是两种常见的密码散列函数，它们都可以将任意长度的信息转换为固定长度的散列值，也称为消息摘要。MD5 和 SHA 的区别主要有以下几点。

（1）MD5 的输出长度是 128 位，SHA 的输出长度可以是 160 位、224 位、256 位、384 位

或 512 位，根据不同的算法而定。

（2）MD5 的运行速度比 SHA 快，但是 MD5 的安全性比 SHA 低，因为 MD5 已经被发现存在多个碰撞，即不同的输入可以得到相同的输出。

（3）MD5 和 SHA 都是单向的，即不能从散列值还原出原始数据，但是 MD5 更容易受到暴力破解或彩虹表攻击，因为其输出空间较小。

（4）MD5 和 SHA 都可以用于文件校验、密码加密、数字签名等领域，但是一般推荐使用 SHA 系列算法，因为它们更安全。

下面的例子完整地演示了如何使用 hashlib 模块实现 SHA-256 加密算法。

代码位置：src/crypto/sha.js

```
// 导入 crypto 模块
const crypto = require('crypto');
// 要加密的内容
const data = '世界,你好,hello world!';
// 创建一个 SHA-256 对象
const hash = crypto.createHash('sha256');
// 使用 update 方法传入要加密的内容,并指定编码为'utf8'
hash.update(data, 'utf8');
// 使用 digest 方法获取加密后的十六进制字符串
const result = hash.digest('hex');
// 打印结果
console.log(result);
```

运行程序，会输出如下内容：

f51e95d5e12184ebac0995187fc216eb1d1247950e46fb452cddcbc65fb3305a

19.3 DES 加密和解密

DES 加密算法是一种对称加密算法，它以 64 位为分组对数据加密[①]，使用 56 位的密钥（实际上是 64 位的密钥，但每 8 位中有 1 位用于奇偶校验）。DES 算法的基本原理是：首先对明文进行初始置换，然后将置换后的结果分为左右两个 32 位的分组，接着进行 16 轮迭代，每轮迭代中，右分组经过扩展置换、与子密钥异或、S 盒替换、P 盒替换等操作，得到一个新的 32 位的值，再与左分组异或，作为下一轮的右分组；左分组则直接作为下一轮的左分组。最后一轮迭代后，不交换左右分组，而是直接进行逆初始置换，得到 64 位的密文。解密过程与加密过程相同，只是子密钥的顺序相反。

下面的例子完整地演示了如何使用 crypto 模块的相关 API 加密和解密的过程。

代码位置：src/crypto/des.js

```
const crypto = require('crypto');
```

---

① 对称加密算法是一种使用相同的密钥进行加密和解密的加密算法，也称为共享密钥加密算法。对称加密算法的优点是加密速度快，适合对大量数据进行加密；缺点是密钥的传输和管理比较困难，容易被破解。

```javascript
// 要加密和解密的内容
const data = '世界,你好,Hello, World!';
// 加密算法
const algorithm = 'des-ecb';
// 密钥,必须是 8 字节
const key = Buffer.from('abcdefgh');
// 创建一个 DES 加密对象,不需要 IV 参数
const cipher = crypto.createCipheriv(algorithm, key, null);
// 使用 update 方法加密数据,必须在加密之前,进行 utf-8 编码
// 加密过程分为 update 和 final 两个步骤,编码结果为 Base64 格式
let encrypted = cipher.update(data, 'utf8', 'base64');
encrypted += cipher.final('base64');
// 打印编码后的结果
console.log('加密后的 Base64 编码结果:', encrypted);
// 创建一个 DES 解密对象,不需要 IV 参数
const decipher = crypto.createDecipheriv(algorithm, key, null);
// 使用 update 方法解密数据
// 解密过程分为 update 和 final 两个步骤,解密后的结果为 UTF-8 格式
let decrypted = decipher.update(encrypted, 'base64', 'utf8');
decrypted += decipher.final('utf8');
// 打印解密后的结果
console.log('解密后的结果:', decrypted);
```

由于 Node.js 20+禁用了一些不安全的加密算法(包括 DES),所以如果读者使用的是 Node.js 20 或以上版本,默认运行这段程序会出错。不过可以执行下面的命令启用旧版加密算法支持。

```
export NODE_OPTIONS=--openssl-legacy-provider
```

然后执行 node des.js 命令运行程序,会输出如下内容:

```
加密后的 Base64 编码结果:JkrR4pJWWieWgagwuHjdxl3UqEbwne8cXymzFbt1DWQ=
解密后的结果:世界,你好,Hello, World!
```

19.4 AES 加密和解密

AES 加密算法是一种对称加密算法,也称为高级加密标准(Advanced Encryption Standard)。它是美国国家标准技术研究院(NIST)于 2001 年发布的一种分组密码标准,用来替代原先的 DES 算法。AES 算法使用的分组长度固定为 128 位,密钥长度可以是 128 位、192 位或 256 位。AES 算法的加密和解密过程都是在一个 4×4 的字节矩阵上进行的,这个矩阵又称为状态(state)。

下面的例子使用 crypto 模块的相关 API 实现 AES 加密和解密算法。

代码位置:src/crypto/aes.js

```javascript
const crypto = require('crypto');
// 加密函数
function encrypt(text) {
    // 密钥
    const key = Buffer.from('1234567812345678', 'utf-8');
```

```
    // 创建 AES 密码器
    const cipher = crypto.createCipheriv('aes-128-ecb', key, null);
    // 文本先进行 Buffer 处理,然后进行填充操作
    let buffer = Buffer.from(text, 'utf-8');
    const padLength = 16 - (buffer.length % 16);
    const padding = Buffer.alloc(padLength, padLength);
    buffer = Buffer.concat([buffer, padding]);
    // 加密
    const encrypted = Buffer.concat([cipher.update(buffer), cipher.final()]);
    // 将加密后的 Buffer 类型数据转换为 Base64 编码字符串
    return encrypted.toString('base64');
}
// 解密函数
function decrypt(text) {
    // 密钥
    const key = Buffer.from('1234567812345678', 'utf-8');
    // 创建 AES 密码器
    const decipher = crypto.createDecipheriv('aes-128-ecb', key, null);
    // 将 Base64 编码字符串转换为 Buffer 类型数据,然后进行解密操作
    const buffer = Buffer.from(text, 'base64');
    const decrypted = Buffer.concat([decipher.update(buffer), decipher.final()]);
    // 去除填充内容,得到明文 Buffer 类型数据,再将其转换为字符串类型数据返回
    const padLength = decrypted[decrypted.length - 1];
    return decrypted.slice(0, -padLength).toString('utf-8');
}
// 测试代码
const text = '世界你好,hello world';
const encryptText = encrypt(text);
console.log('加密后的结果:${encryptText}');
const decryptText = decrypt(encryptText);
console.log('解密后的结果:${decryptText}');
```

运行程序,会输出如下内容:

加密后的结果:Xe/dGk4EYdATuNHJwUr+acxOImFqDsfSsVijaHuSCx3ZaqQrWRUanptZJfydla2v
解密后的结果:世界你好,hello world

19.5 RSA 加密和解密

RSA 加密算法是一种非对称加密算法,它使用一对密钥,即公钥和私钥。公钥是可公开的,用于加密数据;私钥则是保密的,用于解密数据。RSA 算法的安全性基于大数分解的困难性,即将一个大数分解成两个较小的质数的难度。

RSA 算法的具体描述如下。

(1) 任意选取两个不同的大素数 p 和 q 计算乘积 n=pq。

(2) 任意选取一个大整数 e,满足 gcd(e,(p-1)(q-1))=1,整数 e 用作加密钥。

(3) 计算 d 使得 ed≡1(mod (p-1)(q-1)),整数 d 用作解密钥。

(4) 公钥为(n,e),私钥为(n,d)。

(5) 在加密时,明文 m 被转换为整数 M,使得 0≤M<n。密文 c=M^e(mod n)。在解

密时，明文 m＝M^d(mod n)。

下面的例子会使用 crypto 模块中相关的 API 实现 RSA 加密和解密算法。

代码位置：src/crypto/rsa.js

```javascript
const crypto = require('crypto');
// 生成公钥和私钥
function generateKey() {
    const { publicKey, privateKey } = crypto.generateKeyPairSync('rsa', {
        modulusLength: 2048,
        publicKeyEncoding: {
            type: 'spki',
            format: 'pem'
        },
        privateKeyEncoding: {
            type: 'pkcs8',
            format: 'pem'
        }
    });
    return { publicKey, privateKey };
}
// 加密函数
function encrypt(publicKey, message) {
    const buffer = Buffer.from(message, 'utf-8');
    const encrypted = crypto.publicEncrypt(
        {
            key: publicKey,
            padding: crypto.constants.RSA_PKCS1_OAEP_PADDING,
            oaepHash: 'sha256'
        },
        buffer
    );
    return encrypted.toString('base64');
}

// 解密函数
function decrypt(privateKey, ciphertext) {
    const buffer = Buffer.from(ciphertext, 'base64');
    const decrypted = crypto.privateDecrypt(
        {
            key: privateKey,
            padding: crypto.constants.RSA_PKCS1_OAEP_PADDING,
            oaepHash: 'sha256'
        },
        buffer
    );
    return decrypted.toString('utf-8');
}
// 生成公钥和私钥
const { publicKey, privateKey } = generateKey();
// 加密数据并显示密文
const ciphertext = encrypt(publicKey, '世界, 你好, Hello World!');
console.log('ciphertext:', ciphertext);
// 解密数据并显示明文
const plaintext = decrypt(privateKey, ciphertext);
console.log('plaintext:', plaintext);
```

运行程序，会显示如下内容：

ciphertext: pzmobr0mSViHx9jOg2hAzzlgYPFRFa1t0H45s2q9XdsHpW3DUmiLUQn2PR/zvbzG/4q＋U1TqKK/wNRcjEgIqq7bpvYyOiY0yWbURrtxvhmQts48i0ws4E/xVxHpV/e4O9lu6EYfUhmO＋zQHaZQs9x0qC61＋loQOlyWscBpx0tIOmScEDlCI83U4XHR4wra2RRH＋FNSL6lnXKZXiA1a5u6tWnujMXjGz9wdParpkD＋vqokNJqs/84iputk2LzgTyoDlPNg0iny8eD5FVxQ67UtquB9oUkA7＋H/dMXO80d/2QOUa04b7DR7KXsMOPN2Nx1ZOMPh4v1q49dxS＋WVIsBQg==
plaintext: 世界，你好，Hello World!

19.6 小结

本章主要介绍了使用crypto模块加密和解密数据的方法。数据加密和解密的应用场景有很多。例如，数据库中的数据加密和解密处理，以防止数据被他人窃取；透明数据加密技术适用于对数据库中的数据执行实时加解密的应用场景，尤其是在对数据加密透明化有要求，以及对数据加密后数据库性能有较高要求的场景中；通过加密技术，可以有效防御恶意软件、勒索软件等暴力破解和网络攻击。读者可以在不同的应用场景中选择合适的加密和解密技术。

第 20 章 文件压缩与解压

本章会介绍如何使用 JavaScript 和相关模块将文件和目录压缩成 zip 和 7z 这个是的文件,以及如何解压这两种压缩格式的文件。

20.1 zip 格式

本节介绍如何使用 adm-zip 模块将文件和目录压缩成 zip 格式的文件,以及解压 zip 文件。

读者可以使用下面的命令安装 adm-zip 模块:

```
npm install adm-zip
```

20.1.1 压缩成 zip 文件

Node.js 提供了多种库来处理压缩和解压缩文件,其中 adm-zip 是一个流行的库,用于创建、读取、写入和列出 zip 文件。本节中的示例使用 adm-zip 库定义了两个函数:zipdir 和 zipfile。zipdir 函数用于将一个目录及其所有子目录和文件压缩成 zip 文件格式。该函数接收两个参数:directoryPath 和 zip。directoryPath 是要压缩的目录路径,zip 是一个 AdmZip 对象。该函数使用 fs.readdirSync 函数遍历 directoryPath 中的所有子目录和文件,并使用 AdmZip 对象的 addLocalFile 方法将它们写入 zip 文件中。为了保持压缩后的文件结构与原始目录结构一致,该函数使用 path.relative 函数获取每个文件相对于压缩目录的相对路径,并作为 addLocalFile 方法的第 2 个参数传入。

zipfile 函数用于将任意的文件或目录压缩成 zip 文件格式。该函数接收两个参数:filePath 和 zip。filePath 是要压缩的路径(可以是文件或目录),zip 是一个 AdmZip 对象。该函数使用 fs.statSync 函数判断 filePath 是文件还是目录,并根据不同的情况进行处理。如果是文件,直接使用 AdmZip 对象的 addLocalFile 方法将其写入 zip 文件中。如果是目录,调用之前定义的 zipdir 函数将其压缩。

下面的代码完整地演示了如何使用 adm-zip 模块将文件和目录压缩成 zip 文件。

代码位置：src/compression/zip.js

```javascript
const AdmZip = require('adm-zip');
const path = require('path');
const fs = require('fs');
// 定义一个函数，传入要压缩的目录路径和 ZIP 文件对象
function zipdir(directoryPath, zip) {
    // 使用 fs.readdirSync 读取目录中的所有文件和子目录
    fs.readdirSync(directoryPath).forEach(file => {
        const fullPath = path.join(directoryPath, file);
        const stat = fs.statSync(fullPath);
        if (stat.isFile()) {
            // 使用 path.relative 获取相对于压缩目录的相对路径
            const relativePath = path.relative(path.join(directoryPath, '..'), fullPath);
            // 使用 zip 文件对象的 addLocalFile 方法，传入文件路径和相对路径
            zip.addLocalFile(fullPath, path.dirname(relativePath));
        } else if (stat.isDirectory()) {
            // 如果是目录，递归调用 zipdir 函数
            zipdir(fullPath, zip);
        }
    });
}
// 定义一个函数，传入要压缩的路径(可以是文件或目录)和 zip 文件对象
function zipfile(filePath, zip) {
    const stat = fs.statSync(filePath);
    if (stat.isFile()) {
        // 如果是文件，直接使用 zip 文件对象的 addLocalFile 方法，传入文件路径和文件名
        zip.addLocalFile(filePath);
    } else if (stat.isDirectory()) {
        // 如果是目录，调用 zipdir 函数，传入目录路径和 zip 文件对象
        zipdir(filePath, zip);
    }
}
// 创建一个 zip 文件对象
const zip = new AdmZip();
// 调用 zipfile 函数，传入要压缩的路径(可以是文件或目录)和 zip 文件对象
zipfile('./salary.xlsx', zip);
zipfile('./src/images', zip);
// 将 zip 内容写入指定文件
zip.writeZip('my.zip');
```

运行程序之前，要保证存在 salary.xlsx 文件和 images 目录，运行程序后，会在当前目录生成一个 my.zip 文件。

20.1.2 解压 zip 文件

使用 AdmZip.extractAllTo 方法可以解压 zip 文件，代码如下。

代码位置：src/compression/unzip.js

```javascript
const AdmZip = require('adm-zip');
const path = require('path');
// 创建一个 Zip 对象，指定 zip 文件名
const zip = new AdmZip('my.zip');
// 使用 extractAllTo 方法，传入要解压到的目录的路径
```

```js
zip.extractAllTo(path.join(__dirname, 'my_extracted_directory'), true);
```

20.2　7z 格式

本节介绍了通过直接调用 7z 命令的方式压缩和解压 7z 文件，所以需要安装 7-zip。

20.2.1　压缩成 7z 格式

使用 7z 命令压缩文件和目录的代码如下。

代码位置：src/compression/7z.js

```js
const { exec } = require('child_process');
const path = require('path');
function compress7z(sourcePath, archivePath) {
  const absoluteSourcePath = path.resolve(sourcePath);
  const absoluteArchivePath = path.resolve(archivePath);
  // 构建 7z 命令
  const command = `7z a -t7z "${absoluteArchivePath}" "${absoluteSourcePath}"`;
  // 执行 7z 命令
  exec(command, (error, stdout, stderr) => {
    if (error) {
      console.error(`Error during compression: ${error.message}`);
      return;
    }
    if (stderr) {
      console.error(`7z stderr: ${stderr}`);
      return;
    }
    console.log('Compression complete');
  });
}
// 调用函数，传入要压缩的路径(可以是文件或目录)和 7z 文件路径
compress7z('./src/images/.', 'my.7z');
```

执行代码之前，要保证存在 images 目录。运行代码后，会在当前目录生成 my.7z 文件。

20.2.2　解压 7z 文件

使用 7z 命令解压的代码如下。

代码位置：src/compression/un7z.js

```js
const { exec } = require('child_process');
const path = require('path');
function extract7z(archivePath, extractDir) {
  const absoluteArchivePath = path.resolve(archivePath);
  const absoluteExtractDir = path.resolve(extractDir);
  // 构建 7z 解压命令
  const command = `7z x "${absoluteArchivePath}" -o"${absoluteExtractDir}"`;
  // 执行 7z 解压命令
```

```
    exec(command, (error, stdout, stderr) => {
      if (error) {
        console.error('Error during extraction: ${error.message}');
        return;
      }
      if (stderr) {
        console.error('7z stderr: ${stderr}');
        return;
      }
      console.log('Extraction complete');
    });
}
// 调用函数,传入要解压的 7z 文件路径和解压目录路径
extract7z('my.7z', '7z_extracted_dir');
```

这段代码会将 my.7z 文件解压到 7z_extracted_dir 目录。

20.3 小结

在本章中,我们详细探讨了使用 JavaScript 进行文件压缩与解压的技术。首先,我们介绍了 adm-zip 模块,这是一个功能丰富的库,允许我们轻松地将文件和目录压缩成 zip 格式,同时也提供了解压 zip 文件的能力。通过 zipdir 和 zipfile 两个函数,我们展示了如何递归地压缩目录和单个文件,以及如何保持压缩文件的原始结构。示例代码清晰地演示了压缩和解压的流程,包括创建 AdmZip 对象,添加文件或目录,以及写入和提取 zip 文件。

随后,我们转向了 7z 格式的处理,由于 JavaScript 中没有内置的 7z 支持,我们采用了调用 7-zip 命令行工具的方法来实现压缩和解压。通过构建和执行 7z 命令,我们展示了如何将文件和目录压缩为 7z 格式,以及如何将 7z 文件解压到指定目录。这一部分的实现依赖于外部的 7-zip 程序,因此在使用前需要确保环境已经安装了相应的工具。

通过本章的学习,读者应该能够理解并掌握如何在 Node.js 环境中处理常见的压缩文件格式,无论是 zip 还是 7z,都能够进行高效的压缩和解压操作。这些技能在文件管理、数据备份、资源分发等场景中都非常实用。